国家社会科学基金（教育学科）“十一五”规划课题研究成果
中等职业学校数控技术应用专业规划教材

数控普通铣床加工工艺

崔俊明　康占武　主　编
赵　君　杨世成　副主编

中国铁道出版社
CHINA RAILWAY PUBLISHING HOUSE

内容简介

本书的编写以教育部制定的中等职业教育数控技术应用专业教学大纲的要求为基本依据，并参考了国家数控铣/加工中心高级工与中级工职业资格标准，是中等职业教育数控技术应用专业的专业教材。本书共分7个项目，内容包括数控加工工艺概述、平面轮廓铣削加工工艺编制、孔系零件加工工艺编制、箱体类零件加工工艺编制、异形类零件加工工艺编制、高速加工零件加工工艺编制、多轴加工零件加工工艺编制。

本书基于“以就业为导向”的职业教育思想编写，注重贯彻行动导向的教学思想。本书选择具有广泛迁移价值的典型零件作为基本内容，实现了零件的实际加工工艺知识与编程技术和操作技能的有机结合，体现了数控铣床加工工艺与操作的一体化。

本书适合作为中等职业学校数控技术应用专业、模具设计与制造专业教材，也可作为数控技术专业的教师和从事数控工作的工程技术人员的参考用书。

图书在版编目（CIP）数据

数控普通铣床加工工艺/崔俊明，康占武主编. —北京：中国铁道出版社，2011.12

国家社会科学基金（教育学科）“十一五”规划课题研究成果　中等职业学校数控技术应用专业规划教材

ISBN 978-7-113-13953-7

Ⅰ.①数…　Ⅱ.①崔…　②康…　Ⅲ.①数控机床：铣床-生产工艺-中等专业学校-教材　Ⅳ.①TG547

中国版本图书馆CIP数据核字（2011）第245425号

书　　名： 数控普通铣床加工工艺
作　　者： 崔俊明　康占武　主编

策　　划： 周　欢　陈　文　　　**读者热线：** 400-668-0820
责任编辑： 周　欢
编辑助理： 胡京平
封面设计： 付　巍
封面制作： 白　雪
责任印制： 李　佳

出版发行： 中国铁道出版社（北京市宣武区右安门西街8号　邮政编码：100054）
网　　址： http://www.edusources.net
印　　刷： 三河市华丰印刷厂
版　　次： 2011年12月第1版　　2011年12月第1次印刷
开　　本： 787mm×1092mm　1/16　**印张：** 14.5　**字数：** 346千
印　　数： 1～3 000册
书　　号： ISBN 978-7-113-13953-7
定　　价： 26.80元

序

国家社会科学基金课题"以就业为导向的职业教育教学理论与实践研究"在取得理论研究成果的基础上，分别选取了高等职业教育和中等职业教育的十几个专业大类开展实践研究。中等职业教育机械专业类是其中之一。

本课题研究发现，中等职业教育在专业教育上承担着帮助学生构建起专业理论知识框架、技术方法体系框架和职业活动体系框架的任务。其中，专业理论知识框架、技术方法体系框架是为学生职业活动体系的构建服务的。而这三个体系框架的构建需要通过教材体系和教材内部结构得以实现，即学生的心理结构来自于教材的体系和结构。为此，这套中等职业教育机械类专业系列教材的设计，依据不同教材在其构建理论知识、技术方法、职业活动三个体系中的作用，采用了不同的教材内部结构设计和编写体例。

承担专业理论知识体系构建任务的教材，强调了专业理论知识框架的完整与系统，不中调专业理论知识的深度和难度；追求的是学生对专业理论知识整体框架的了解，不追求学生只掌握某些局部内容，而求其深度和难度。

承担技术方法体系框架构建任务的教材，注重让学生了解这种技术的产生与演变过程，培养学生的技术创新意识；注重让学生把握这种技术的整体框架，培养学生对新技术的学习能力；注重让学生在技术应用过程中掌握这种技术的操作，培养学生的技术应用能力；注重让学生区别同种用途的其他技术的特点，培养学生职业活动中的技术比较与选择能力。

承担职业活动体系构建任务的教材，依据不同职业活动对所从事人特质的要求，分别采用了过程驱动、情景驱动、效果驱动的方式，形成了做学合一的各种教材结构与体例，诸如项目结构、案例结构等。过程驱动培养所从事人的程序逻辑思维；情景驱动培养所从事人的情景敏感特质；效果驱动培养所从事人的发散思维。

本套教材无论从课程标准的开发、教材体系的建立、教材内容的筛选、教材结构的设计还是到教材素材的选择，得到了机械行业专家的大力支持，他们在机械行业职业资格标准和各类技术在我国应用广泛程度方面，提出了十分有益的建议；倾注了国内知名职业教育专家和全国一百多所中等职业学校机械专业类一线老师的心血，他们对中等职业教育机械类专业培养的人才特质和类型提出了宝贵的意见，对中等职业教育机械类专业教学提供了丰富的素材和鲜活的教学经验。

这套教材是我国中等职业教育近年来从只注重学生单一职业活动体系构建，向专业理论知识框架、技术方法体系框架和职业活动体系框架三个体系构建的转变的有益尝试，也是国家社会科学研究基金课题"以就业为导向的职业教育教学理论与实践研究"研究成果的具体应用之一。

如本套教材有不足之处，敬请各位专家、老师和广大同学不吝赐教。希望通过本套教材的出版，为我国中等职业教育和机械产业的发展做出贡献。

2009 年 10 月

FOREWORD

前　言

数控铣床加工工艺是中等职业教育数控技术应用专业的一门专业课。以往数控铣床加工工艺教材编写中，往往脱离现实的职业岗位或岗位群的需求，缺乏职业针对性，忽视职业标准，从而教材不能很好地体现以就业为导向的职业教育教学指导思想。

本书的编写以教育部制定的中等职业教育数控技术应用专业教学大纲的要求为基本依据，并参考了国家数控铣削/加工中心高级工与中级工职业资格标准。本书基于"以就业为导向"的职业教育思想编写，注重贯彻任务导向的教学思想，以培养职业技能为特色，培养技术应用能力和岗位工作能力为核心。

本书以岗位任务为引领，以工作任务为导向，每个单元由两三个典型任务组成，每个典型任务完成一个完整行动的学习过程。本书选择具有广泛迁移价值的典型零件作为基本内容，通过对典型零件的加工工艺分析，帮助学生较快地掌握生产第一线数控铣削加工工艺设计与实施过程，培养学生的工艺分析能力和刀具及夹具的选用能力。

本书结构采用了项目-任务结构设计，项目包括项目引言、项目目标、项目知识、项目实施等。

项目引言：说明本项目在本课程知识与结构中的地位，学习本项目的前期知识和应把握的技能，提示重点与注意事项，实现与学生原有知识基础的"搭接"与相融，激发学生的学习兴趣，即"设趣"。

项目知识：讲解与本项目相关的理论知识与技术知识。

项目目标：把本单位的学习目标明确地呈现给学生，以实现学习目标的"激趣"与导向功能。

项目实施：完成技能训练，品性养成和迁移、整合、类化等心理构建，发挥学生主观能动性和创造精神，实现"诱趣"。

• 任务描述：描述任务完成的效果。

• 任务分析：分析完成任务的思路及解决方法。

• 任务实施：学生通过具体实际操作，将任务中的知识、技能、态度整合起来，形成完成任务的能力。

• 任务拓展：通过学生掌握的知识与技能，实现知识与技能的迁移、整合与类化，体现"扩趣"思想。

• 任务评价：对学生需要掌握的各项能力进行评价与总结，检验学生学习成果。

本书由北方机电工业学校崔俊明、康占武担任主编，由北方机电工业学校赵君、张家口职业技术学院杨世成担任副主编。其中，崔俊明编写项目一，康占武编写项目二、三、五、七，赵君编写项目六，杨世成编写项目四，全书由崔俊明统稿。

本书适合作为中等职业学校数控技术应用专业、模具设计与制造专业教材，也可作为数控技术专业的教师和从事数控工作的工程技术人员的参考用书。

本书的编写得到教育部职业技术教育中心研究所师资资源研究室主任邓泽民教授的热忱鼓励，得到了北方机电工业学校高庆柱校长、冀文副校长的大力支持，北方机电工业数控教学部的张亚力、李明对本书提出了许多宝贵意见，在此一并表示感谢。

由于编者水平有限，书中难免有不妥之处，恳请广大读者批评指正。

编　者

2011 年 8 月

CONTENTS

目录

项目一　数控加工工艺概述

项目引言

在学习数控铣床工艺编制前，需要对数控加工工艺系统有一个详细的了解。

项目目标

• 会查阅和检索数控加工过程、数控加工工艺系统等相关数控加工和数控加工工艺过程资料，掌握数控加工与普通机床加工的区别、数控加工的工艺特点和数控加工工艺过程等主要内容。

• 会识别数控加工工艺领域内常用的术语。

项目知识

资料一　数控加工过程与数控加工工艺系统

1. 数控加工过程

数控加工就是根据零件图样及工艺技术要求等原始条件，编制零件数控加工程序，输入数控机床的数控系统，以控制数控机床中刀具相对工件的运动轨迹，从而完成零件的加工。利用数控机床完成零件的加工过程如图 1-1 所示。

由图 1-1 可以看出，数控加工过程的主要工作内容如下：

① 根据零件加工图样进行工艺分析，确定加工方案、工艺参数和位移数据。

② 用规定的程序代码和格式编写零件加工程序单，或用自动编程软件进行 CAD/CAM 编程，直接生成零件的数控（NC）加工程序文件。

③ 程序的输入或传输。手工编程时，可以通过数控机床的操作面板输入程序；由自动编程软件生成的 NC 加工程序，通过计算机的串行通信接口直接传输到数控机床的数控系统。

④ 将输入或传输到数控装置的 NC 加工程序，进行试运行与刀具路径模拟等。

⑤ 通过对机床的正确操作，运行程序，完成零件的加工。

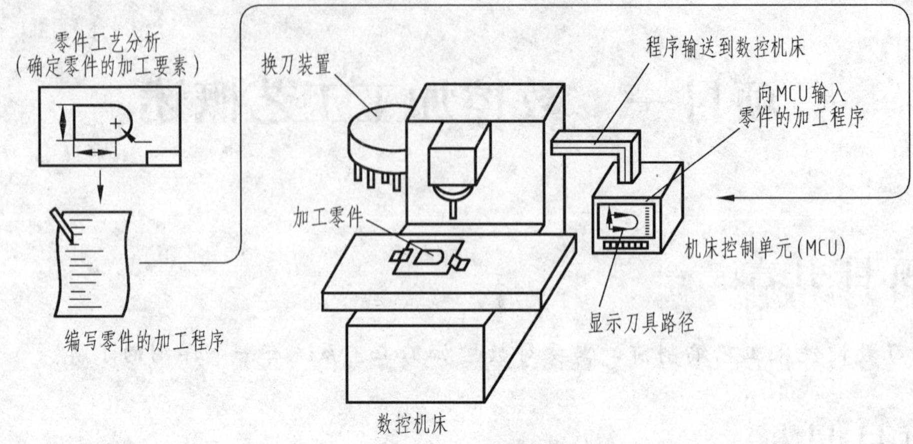

图 1-1　数控加工过程示意图

2. 数控加工工艺系统

由图 1-2 可以看出，数控加工过程是在由数控机床、刀具、夹具和工件构成的数控加工工艺系统中进行的，NC 加工程序控制刀具相对工件的运动轨迹。因此，由数控机床、夹具、刀具和工件等组成的系统，称为数控加工工艺系统，图 1-2 所示为数控加工工艺系统的构成及其相互关系。数控加工工艺系统性能的好坏直接影响零件的加工精度和表面质量。

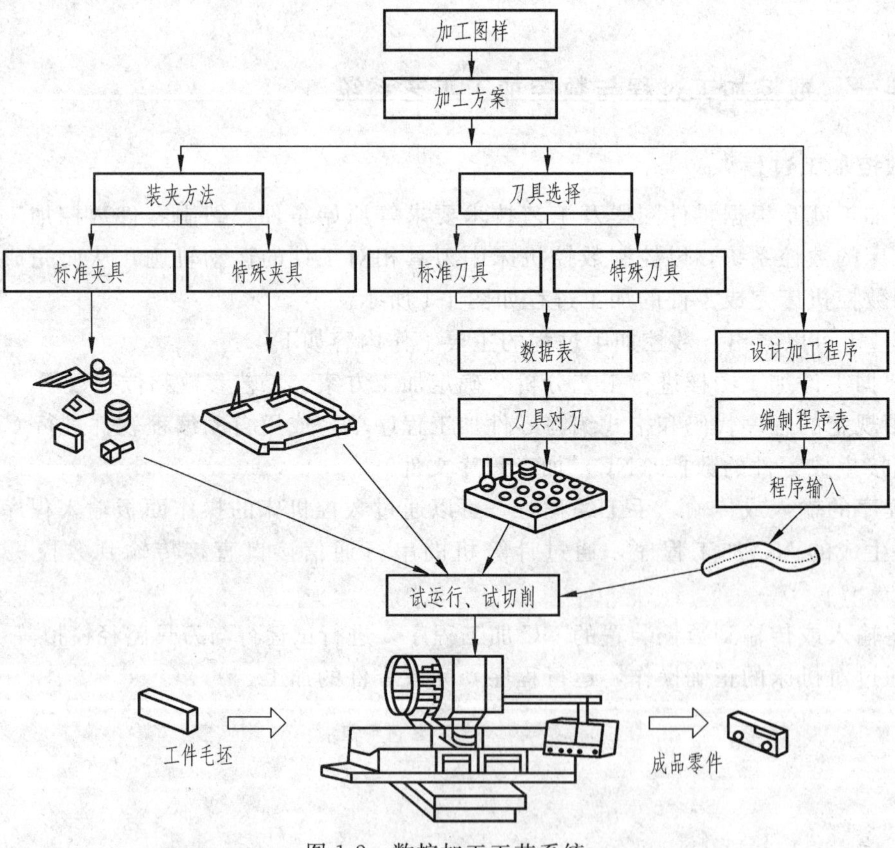

图 1-2　数控加工工艺系统

(1) 数控（NC）机床

采用数控技术，或装备了数控系统的机床，称为数控机床。数控机床是一种技术密集度和自动化程度都比较高的机电一体化加工设备，是实现数控加工的主体，是零件加工的工作机械。

(2) 夹具

在机械加工中，用以装夹工件（和引导刀具）的装置统称为夹具。在机械制造过程中，夹具的使用十分广泛，从毛坯制造到产品装配以及检测的各个生产环节，都有许多不同种类的夹具。夹具用来固定工件并使之保持正确的位置，是实现数控加工的纽带。

(3) 刀具

金属切削刀具是现代机械加工中的重要工具。无论是普通机床还是数控机床都必须依靠刀具才能完成切削工作。刀具是实现数控加工的桥梁。

(4) 工件

工件是数控加工的对象。

资料二　数控加工工艺的特点和数控加工工艺过程的主要内容

1. 数控加工工艺的特点

由于数控加工采用计算机数控系统的机床，使得数控加工与普通加工相比具有加工自动化程度高、加工精度高、加工质量稳定、生产效率高、生产周期短、设备使用费用高等特点。故数控机床与普通机床加工工艺相比，具有如下特点：

(1) 数控加工工艺内容要求十分具体、详细

所有加工工艺必须事先设计和安排好，并编入加工程序中。数控加工工艺不仅包括详细的切削加工步骤和所用工装夹具的装夹方案，还包括刀具的型号、规格、切削用量和其他特殊要求的内容，以及标有数控加工坐标位置的工序图等。在自动编程中更需要确定详细的各种加工工艺参数。

(2) 数控加工工艺要求更严密、精确

数控加工过程中可能遇到的所有问题必须事先精心考虑到，否则将导致严重的后果。如攻螺纹时，数控机床不知道孔中是否已挤满铁屑，是否需要退刀清理铁屑再继续加工。又如，普通机床加工时，可以多次“试切”来满足零件的精度要求；而数控加工过程，严格按规定尺寸进给，要求准确无误。因此，数控加工工艺设计要求更加严密、精确。

(3) 进行零件图形的数学处理和编程尺寸设定值的计算

编程尺寸并不是零件图上设计尺寸的简单再现。在对零件图进行数学处理和计算时，编程尺寸设定值要根据零件尺寸公差要求和零件的形状几何关系重新调整计算，才能确定合理的编程尺寸。

(4) 要考虑进给速度对零件形状精度的影响

制定数控加工工艺时，选择切削用量要考虑进给速度对加工零件形状精度的影响。在数控加工中，刀具的移动轨迹是由插补运算完成的。根据插补原理分析，在数控系统已定的条件下，进给速度越快，则插补精度越低，导致工件的轮廓形状精度越差。尤其在高精度加工时，这种影响非常明显。

（5）强调刀具选择的重要性

复杂形面的加工编程通常采用自动编程方式。自动编程过程中，必须先选定刀具，再生成刀具中心运动轨迹，因此对于不具有刀具补偿功能的数控机床来说，若刀具预先选择不当，所编程序只能推倒重来。

（6）数控加工工艺的加工工序相对集中

由于数控机床特别是功能复合化的数控机床，一般都带有自动换刀装置，在加工过程中能够自动换刀，一次装夹即可完成多道工序或全部工序的加工。因此，数控加工工艺的明显特点是工序相对集中，表现为工序数目少，工序内容多，并且由于在数控机床上尽可能安排较复杂的加工工序，所以数控加工工艺的工序内容比普通机床加工的工序内容复杂。

2. 数控加工工艺过程的主要内容

① 选择并确定进行数控加工的内容。

② 对零件图进行数控加工工艺分析。

③ 设计零件数控加工工艺方案。

④ 确定工件装夹方案。

⑤ 设计工步和加工进给路线。

⑥ 选择数控加工设备。

⑦ 确定刀具、夹具和量具。

⑧ 对零件图形进行数学处理并确定编程尺寸设定值。

⑨ 确定加工余量。

⑩ 确定工序、工步尺寸及公差。

⑪ 确定切削参数。

⑫ 选择切削液。

⑬ 编写、校验、修改加工程序。

⑭ 首件试加工与现场工艺问题处理。

⑮ 数控加工工艺技术文件的定型与归档。

项目实施

① 在图书馆查阅纸质数控加工工艺资料，获取数控加工与普通机床加工的区别、数控加工的工艺特点和数控加工工艺过程等主要内容。

② 在计算机中通过关键词查找数控加工与数控加工工艺系统，获取数控加工、数控加工工艺过程及其主要内容和特点。

③ 到数控实训中心或产品采用数控加工的企业识别数控机床、刀具、夹具、工件及数控加工过程。

项目评价

学习评价方式如表 1-1 所示。

表 1-1 学习评价表

评价等级	等级要求
优秀	1. 能高质量、高效率地应用计算机完成资料的检索任务，并总结 2. 会运用生产示例说明数控加工工艺系统每个要素的内涵，并能确定各要素之间的紧密联系
良好	1. 能在无教师指导的情况下应用计算机完成资料的检索任务，并总结 2. 会运用生产示例说明数控加工工艺系统每个要素的内涵
中等	1. 能在教师的偶尔指导下应用计算机完成资料的检索任务，并总结 2. 会用生产示例说明数控加工工艺系统每个要素的内涵
合格	1. 能在教师的指导下应用计算机完成资料的检索任务，并总结 2. 基本能用生产示例说明数控加工工艺系统每个要素的内涵

项目二　平面轮廓铣削加工工艺编制

项目引言

平面轮廓类零件的加工工艺分析是数控铣床加工工艺的一项重要内容，在实际生产中应用广泛。本项目通过三个具体的任务，讲述平面、外轮廓和内轮廓的加工工艺分析的基本方法。

项目目标

- 会根据零件图分析结果选用数控铣床。
- 会数控铣削零件图形的数学处理。
- 会对数控铣削零件图进行数控铣削加工工艺性分析（会分析零件图样技术要求，会检查零件图的完整性和正确性，会分析零件的结构工艺性，会分析零件毛坯的工艺性）。
- 会拟定数控铣削零件的加工工艺路线（会选择数控铣削平面与平面轮廓加工方法，会划分加工阶段，会划分加工工序，会确定加工顺序，会确定加工路线）。
- 会根据数控铣削零件加工工艺熟练选用数控铣削刀具。
- 会根据数控铣削常用夹具用途来正确选择夹具和装夹方案。
- 会确定合理的切削用量。
- 会编制数控铣削加工工艺文件。

项目知识

数控铣削加工工艺设计步骤包括：机床的选择、零件图样工艺分析、加工工艺路线设计、装夹方案及夹具选择、刀具选择、切削用量选择和填写数控加工工序卡和刀具卡等。

资料一　数控铣削的机床选择

数控铣削机床是主要采用铣削方式加工工件的数控机床，典型数控铣削机床有数控铣床和加工中心，由于加工中心增加了刀库和自动换刀装置，主要用于自动换刀对箱体类等复杂零件进行多工序综合加工，故数控铣削机床一般指数控铣床。数控铣床除能够进行外形轮廓铣削、平面型腔铣削及三维复杂型面（如凸轮、模具、叶片、螺旋桨等复杂零件）的铣削外，还具有孔加工功能。它通过人工手动换刀，也可进行一系列孔的加工，如钻孔、扩孔、铰孔、镗孔和攻螺纹等。

1. 数控铣床的分类

（1）按数控铣床的主轴布置形式分类

① 立式数控铣床：立式数控铣床主轴轴线垂直于水平面，是数控铣床中最常见的一种布局形式，应用范围最广。立式数控铣床中又以三坐标（*X*、*Y*、*Z*）联动的数控铣床居多，其各坐标的控制方式主要有以下几种：

- 工作台纵、横向移动并升降，主轴不动，与普通立式升降台铣床相似。因这种结构承载能力小，所以目前小型立式数控铣床一般采用这种方式。
- 工作台纵、横向移动，主轴升降。这种方式在中型立式数控铣床中广泛应用，如图 2-1 所示。
- 大型立式数控铣床，由于需要考虑扩大行程，缩小占地面积和刚性等技术问题，多采用龙门架移动式，其主轴可以在龙门架的横向与垂直溜板上运动，而龙门架则沿床身做纵向运动，如图 2-2 所示。

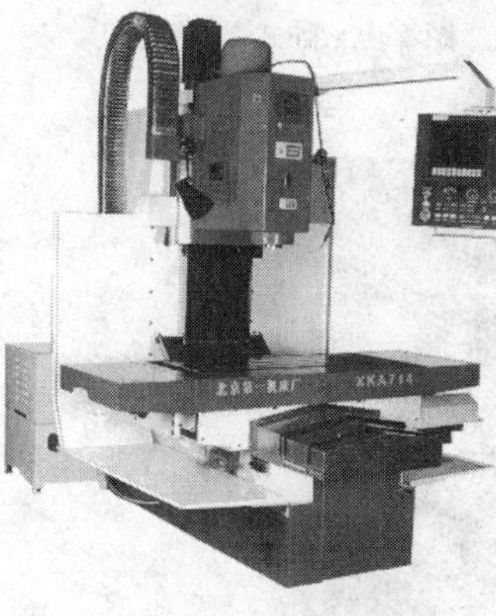

图 2-1　立式数控铣床

图 2-2　龙门式数控铣床

为扩大立式数控铣床的使用功能和加工范围，可增加数控转盘来实现四轴或五轴联动加工，如图 2-3 所示。

② 卧式数控铣床：卧式数控铣床的主轴轴线平行于水平面，如图 2-4 所示，主要用于箱体类零件的加工。为了扩大加工范围和使用功能，卧式数控铣床通常采用增加数控转盘来实现四轴或五轴联动加工，这样不但工件侧面上的连续回转轮廓可以加工出来，而且可以实现在一次安装中，通过转盘改变工位，进行“四面加工”。尤其是万能数控转盘可以把工件上各种不同的角度或空间角度的加工面水平加工。这样，可以省去很多专用夹具或专用角度的成形铣刀。对于箱体类零件或需要在一次安装中改变工位的工件来说，选择带数控转盘的卧式数控铣床进行加工是非常合适的。由于卧式数控铣床在增加了数控转盘后很容易做到对工件进行“四面加工”，在许多方面胜过带数控转盘的立式数控铣床。

③ 立、卧两用数控铣床：立、卧两用数控铣床的主轴方向可以变换，能达到在一台机床上即可以进行立式加工，又可以进行卧式加工，使其应用范围更广，功能更全，选择加工对象的余地更大，给用户带来了很大的方便。尤其是当生产批量小，品种多，又需要立、卧两种方式加工时，用户只需购买一台这样的机床就可以了。立、卧两用数控铣床如图 2-5 所示。

图 2-3　立式数控铣床配数控转盘实现四轴联动加工

图 2-4　卧式数控铣床

图 2-5　立、卧两用数控铣床

(2) 按数控系统控制的坐标轴数量分类

① 两轴半坐标联动数控铣床：数控铣床只能进行 X、Y、Z 三个坐标中的任意两个坐标轴联动加工。

② 三坐标联动数控铣床：数控铣床能进行 X、Y、Z 三个坐标轴联动加工。目前三坐标联动数控铣床仍占大多数。

③ 四坐标联动数控铣床：数控铣床能进行 X、Y、Z 三个坐标轴和绕其中一个轴做数控摆角联动加工。

④ 五坐标联动数控铣床：数控铣床能进行 X、Y、Z 三个坐标轴和绕其中两个轴做数控摆角联动加工。

(3) 按照数控系统的功能分类

① 经济型数控铣床：经济型数控铣床一般是在普通立式铣床或卧式铣床的基础上改造而来的，采用经济型数控系统，成本低，机床功能较少，主轴转速和进给速度不高，主要用于精度不高的简单平面或曲面零件加工，如图 2-6 所示。

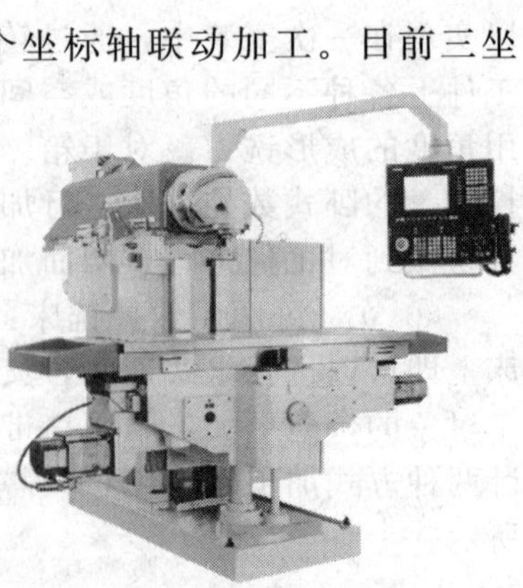

图 2-6　经济型数控铣床

② 全功能数控铣床：全功能数控铣床一般采用半闭环或闭环控制，控制系统功能较强，数控系统功能丰富，一般可实现四轴或四轴以上的联动加工，加工适应性强，应用最为广泛，如图 2-7 所示。

③ 高速铣削数控铣床：一般把主轴转速在 8 000～40 000 r/min 的数控铣床称为高速铣削数控铣床，其进给速度可达 10～30 m/min，如图 2-8 所示。这种数控铣床采用全新的机床结构、功能部件（电主轴、直线电动机驱动进给）和功能强大的数控系统，并配以加工性能优越的刀具系统，可对大面积的曲面进行高效率、高质量的加工。

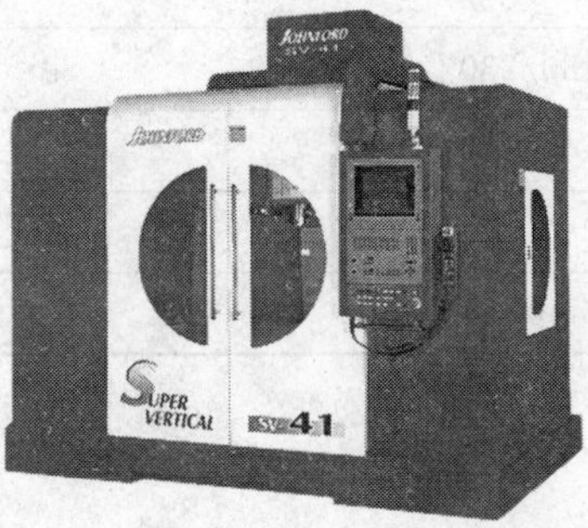

图 2-7　全功能数控铣床

图 2-8 高速铣削数控铣床

2. 数控铣床的主要技术参数

数控铣床的主要技术参数反映了数控铣床的加工能力、加工范围、主轴转速范围、装夹最大刀具重量和直径、装夹刀柄标准和精度等指标，识别数控铣床的主要技术参数是选用数控铣床的重要环节。为便于识别数控铣床的主要技术参数，下面摘选北京第一机床厂生产的 XKA714 数控铣床主要技术参数中与选择数控铣床较有关的主要技术参数如表 2-1 所示。

表 2-1　XKA714 数控铣床主要技术参数（摘选）

项目名称			单位	参数
工作台	工作台尺寸		mm	400×1 100
	最大承载质量		kg	1 500
	T 形槽（槽数×槽宽×槽距）		mm	3×18×90
坐标行程	*X* 轴（工作台左右）		mm	600
	Y 轴（工作台前后）		mm	450
	Z 轴（主轴箱上下）		mm	500
主轴	转速	低速挡	r/min	100～800（100～1 200 可选）
		高速挡	r/min	500～4 000（500～6 000 可选）
	锥孔			ISO 40（7：24）
	刀柄型号			JT40

续表

项目名称		单位	参数
进给速度	切削进给速度	mm/min	X、Y：6～3 200，Z：3～1 600
	快速移动速度	mm/min	X、Y：8 000，Z：4 000
精度	定位精度	mm	0.015
	重复定位精度	mm	0.005
电动机	主轴电动机功率	kW	5.5/7.5
	主轴扭矩	N·m	180/230
	进给电动机扭矩	N·m	14
其他	机应外形尺寸（长×宽×高）	mm	2 233×1 830×2 293
	机床质量（约）	kg	3 500

3. 数控铣床主要加工对象及主要加工内容

（1）数控铣床主要加工对象

数控铣床可以用于加工许多普通铣床难以加工甚至无法加工的零件，它以铣削功能为主，主要适合铣削下列三类零件。

① 平面类零件：平面类零件是指加工面平行或垂直于水平面，以及加工面与水平面的夹角为一定值的零件。平面类零件的特点是：加工面为平面或加工面可以展开为平面。图 2-9所示的三个零件均属平面类零件。图中的曲线轮廓面 *A* 和圆台侧面 *B*，展开后均为平面，*C* 为斜平面。这类零件的数控铣削相对比较简单，一般只用三坐标数控铣床的两轴联动就可以加工出来。目前数控铣床加工的绝大多数零件属于平面类零件。图 2-10 所示为较复杂典型平面类零件。

(a)轮廓面*A*　(b)轮廓面*B*　(c)轮廓面*C*

图 2-9　典型的平面类零件

图 2-10　较复杂典型平面类零件

② 变斜角类零件：加工面与水平面的夹角呈连续变化的零件称为变斜角类零件。这类零件的特点是：加工面不能展开为平面，但在加工中，铣刀圆周与加工面接触的瞬间为一条直线。图 2-11 所示为飞机上的一种变斜角梁椽条，该零件在第②肋至第⑤肋的斜角 α 从 3°10′均匀变化为 2°32′，从第⑤肋至第⑨肋再均匀变化为 1°20′，从第⑨肋至第⑫肋又均匀变化至 0°。这类零件一般采用四轴或两轴半联动的数控铣床加工，也可用三轴数控铣床通过两轴联动用鼓形铣刀分层近似加工，但精度稍差。图 2-12 所示为变斜角类零件的加工。

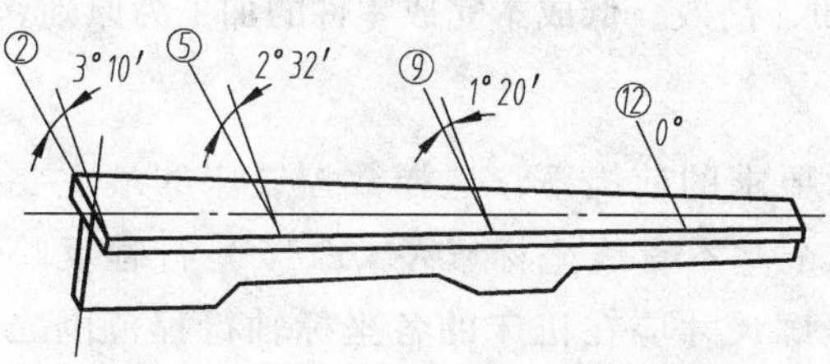

图 2-11　飞机上的变斜角梁椽条

图 2-12　变斜角类零件的加工

③ 曲面类（立体类）零件：加工面为空间曲面的零件称为曲面类零件，如图 2-13 所示。这类零件的特点是：一是加工面不能展开成平面，二是加工面与加工刀具（铣刀）始终为点接触。这类零件在数控铣床的加工中也较为常见，通常采用两轴半联动数控铣床加工精度要求不高的曲面；精度要求高的曲面需用三轴联动数控铣床加工；若曲面较复杂、通道较狭窄、会伤及毗邻表面及需刀具摆动时，需用四轴甚至五轴联动数控铣床加工。图 2-14 所示为典型曲面类（立体类）零件。

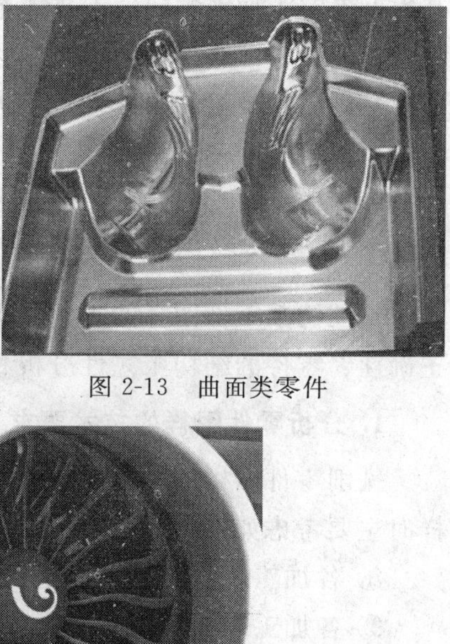

图 2-13　曲面类零件

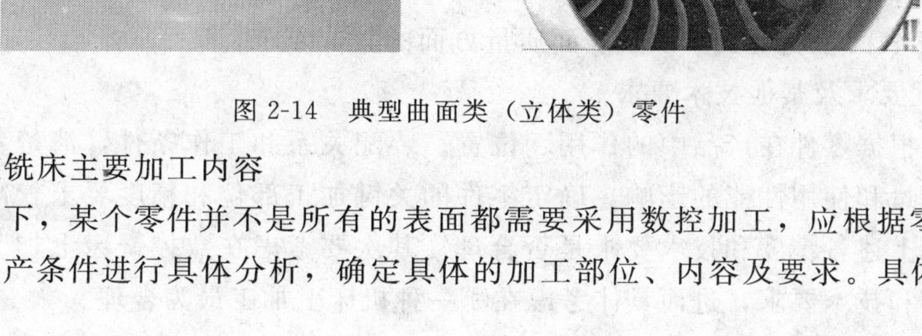

图 2-14　典型曲面类（立体类）零件

（2）数控铣床主要加工内容

一般情况下，某个零件并不是所有的表面都需要采用数控加工，应根据零件的加工要求和企业的生产条件进行具体分析，确定具体的加工部位、内容及要求。具体而言，以下情况适宜采用数控铣削加工：

① 由数学表达式给出的非圆曲线和列表曲线等内外轮廓。

② 给出数学模型的空间曲面或通过测量数据建立的空间曲面。

③ 形状复杂、尺寸繁多，划线与检测困难的部位及尺寸精度要求较高的表面。

④ 通用普通铣床加工时难以观察、测量和控制进给的内腔、箱体内部等。

⑤ 能在一次安装中顺带铣出来的简单表面或形状。

⑥ 采用数控铣削后能成倍提高生产率，大大减轻体力劳动强度的一般加工内容。

而像简单的粗加工表面、需要进行长时间占机人工调整的加工内容等则不宜采用数控铣削加工。在具体确定数控铣削的加工内容时，还应结合企业设备条件、产品特点及现场生产组织管理方式等具体情况进行综合分析，以优质、高效、低成本完成零件的加工为原则。

4. 数控铣床的选择

在数控铣床加工精度满足零件图样技术要求的前提下，选择数控铣床的最主要技术规格是多个数控轴的行程范围，数控铣床的三个基本直线坐标（X、Y、Z）行程反映该机床允许的加工空间。一般情况下加工工件的轮廓尺寸应在机床的各坐标轴行程范围之内，如典型工件是450 mm ×450 mm ×450 mm 的铣削零件，应选用工作台面宽度尺寸为500 mm以上的数控铣床。选用工作台面比典型工件稍大一些是考虑到安装夹具，工作台面的大小基本上确定了加工空间的大小，个别情况下允许工件尺寸大于坐标行程，但这时必须要求零件上的加工区域处在行程范围之内，而且要考虑机床工作台的允许承载能力，以及工件是否与机床防护罩等附件发生干涉等系列问题。选择的具体考虑因素可参考项目三加工中心的选择。

资料二　零件图样的工艺分析

数控铣削零件图样的工艺分析包括分析零件图样的技术要求、检查零件图的完整性和正确性、零件的结构工艺性分析和零件毛坯的工艺性分析。

1. 分析零件图样的技术要求

铣削零件图样的技术要求，对加工机床的选择和工艺方案的确定有重要影响。分析图样时主要考虑如下方面：

① 各加工表面的尺寸精度要求。

② 各加工表面的几何形状精度要求。

③ 各加工表面之间的相互位置精度要求。

④ 各加工表面粗糙度要求以及表面质量方面的其他要求。

⑤ 热处理要求及其他技术要求。

首先，要根据零件在产品中的作用、位置、装配关系和工作条件，清楚各项技术要求对零件装配质量和使用性能的影响，确定零件的关键加工部位和精度要求较高的加工表面等，认真分析上述各精度和技术要求是否合理。其次要考虑在数控铣床上加工能否保证零件的各项精度和技术要求，进而具体考虑在哪一种机床上加工最为合理。

2. 检查零件图的完整性和正确性

构成零件轮廓的几何要素（点、线、面）的条件（如相切、相交、垂直、平行和同心等），是数控编程的重要依据。手工编程时，要依据这些条件计算每一个节点的坐标；自动编程时，则要根据这些条件才能对构成零件的所有几何元素进行定义，无论哪一条不明确，编程都无法进行。因此，在分析零件图样时，务必要分析几何元素的给定条件是否充分，有无产生矛盾的多余尺寸或影响工序安排的封闭尺寸，尺寸、公差和技术要求是否标注齐全等，发现问题及时与设计人员协商解决。例如，在实际加工中常常会遇到图样中缺少尺寸，给出几何要素的相互关系不够明确，使编程计算无法完成，或者虽然给出了几何要素的相互关系，但同时又给出了引起矛盾的相关尺寸，同样给数控编程计算带来困难。另外要特别注意零件图样各方向尺寸是否有统一的设计基准，以便简化编程，保证零件的加工精度要求。

3. 零件材料分析

在满足零件功能的前提下，应选用廉价、切削性能好的材料。而且，材料选择应立足国内，不要轻易选用贵重或紧缺的材料。

4. 数控铣削零件的结构工艺性分析

零件的结构工艺性是指所设计的零件在满足使用要求的前提下制造的可行性和经济性。良好的结构工艺性，可以使零件加工容易，节省工时和材料。而较差的零件结构工艺性，会使加工困难，浪费工时和材料，有时甚至无法加工。因此，零件各加工部位的结构工艺性应符合数控加工的特点。

（1）零件图样上的尺寸标注应方便编程

编程方便与否常常是衡量数控工艺性好坏的一个指标。在实际生产中，零件图样上尺寸标注方法对工艺性影响较大，为此零件图样尺寸标注应符合数控加工编程方便的原则。

（2）分析零件的变形情况，保证获得要求的加工精度

零件尺寸所要求的加工精度、尺寸公差是否都可以得到保证？不要以为数控机床加工精度高而放弃这种分析。特别要注意过薄的底板与肋板的厚度公差，“铣工怕铣薄”，数控铣削也是一样，过薄的底板或肋板，在加工时由于产生的切削拉力及薄板的弹力极易产生切削面的振动，使薄板厚度尺寸公差难以保证，其表面粗糙度也将恶化或变坏。零件在数控铣削加工时的变形，不仅影响加工质量，而且当变形较大时，将使加工不能继续下去。根据实践经验，当面积较大的薄板厚度小于 3 mm 时就应在工艺上充分重视这一问题。采取如下预防措施：

① 对于大面积的薄板零件，改进装夹方式，采用合适的加工顺序和刀具。

② 采用适当的热处理方法，如对钢件进行调质处理，对铸铝件进行退火处理。

③ 粗、精加工分开及对称去除余量等措施来减小或消除变形的影响。

④ 充分利用数控机床的循环功能，减小每次进刀的切削深度或切削速度，从而减小切削力，控制零件在加工过程中的变形。

（3）尽量统一零件轮廓内圆弧的有关尺寸

① 轮廓内圆弧半径 R 常常限制刀具的直径：内槽（内型腔）圆角的大小决定着刀具直径的大小，所以内槽（内型腔）圆角半径不应太小。如图 2-15 所示的零件，其结构工艺性

的好坏与被加工轮廓的高低、转角圆弧半径的大小等因素有关。图 2-15（b）与图 2-15（a）相比，转角圆弧半径大，可以采用较大直径的立铣刀来加工；加工平面时，进给次数也相应减少，表面加工质量也会好一些，因而工艺性较好。通常 $R<0.2H$ 时，可以判定零件该部位的工艺性不好。

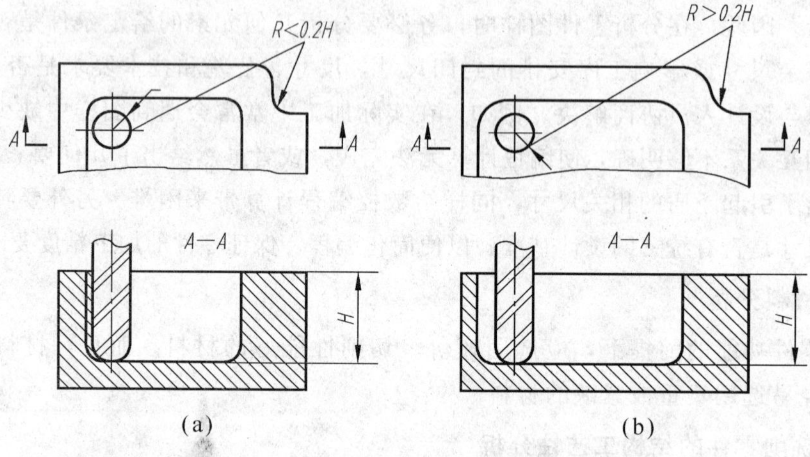

图 2-15　内槽（内型腔）结构工艺性对比

② 转接圆弧半径值大小的影响：转接圆弧半径小，可以采用较大铣刀加工槽底平面，效率高，且加工表面质量也较好，因此工艺性较好。

铣槽底平面时，槽底圆角半径 r 不要过大。如图 2-16 所示，铣刀端面刃与铣削平面的最大接触直径 $d=D-2r$（D 为铣刀直径），当 D 一定时，r 越大，铣刀端面刃铣削平面的面积越小，加工平面的能力就越差，效率越低，工艺性也越差。当 r 大到一定程度时，甚至必须用球头铣刀加工，这是应该尽量避免的。当铣削的底面面积较大，底部圆弧 r 也较大时，只能用两把 r 不同的铣刀分两次进行铣削。

在一个零件上，凹圆弧半径在数值上一致性的问题对数控铣削的工艺性显得相当重要。零件的外形、内腔最好采用统一的几何类型或尺寸，这样可以减少换刀次数，使编程方便，有利于提高生产效率。一般来说，即使不能寻求完全统一，也要力求将数值相近的圆弧半径分组靠拢，达到局部统一，以尽量减少铣刀规格和换刀次数，并避免因频繁换刀而增加了零件加工面上的接刀阶差，降低表面加工质量。

（4）保证基准统一原则

有些零件需要多次装夹才能完成加工时，如图 2-17 所示，由于数控铣削不能使用普通铣床加工时常用的"试切法"来接刀，往往会因为零件的重新安装而接不好刀。为了避免上述问题的产生，减小两次装夹误差，最好采用统一基准定位，因此零件上应有合适的孔作为定位基准孔，如果零件上没有基准孔，也可以专门设置工艺孔作为定为基准（如在毛坯上增加工艺凸耳或在后续工序要铣去的余量上设基准孔）。如实在无法制出基准孔，起码也要用经过精加工的面作为统一基准。如果连这也办不到，则最好只加工其中一个最复杂的面，另一面放弃数控铣削而改由通用铣床加工。

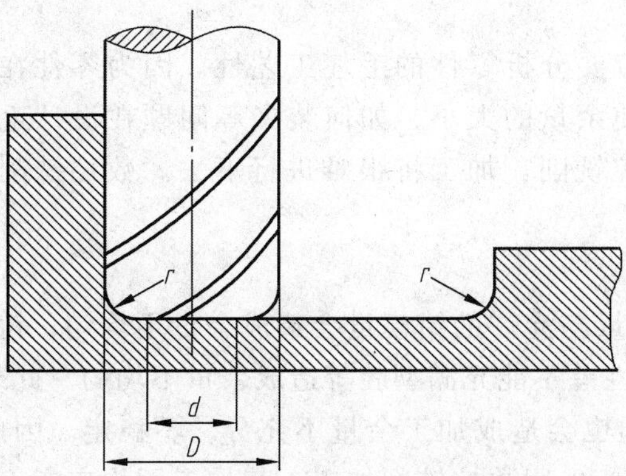

图 2-16　零件槽底平面圆弧对铣削工艺的影响

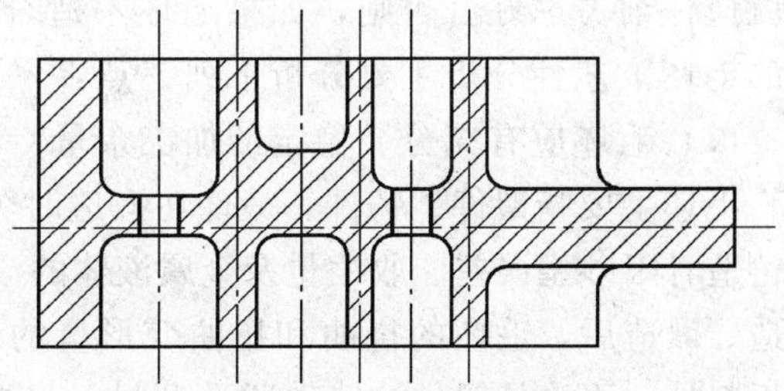

图 2-17　必须两次装夹加工的零件

有关数控铣削零件的结构工艺性实例如表 2-2 所示。

表 2-2　数控铣削零件加工部位结构工艺性实例

序　号	A 工艺性差的结构	B 工艺性好的结构	说　明
1	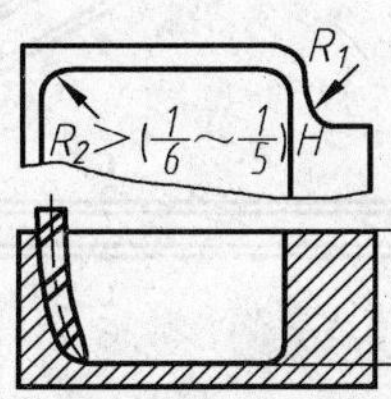	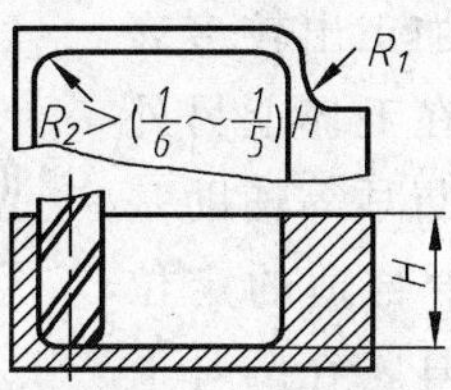	B 结构可选用较高刚性刀具
2		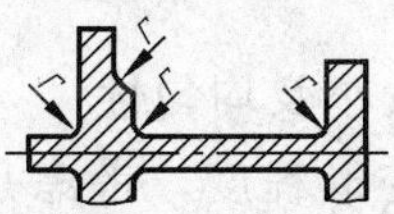	B 结构需用刀具比 A 结构少，减少了换刀的辅助时间
3	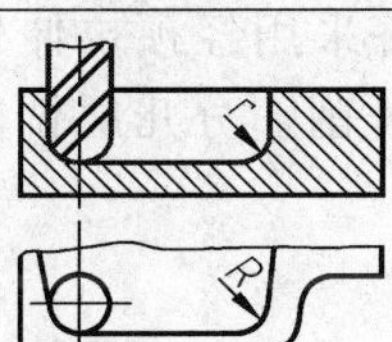	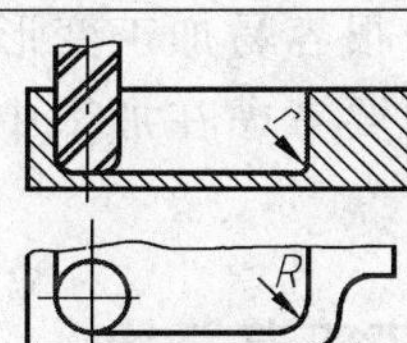	B 结构 R 大，r 小，铣刀端刃铣削面积大，生产效率高
4	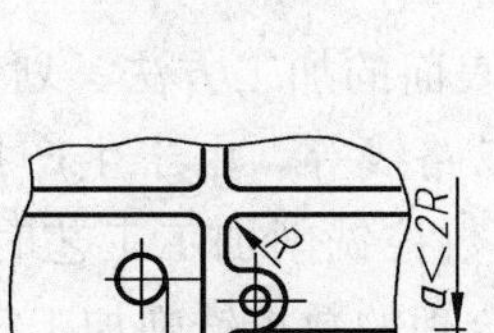	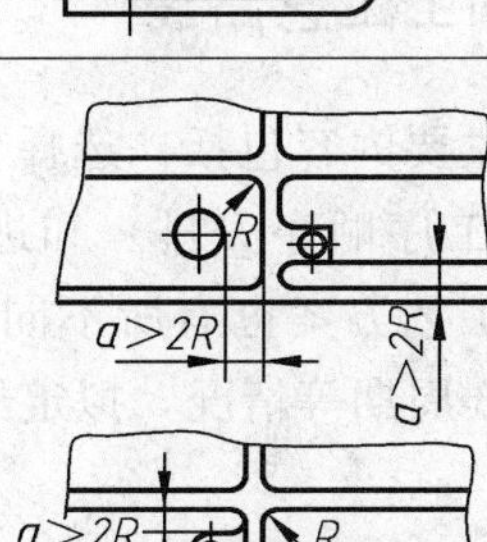	B 结构 $a>2R$，便于半径为 R 的铣刀进入，所需刀具少，加工效率高
5	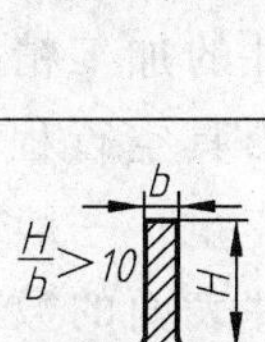	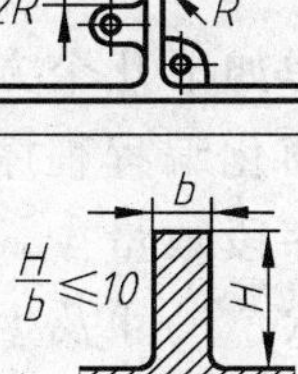	B 结构刚性好，可用大直径铣刀加工，加工效率高

5. 零件毛坯的工艺性分析

在分析数控铣削零件的结构工艺性时，顺带要分析零件的毛坯工艺性。因为零件在进行数控铣削加工时，由于加工过程的自动化，使余量的大小、如何装夹等问题在设计毛坯时就应仔细考虑好。否则，如果毛坯不适合数控铣削，加工将很难进行下去。数控铣削零件的毛坯工艺性分析主要分析下列三点：

（1）毛坯应有充分、稳定的加工余量

毛坯主要指锻件、铸件。锻件在锻造时欠压量与允许的错模量会造成余量不均匀；铸件在铸造时因砂型误差、收缩量及金属液体的流动性差不能充满型腔等造成余量不均匀。此外，铸造、锻造后，毛坯的挠曲和扭曲变形量的不同也会造成加工余量不充分、不稳定。因此，除板料外，不论是锻件、铸件还是型材，只要准备采用数控铣削加工，其加工面均应有充分的余量。经验表明，数控铣削中最难保证的是加工面与非加工面之间的尺寸，对这一点应引起特别的重视。因此，如果已确定或准备采用数控铣削加工，就应事先对毛坯的设计进行必要更改或在设计时就加以充分考虑，即在零件图样注明的非加工面处增加适当的余量。

（2）分析毛坯的装夹适应性

主要考虑毛坯在加工时定位和夹紧的可靠性与方便性，以便在一次安装中加工出较多表面。对不便装夹的毛坯，可考虑在毛坯上另外增加装夹余量或工艺凸台、工艺凸耳等辅助基准。如图 2-18 所示，该工件缺少合适的定位基准，在毛坯上铸出两个工艺凸耳，在凸耳上制出定位基准孔。

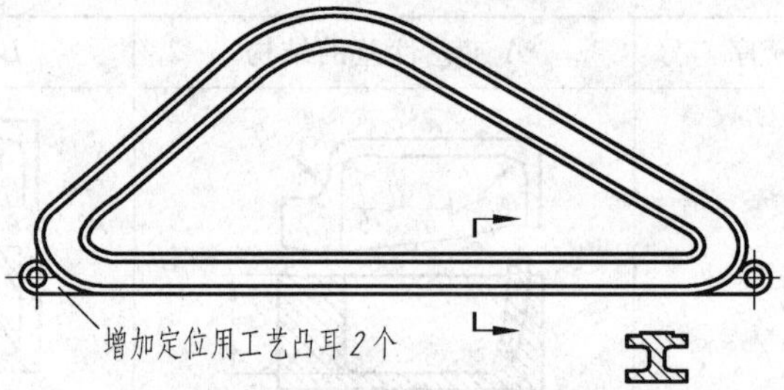

图 2-18　增加毛坯辅助基准示例

（3）分析毛坯的变形、余量大小及均匀性

分析毛坯加工中与加工后的变形程度，考虑是否应采取预防性措施和补救措施。如对于热轧中、厚铝板，经淬火时效后很容易加工变形，这时最好采用经预拉伸处理的淬火板坯。对毛坯余量大小及均匀性，主要考虑在加工中是否分层铣削，分几层铣削。在自动编程时，这个问题尤其重要。

资料三　拟定数控铣削加工工艺路线

拟定数控铣削加工工艺路线主要内容包括：选择各加工表面的加工方法、划分加工阶段、划分加工工序、确定加工顺序（工序顺序安排）和进给加工路线等。由于生产批量的差异，即使是同一零件的数控铣削加工工艺方案也有所不同。拟定数控铣削加工工艺时，应根据具体生产批量、现场生产条件、生产周期等情况，拟定经济、合理的数控铣削加工工艺。

1. 加工方法的选择

对于数控铣削加工，应重点考虑如下几个方面：能保证零件的加工精度和表面粗糙度要求；使走刀路线最短，这样既可简化编程程序段，又可减少刀具空行程时间，提高加工效率；应使节点数值计算简单，程序段数量少，以减少编程工作量。一般根据零件的加工精度、表面粗糙度、材料、结构形状、尺寸及生产类型确定零件表面的数控铣削加工方法及加工方案。

(1) 平面加工方法的选择

数控铣削平面主要采用端铣刀、立铣刀和面铣刀加工。粗铣的尺寸精度和表面粗糙度一般可达 IT10～IT12，表面粗糙度 *Ra* 6.3～12.5 μm；精铣的尺寸精度和表面粗糙度一般可达 IT7～IT9，*Ra* 1.6～6.3 μm；当零件表面粗糙度要求较高时，应采用顺铣方式。一般经济精度平面的加工方法如表 2-3 所示（表内铣削加工方法采用数控铣削）。

表 2-3　经济加工精度的平面加工方法

序号	加工方法	经济精度级	表面粗糙度 *Ra* 值（μm）	适用范围
1	粗铣-精铣或 粗铣-半精铣-精铣	IT7～IT9	6.3～1.6	一般不淬硬平面
2	粗铣-精铣-刮研或 粗铣-半精铣-精铣-刮研	IT6～IT7	0.8～0.1	精度要求较高的不淬硬平面
3	粗铣-精铣-磨削	IT8～IT9	6.3～1.6	精度要求高的淬硬平面或不淬硬平面
4	粗铣-精铣-粗磨-精磨	IT6～IT7	0.4～0.012	
5	粗铣-半精铣-拉削	IT7～IT8	1.6～0.4	大量生产，较小的平面 （精度视拉刀精度而定）
6	粗铣-精铣-磨削-研磨	IT2 级以上	0.1～0.008	高精度平面

(2) 平面轮廓的加工方法

这类零件的表面多由直线和圆弧或各种曲线构成，通常采用三坐标数控铣床进行两轴半坐标加工。图 2-19 所示为由直线和圆弧构成的零件平面轮廓 *ABCDEA*，采用半径为 *R* 的立铣刀沿周向加工，虚线 *A′B′C′D′E′A′* 为刀具中心的运动轨迹。为保证加工面光滑，刀具沿 *PA′* 切入，沿 *A′K* 切出。

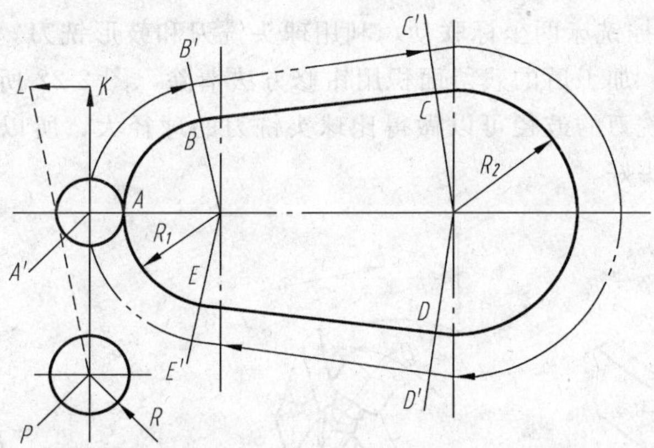

图 2-19　平面轮廓铣削

(3) 固定斜角平面的加工方法

固定斜角平面是与水平面成一固定夹角的斜面，常用的加工方法如下：

① 当零件尺寸不大时，可用斜垫板垫平后加工；如果机床主轴可以摆角，则可以摆成适当的定角，用不同的刀具来加工（图 2-20）。当零件尺寸很大，斜面斜度又较小时，常用行切法加工（“行切法”加工，即刀具与零件轮廓的切点轨迹是一行一行的，行间距按零件加工精

度要求确定)，但加工后，会在加工面上留下残留面积，需要用钳修方法加以清除。当然，加工斜面的最佳方法是采用两轴半坐标数控铣床，主轴摆角后加工，可以不留残留面积。

② 对于图 2-20 所示倾斜表面，一般还可用专用的角度成形铣刀加工。其效果比采用两轴半坐标数控铣床摆角加工好。

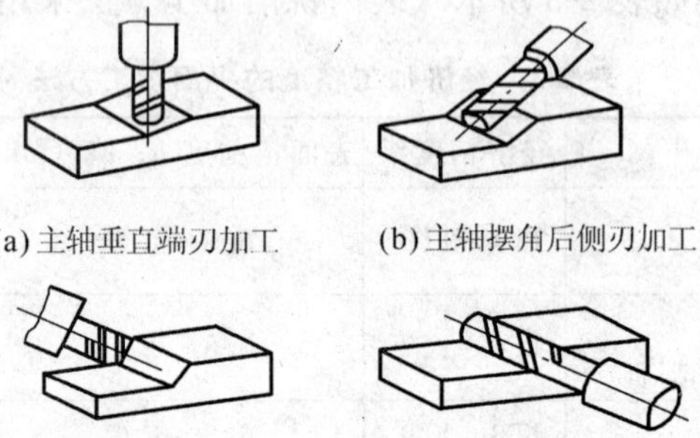

(a) 主轴垂直端刃加工　(b) 主轴摆角后侧刃加工

(c) 主轴摆角后端刃加工　(d) 主轴水平侧刃加工

图 2-20　主轴摆角加工固定斜面

(4) 变斜角面的加工

① 对曲率变化较小的变斜角面，用 X、Y、Z 和 A 四坐标联动的数控铣床，采用立铣刀（但当零件斜角过大，超过机床主轴摆角范围时，可用角度成型铣刀加以弥补）以插补方式摆角加工，如图 2-21 (a) 所示。加工时，为保证刀具与零件斜面在全长上始终贴合，刀具绕 A 轴摆角。

② 对曲率变化较大的变斜角面，用四坐标联动加工难以满足加工要求，最好用 X、Y、Z、A 和 B（或 C 转轴）的五坐标联动数控铣床，以圆弧插补方式摆角加工，如图 2-21 (b) 所示。图中夹角 A 和 B 分别是零件斜面母线与 Z 坐标轴夹角 α 在 ZOY 平面和 XOY 平面上的分夹角。

③ 采用三坐标数控铣床两坐标联动，利用球头铣刀和鼓形铣刀，以直线或圆弧插补方式进行分层铣削加工，加工后的残留面积用钳修方法清除，图 2-22 所示是用鼓形铣刀铣削变斜角面。由于鼓形铣刀的鼓径可以做得比球头铣刀的球径大，所以加工后的残留面积高度小，加工效果比球头好。

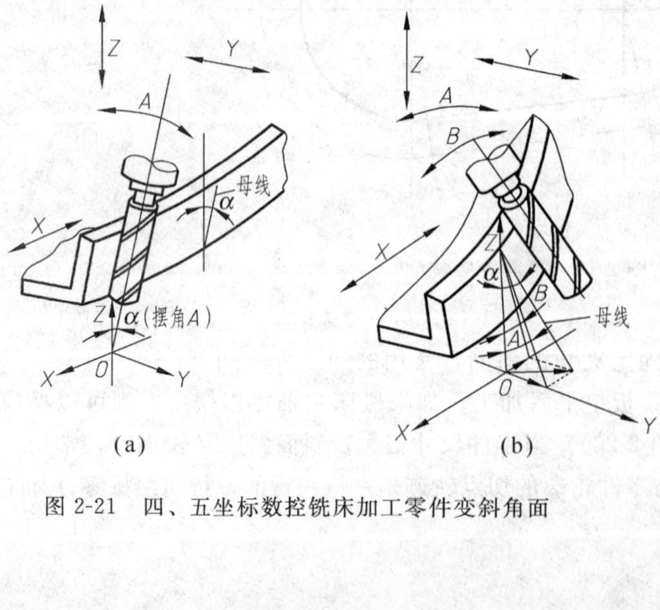

图 2-21　四、五坐标数控铣床加工零件变斜角面

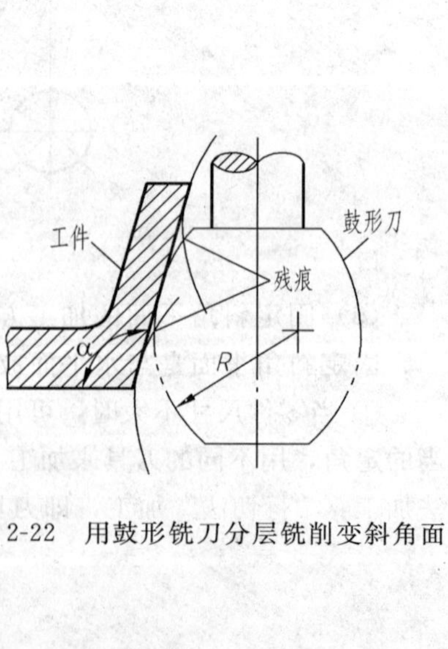

图 2-22　用鼓形铣刀分层铣削变斜角面

（5）曲面轮廓的加工方法

立体曲面的加工应根据曲面形状、刀具形状及精度要求采用不同的铣削加工方法，如两轴半、三轴、四轴及五轴等联动加工。

① 对曲率变化不大和精度要求不高的曲面粗加工，常采用两轴半坐标的行切法加工，即 X、Y、Z 三轴中任意两轴做联动插补，第三轴做单独的周期进给。如图 2-23 所示，将 X 向分成若干段，球头铣刀沿 YOZ 面所截的曲线进行铣削，每一段加工完后进给 Δx，再加工另一相邻曲线，如此依次切削即可加工出整个曲面。在行切法中，要根据轮廓表面粗糙度的要求及刀头不干涉相邻表面的原则选取 Δx。球头铣刀的刀头半径应选得大一些，有利于散热，但刀头半径应小于内凹曲面的最小曲率半径。

② 对曲率变化较大和精度要求较高的曲面精加工，常用 X、Y、Z 三坐标联动插补的行切法加工。如图 2-24 所示，P_{YZ} 平面为平行与坐标平面的一个行切面，它与曲面的交线为 ab。由于是三坐标联动，球头铣刀与曲面的切削点始终处在平面曲线 ab 上，可获得较规则的残留沟纹，但这时的刀心轨迹 O_1O_2 不在 P_{YZ} 平面上，而是一条空间曲线。

③ 对像叶轮、螺旋桨这样的复杂零件，因其叶片形状复杂，刀具容易与相邻表面干涉，常用 X、Y、Z、A 和 B 的五坐标联动数控铣床加工。

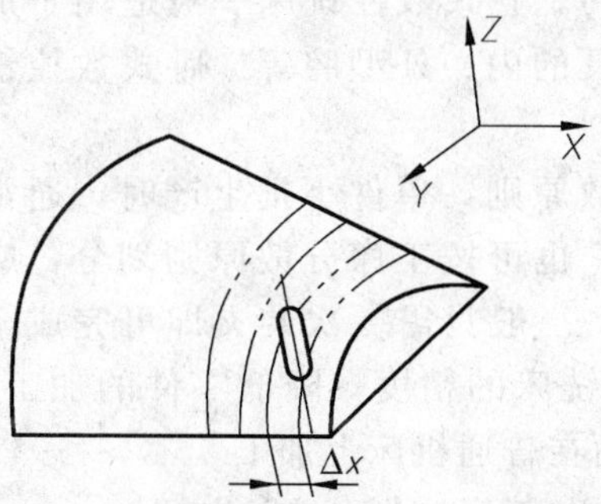

图 2-23　两轴半坐标行切法加工曲面

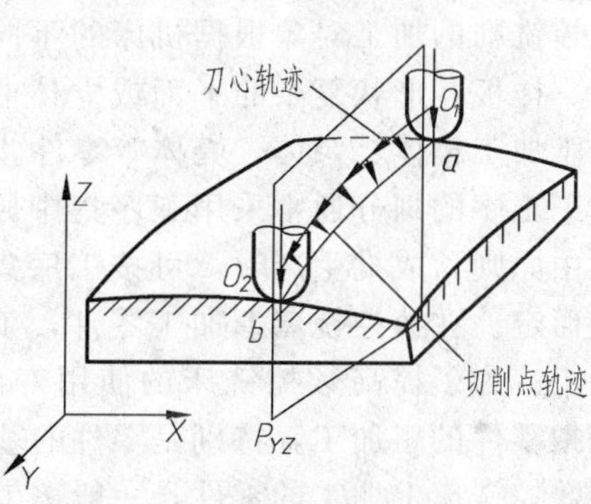

图 2-24　三轴联动行切法加工曲面的切削点轨迹

2. 划分加工阶段

当数控铣削零件的加工质量要求较高时，往往不可能用一道工序来满足其要求，而要用几道工序逐步达到所要求的加工质量。为保证加工质量和合理地使用设备、人力，零件的加工过程通常按工序性质不同，可分为粗加工、半精加工、精加工和光整加工四个阶段：

（1）粗加工

粗加工阶段主要任务是切除毛坯上各表面的大部分多余金属，使毛坯在形状和尺寸上接近零件成品，其目的是提高生产率。

（2）半精加工

半精加工阶段任务是使主要表面达到一定的精度，留有一定的精加工余量，为主要表面的精加工（精铣或精磨）做好准备，并可完成一些次要表面加工，如扩孔、攻螺纹、铣键槽等。

（3）精加工

精加工阶段任务是保证各主要表面达到图样规定的尺寸精度和表面粗糙度要求，其主要目标是保证加工质量。

(4) 光整加工

光整加工阶段任务是对零件上精度和表面粗糙度要求很高（IT6 级以上，表面粗糙度为 Ra 0.2 以下）的表面，需要进行光整加工。其目的是提高尺寸精度、减小表面粗糙度。

划分加工阶段的目的如下：

① 保证加工质量：使粗加工产生的误差和变形，通过半精加工和精加工予以纠正，并逐步提高零件的精度和表面质量。

② 合理使用设备：充分发挥机床的性能，延长使用寿命。

③ 便于安排热处理工序，使冷热加工工序配合的更好，热处理变形可以通过精加工予以消除。

④ 有利于及早发现毛坯的缺陷（如铸件的砂眼、气孔等）。粗加工时发现毛坯缺陷，及时予以报废，以免继续加工造成工时的浪费。

加工阶段的划分不是绝对的，必须根据工件的加工精度要求和工件的刚性来决定。一般说来，工件精度要求越高、刚性越差，划分阶段应越细；当工件批量小、精度要求不太高、工件刚性较好时也可以不分或少分阶段。

3. 划分加工工序

数控铣削的加工对象根据机床的不同也是不一样的。立式数控铣床一般适用于加工平面凸轮、样板、形状复杂的平面或立体曲面零件、模具的内、外型腔等。卧式数控铣床一般适用于加工箱体、泵体、壳体等零件。

加工工序的划分通常采用工序集中原则和工序分散原则，单件小批生产时，通常采用工序集中原则；成批生产时，可按工序集中原则划分，也可按工序分散原则划分，应视具体情况而定。在数控铣床上加工零件，工序比较集中，一般只需一次装夹即可完成全部工序的加工。为了提高数控铣床的使用寿命，保持数控铣床的精度，降低零件的加工成本，通常是把零件的粗加工，特别是零件的基准面、定位面在普通机床上加工。

在数控铣床上加工的零件，一般按工序集中原则划分工序，划分方法如下：

(1) 按所用刀具划分

这种方法就是按所用刀具来划分工序，用同一把刀具加工完成所有可以加工的部位，然后再换刀。这种方法适用于工件的待加工表面较多、机床连续工作时间长、加工程序的编制和检查难度较大等情况。同时这种方法还可以减少换刀次数，缩短辅助时间，减少不必要的定位误差。

(2) 按粗、精加工划分

即粗加工中完成的那一部分工艺过程为一道工序，精加工中完成的那一部分工艺过程为一道工序。这种划分方法适用于加工后变形较大，需粗、精加工分开的零件，如毛坯为铸件、焊接件或锻件。

(3) 按加工部位划分

即以完成相同型面的那一部分工艺过程作为一道工序，一般先加工平面、定位面，再加工孔；先加工形状简单的几何形状表面，再加工复杂的几何形状表面；先加工精度比较低的部位，再加工精度比较高的部位。

(4) 按安装次数划分

以一次安装完成的那一部分工艺过程作为一道工序。这种划分方法适用于工件的加工内容不多，加工完成后就能达到待检状态。

4. 加工顺序（工序顺序安排）

数控铣削加工顺序安排得合理与否，将直接影响到零件的加工质量、生产率和加工成本。应根据零件的结构和毛坯状况，结合定位及夹紧的需要综合考虑，重点应保证工件的刚度不被破坏，尽量减少变形。制定零件数控铣削加工工序顺序一般遵循下列原则：

（1）基面先行原则

用作精基准的表面，要首先加工出来，因为定位基准的表面越精确，装夹误差就越小。所以，第一道工序一般是进行定位面的粗加工和半精加工（有时包括精加工），然后再以精基面定位加工其他表面。

（2）先粗后精原则

先安排粗加工，中间安排半精加工，最后安排精加工和光整加工，逐步提高加工表面的加工精度，减小加工表面粗糙度。

（3）先主后次原则

先安排零件的装配基面和工作表面等主要表面的加工，后安排如键槽、紧固用的光孔和螺纹孔等次要表面的加工。由于次要表面加工工作量小，又常与主要表面有位置精度要求，所以一般放在主要表面的半精加工之后，精加工之前进行。

（4）先面后孔原则

对于箱体、支架类零件，平面轮廓尺寸较大，先加工用作定位的平面和孔的端面，然后再加工孔，特别是钻孔，孔的轴线不易偏斜。这样可使工件定位夹紧稳定可靠，利于保证孔与平面的位置精度，减小刀具的磨损，同时也给孔加工带来方便。

（5）先内后外原则

一般先进行内型腔加工，后进行外形加工。

5. 进给加工路线确定

（1）逆铣与顺铣的确定

① 逆铣与顺铣的概念：铣刀的旋转方向和工作台（工件）进给方向相反时称为逆铣，相同时称为顺铣，如图 2-25所示。

② 逆铣与顺铣的特点：逆铣时（图 2-25a），刀具从已加工表面切入，切削厚度从零逐渐增大；刀齿在已加工表面上滑行、挤压，使这段表面产生严重的冷硬层，下一个刀齿切入时，又在冷硬层表面滑行、挤压，不仅使刀齿容易磨损，而且使工件的表面粗糙度增大，并且刀齿在已加工面处切入工件时，由于切屑变形大，切屑作用在刀具上的力使刀具实际切深加大，可能会产生“挖刀”式的多切，造成后续加工余量不足。同时，刀齿垂直方向的切削分力向上，不仅会使工作台与导轨间形成间隙，引起振动，而且有把工件从工作台上挑起的倾向，因此需较大的夹紧力。但逆铣时刀齿从已加工表面切入，不会造成从毛坯面切入而打刀；加之其水平切削分力与工件进给方向相反，使铣床工作台纵向进给的丝杠与螺母传动面始终是右侧面抵紧（图 2-25c），不会受丝杠螺母副间隙的影响，铣削较平稳。

顺铣时（图 2-25b），刀具从待加工表面切入，切削厚度从最大逐渐减小为零，切入时冲击力较大；刀齿无滑行、挤压现象，对刀具耐用度有利；其垂直方向的切削分力向下压工作台，减小了工件上下的振动，对提高铣刀加工表面质量和工件的夹紧有利。但顺铣的水平切削分力与工件进给方向一致，当水平切削分力大于工作台摩擦力（如遇到加工表面有硬皮或硬质点）时，使工作台带动丝杠向左窜动，丝杠与螺母传动副右侧面出现间隙

（图 2-25d），硬点过后丝杠螺母副的间隙恢复正常（左侧间隙），这种现象对加工极为不利，会引起“啃刀”或“打刀”，甚至损坏夹具或机床。

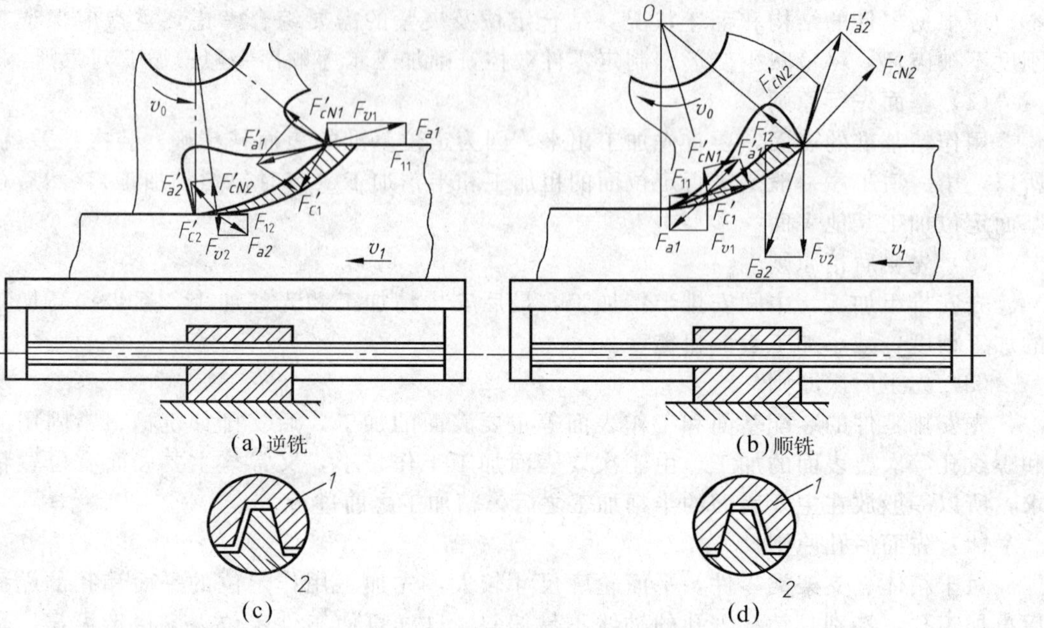

图 2-25　逆铣与顺铣

上述逆铣与顺铣是对铣刀中心线与铣削平面空间平行而言，如卧式数控铣床铣削工件的平面与铣刀中心线空间平行；对铣刀中心线与铣削平面垂直的平面铣削，如立式数控铣床铣削工件平面，则铣刀在铣削过程中逆铣与顺铣同时存在，如图 2-26 所示。

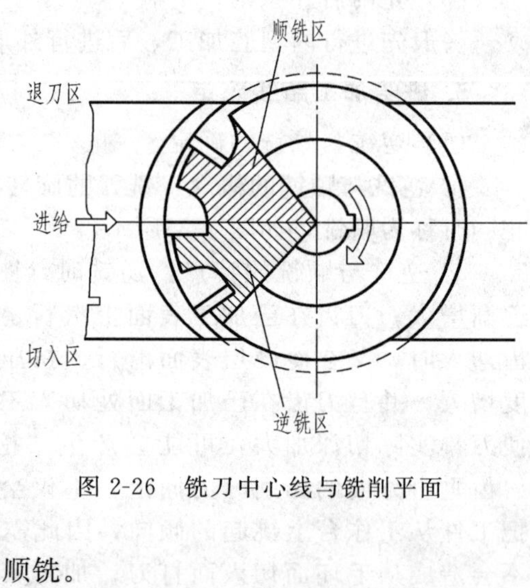

图 2-26　铣刀中心线与铣削平面

③ 逆铣、顺铣的选择：根据上面的分析，当工件表面有硬皮、机床的进给机构有间隙时，应选用逆铣。因为逆铣时，刀齿是从已加工表面切入的，不会崩刃，机床进给机构的间隙不会引起振动和爬行，因此粗铣时应尽量采用逆铣。当工件表面无硬皮、机床进给机构无间隙时，应选用顺铣。

因为顺铣加工后，零件表面质量好，刀齿磨损小，因此精铣时，尤其是零件材料为铝镁合金、钛合金或耐热合金时，应尽量采用顺铣。一般精铣采用顺铣。

由于数控铣床基本都采用滚珠丝杆螺母副传动，进给传动机构一般无间隙或间隙值极小，这时如果加工的毛坯硬度不高，尺寸大，形状复杂，成本高，即使粗加工，一般也应采用顺铣，这对减少刀具的磨损和避免粗加工时逆铣可能产生“挖刀”式多切而造成后续加工余量不足、工件可能报废大有好处。

在数控铣床主轴正向旋转，刀具为右旋铣刀时，顺铣正好符合左刀补（即 G41），逆铣正好符合右刀补（即 G42）。所以，一般情况下，精铣用 G41 建立刀具半径补偿，粗铣用 G42 建立刀具半径补偿。

（2）加工工艺路线

加工路线是刀具在整个加工工序中相对于工件的运动轨迹，不但包括了工步的内容，而且也反映出工步的顺序。合理地选择加工路线不但可以提高切削效率，还可以提高零件的表面精度。在确定数控铣削加工路线时，应遵循如下原则：保证零件的加工精度和表面粗糙度；使走刀路线最短，减少刀具空行程时间，提高加工效率；使节点数值计算简单，程序段数量少，以减少编程工作量；最终轮廓一次走刀完成。

① 铣削平面类零件的加工路线：铣削平面类零件外轮廓时，一般采用立铣刀侧刃进行切削。为减少接刀痕迹，保证零件表面质量，对刀具的切入和切出程序需要精心设计。

铣削外轮廓的加工路线：当铣削平面零件外轮廓时，一般采用立铣刀侧刃切削。刀具切入工件时，应避免沿零件外轮廓的法向切入，而应沿外轮廓曲线的延长线切向逐渐切入工件，以避免在切入处产生刀具的划痕而影响加工表面质量，保证零件曲线的平滑过渡。在切离工件时，也应避免在切削终点处直接抬刀，要沿着零件外轮廓延长线的切向逐渐切离工件。如图 2-27 所示，铣刀的切入和切出点应沿零件轮廓曲线的延长线上切入和切出零件表面，而不应沿法向直接切入零件，以避免加工表面产生划痕，保证零件轮廓光滑。

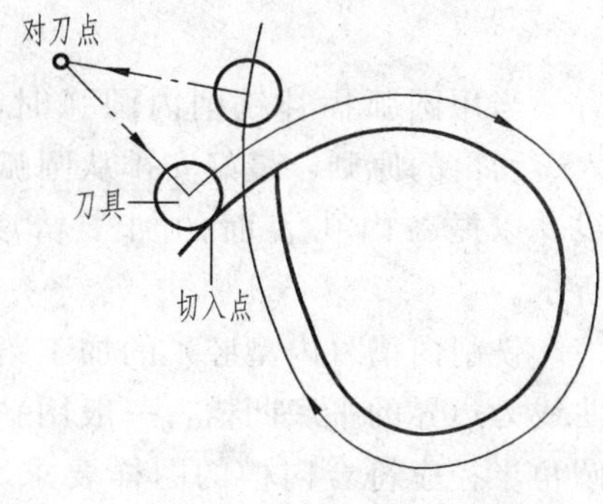

图 2-27　外轮廓加工刀具的切入和切出

当用圆弧插补方式铣削零件外轮廓或整圆加工时，如图 2-28 所示，要安排刀具从切向进入圆周铣削加工，当整圆加工完毕后，不要在切点处 2 直接退刀，而应让刀具沿切线方向多运动一段距离，以免取消刀补时，刀具与工件表面相碰，造成工件报废。

铣削内轮廓的加工路线：当铣削封闭的内轮廓表面时，若内轮廓曲线允许外延，则应沿切线方向切入切出。若内轮廓曲线不允许外延，如图 2-29 所示，则刀具只能沿内轮廓曲线的法向切入切出，并将其切入、切出点选在零件轮廓两几何元素的交点处。当内部几何元素相切无交点时，为防止刀补取消时在轮廓拐角处留下凹口，刀具切入、切出点应远离拐角，如图 2-30 所示。

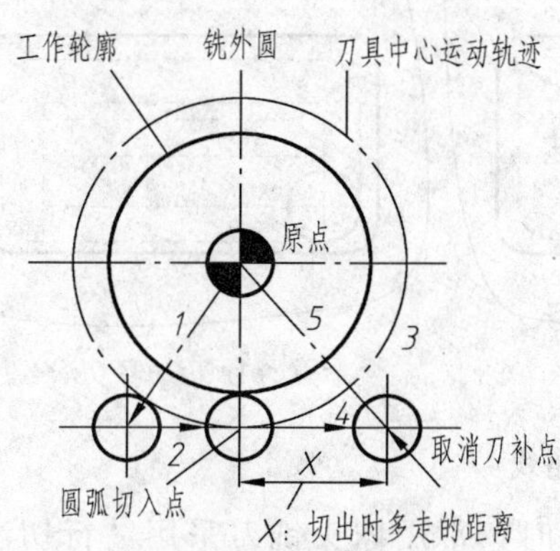

图 2-28　外轮廓加工刀具的切入和切出

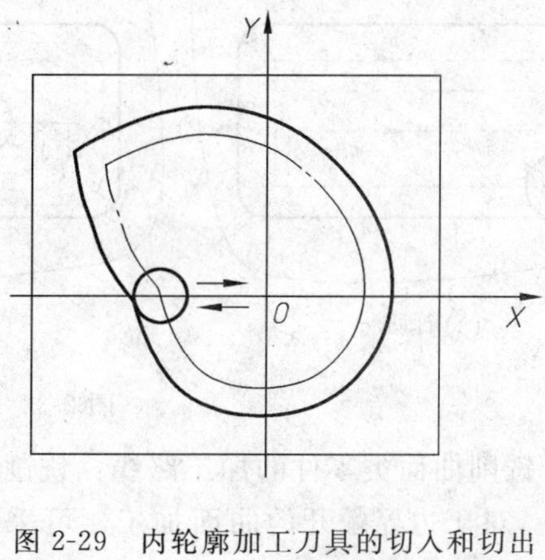

图 2-29　内轮廓加工刀具的切入和切出

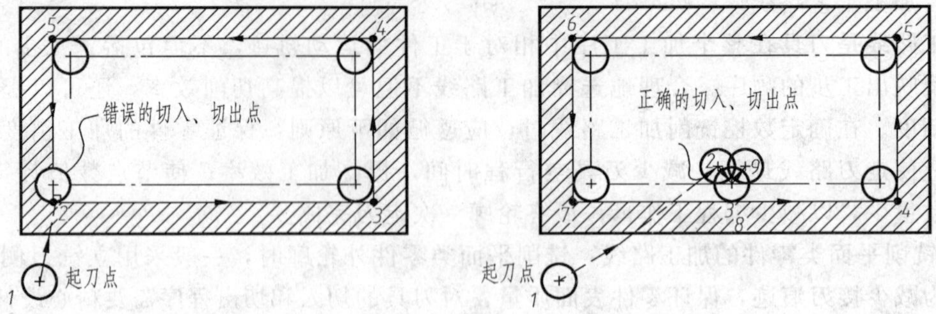

图 2-30　无交点内轮廓加工刀具的切入和切出

当用圆弧插补铣削内圆弧时，也要遵循从切向切入、切出的原则，最好安排从圆弧过渡到圆弧的加工路线，以提高内孔表面的加工精度和质量，如图 2-31 所示。

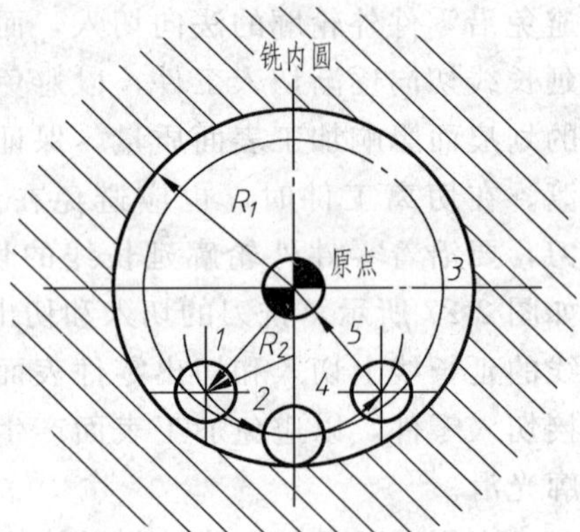

图 2-31　内轮廓加工刀具的切入和切出

铣削内槽（内型腔）的加工路线：内槽是指以封闭曲线为边界的平底凹槽，一般用平底立铣刀加工，刀具圆角半径应符合内槽的图样要求。图 2-32 所示为加工内槽的三种进给路线，图 2-32（a）和图 2-32（b）分别为用行切法和环切法加工内槽。两种进给路线的共同点是都能切净内腔槽中的全部面积，不留死角，不伤轮廓，同时尽量减少重复进给的搭接量。不同点是行切法的进给路线比环切法短，但行切法将在每两次进给的起点与终点间留下残留面积，而达不到所要求的加工表面粗糙度。用环切法加工获得的零件表面粗糙度要好于行切法，但环切法需要逐次向外扩展轮廓线，刀位点计算稍微复杂一些。采用图 2-32（c）所示的进给路线，即先用行切法切去中间部分余量，最后用环切法环切一刀光整轮廓表面，既能使总的进给路线较短，又能获得较好的表面粗糙度。

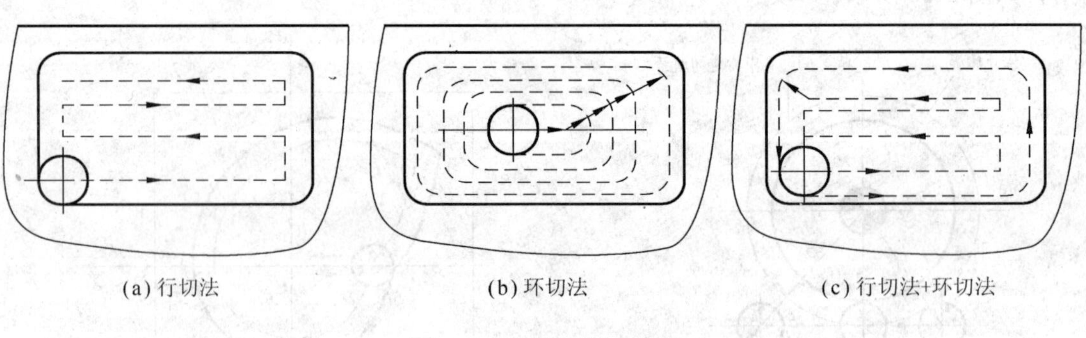

(a) 行切法　　(b) 环切法　　(c) 行切法+环切法

图 2-32　内槽的加工路线

② 铣削曲面类零件的加工路线：铣削曲面类零件时，常用球头铣刀采用“行切法”进行加工。对于边界敞开的曲面加工，可采用两种加工路线，如图 2-33 所示发动机大叶片，当采用图 2-33（a）所示的加工方案时，每次沿直线加工，刀位点计算简单，程序少，加工

过程符合直纹面的形成，可以准确保证母线的直线度。当采用图 2-33（b）所示的加工方案时，符合这类零件数据给出的情况，便于加工后检验，叶形的准确度较高，但程序较多。由于曲面零件的边界是敞开的，没有其他表面限制，所以曲面边界可以延伸，球头铣刀应由边界外开始加工。

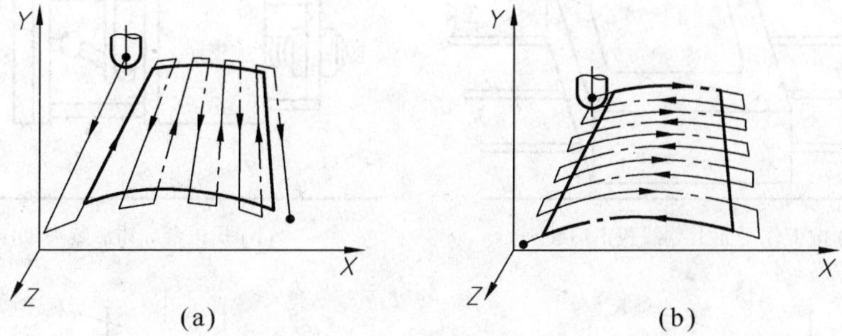

图 2-33　直纹曲面的加工路线

资料四　找正装夹方案及夹具选择

1. 找正装夹方案

（1）数控铣削零件的装夹定位基准选择

① 所选基准应能保证零件定位准确，力求设计基准、工艺基准与编程原点统一，以减少基准不重合误差。

② 所选基准与各加工部位间的各个尺寸计算简单，以减少数控编程中的计算工作量。

③ 所选基准应能保证图样中各项加工精度要求。

选择数控铣削零件定位基准应遵循如下原则：

① 尽量选择零件上的设计基准作为定位基准。

② 当零件的定位基准与设计基准不能重合且加工面与其设计基准又不能在一次安装内同时加工时，应认真分析装配图样，确定该零件设计基准的设计功能，通过尺寸链的计算，严格规定定位基准与设计基准间的公差范围，确保加工精度。

③ 当无法同时完成包括设计基准在内的全部表面加工时，要考虑用所选基准定位后，一次装夹能够完成全部关键部位的加工。

④ 定位基准的选择要保证完成尽可能多的加工内容。

⑤ 批量加工时，零件定位基准应尽可能与建立工件坐标系的对刀基准重合。

⑥ 必须多次安装时应遵从基准统一原则。

（2）数控铣削零件的找正装夹

当数控铣削零件较复杂、加工面较多时，需要经过多道工序的加工，其位置精度取决于工件的找正装夹方式和装夹精度。数控铣削零件常用的找正装夹方法如下：

① 直接找正装夹：用划针、百分表或千分表等工具直接找正工件位置并加以夹紧的方法称为直接找正装夹法。此法生产率低，精度取决于工人的技术水平和测量工具的精度，一般只用于单件或小批生产，如图 2-34 所示。

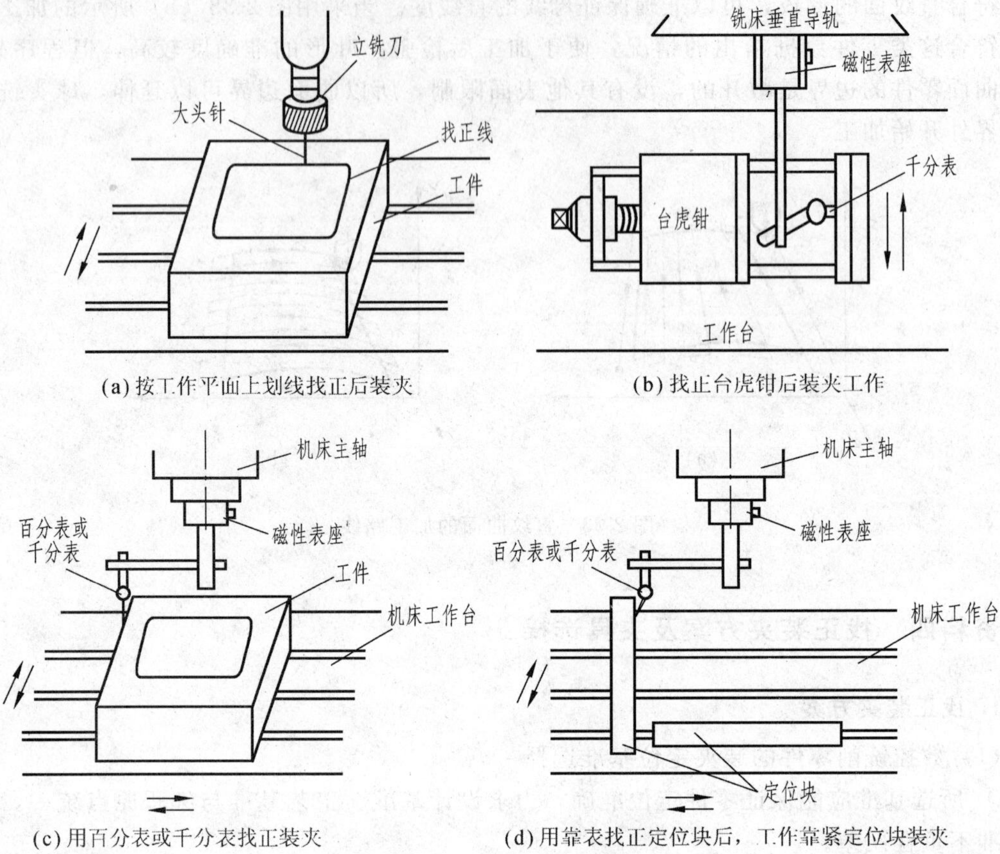

(a) 按工作平面上划线找正后装夹 (b) 找正台虎钳后装夹工作

(c) 用百分表或千分表找正装夹 (d) 用靠表找正定位块后，工作靠紧定位块装夹

图 2-34 直接找正装夹

② 划线找正装夹：先用划针画出要加工表面的位置，再按划线用划针找正工件在机床上的位置并加以夹紧。由于划线既费时，又需要技术高的划线工，所以一般用于批量不大，形状复杂而笨重的工件或低精度毛坯的加工，如图 2-35 所示。

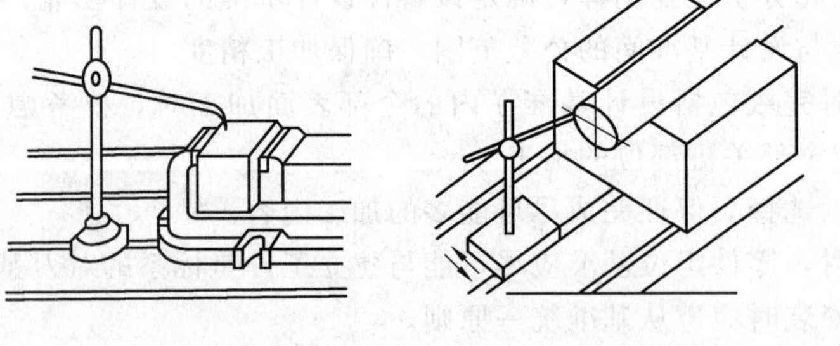

图 2-35 划线找正装夹

③ 用夹具装夹：将工件直接安装在夹具的定位元件上的方法称为夹具装夹法。这种方法安装迅速方便，定位精度较高而且稳定，生产率较高，广泛用于中批生产以上的生产类型。

用夹具装夹工件的方法有如下优点：

· 工件在夹具中的正确定位，是通过工件上的定位基准面与夹具上的定位元件相接触而实现的。因此，不再需要找正便可将工件夹紧。

- 由于夹具预先在机床上已调整好位置，因此，工件通过夹具相对于机床也就占有了正确的位置。

由此可见，在使用夹具的情况下，机床、夹具、刀具和工件所构成的工艺系统，环环相扣，相互之间保持正确的加工位置，从而保证零件的加工精度。

（3）常见的数控铣削零件的定位、装夹

常见的数控铣削零件的定位、装夹示例如图 2-36～图 2-39 所示。

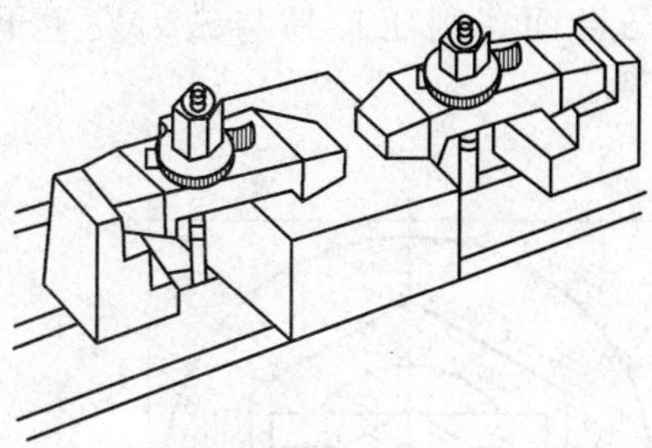

图 2-36　直接找正后用压板装夹工件示例

图 2-37　标准组合压板套装

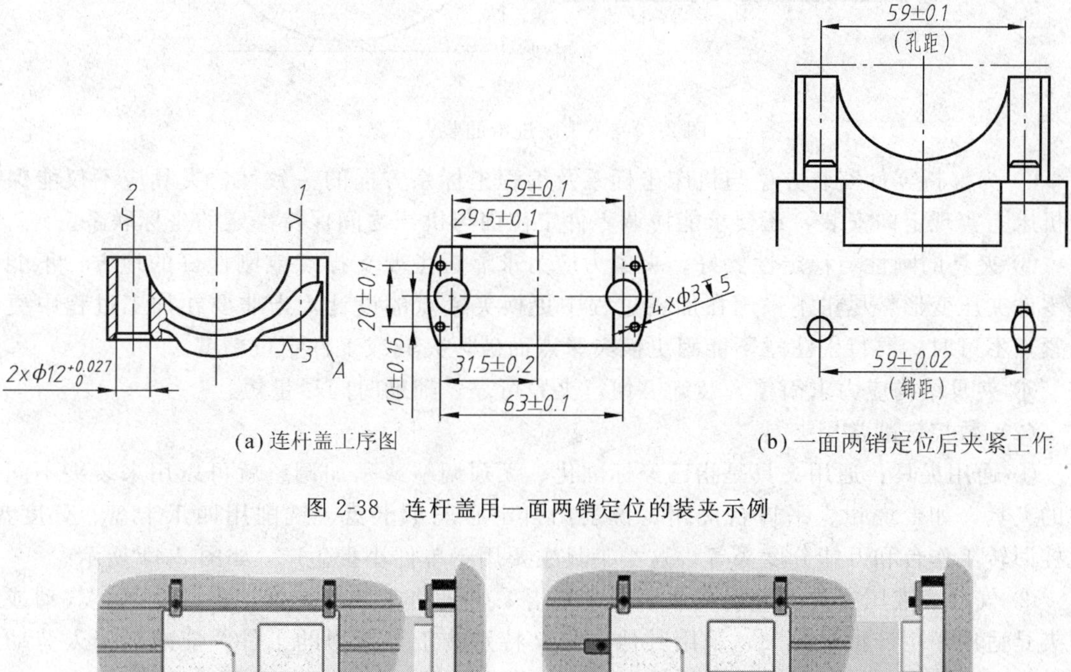

(a) 连杆盖工序图　　(b) 一面两销定位后夹紧工件

图 2-38　连杆盖用一面两销定位的装夹示例

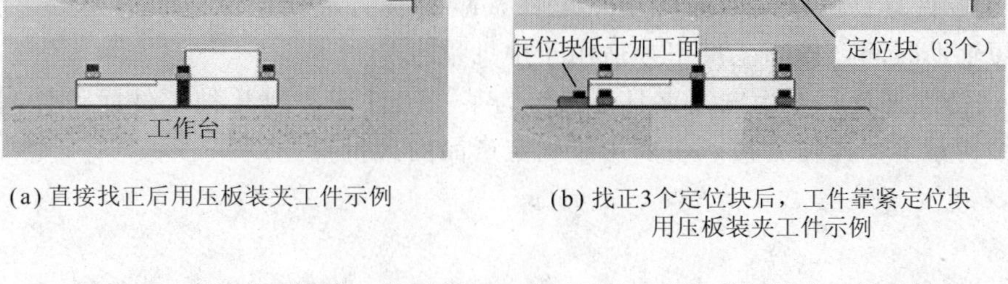

(a) 直接找正后用压板装夹工件示例　　(b) 找正3个定位块后，工件靠紧定位块用压板装夹工件示例

图 2-39　直接找正装夹工件示例与用找正后的定位块靠紧装夹工件示例

2. 夹具选择

（1）数控铣削对夹具的基本要求

① 为保持工件在本工序中所有需要完成的待加工面充分暴露在外，夹具要做得尽可能开敞，夹具上一些组成件（如定位块、压板、螺栓等）不能与刀具运动轨迹发生干涉。因此夹紧机构元件与加工面之间应保持一定的安全距离，同时要求夹紧机构元件能低则低，以防止夹具与数控铣床主轴套筒或刀套、刃具在加工过程中发生碰撞。如图 2-40 所示，用立铣刀铣削零件的六边形，若用压板压住工件的凸台面，则压板易与铣刀发生干涉，若夹压工件上平面，就不影响进给。

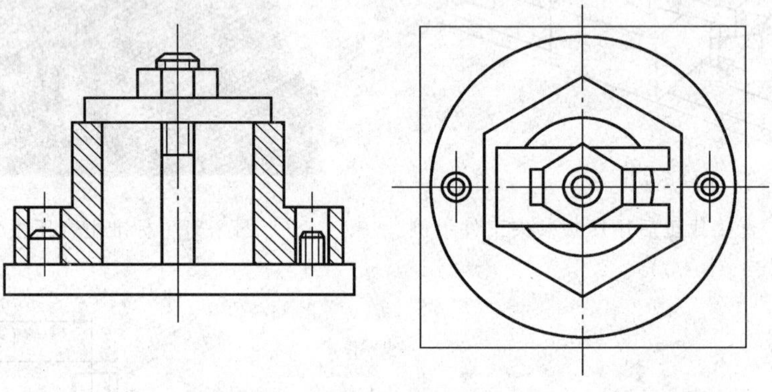

图 2-40　不影响进给的装夹示意

② 为保持零件安装方位与机床坐标系及编程坐标系方向的一致性，夹具应不仅能保证在机床上实现定向安装，还要求能协调零件定位面与机床之间保持一定的坐标联系。

③ 夹具的刚性与稳定性要好。夹紧力应力求靠近主要支撑点或刚性好的地方，不能引起零件夹压变形。尽量不采用在加工过程中更换夹紧点的设计，当非要在加工过程中更换夹紧点不可时，要特别注意不能因更换夹紧点而破坏夹具或工件定位精度。

④ 夹具结构应力求简单，装卸方便，夹紧可靠，辅助时间尽量短。

（2）数控铣削常用夹具

① 通用夹具：通用夹具是指已经标准化、无须调整或稍加调整就可以用来装夹不同工件的夹具，如台虎钳、平口台虎钳、铣削用自定心三爪卡盘、铣削用四爪卡盘、分度盘、数控回转工作台和万能分度头等。这类夹具主要用于单件小批生产，如图 2-41 所示。

② 气动或液压夹具：气动或液压夹具是指采用气动或液压夹紧工件的夹具。气动或液压夹具适用于生产批量较大，采用其他夹具又特别费工、费力的工件，能减轻工人劳动强度和提高生产率，但此类夹具结构较复杂，造价往往较高，而且制造周期较长。

③ 多工位夹具：可以同时装夹多个工件，减少换刀次数，也便于边加工边装卸工件，有利于缩短辅助时间，提高生产率，适用于中批量生产。

④ 专用铣削夹具：专用铣削夹具是指专为某一工件或类似几种工件而设计制造的专用夹具，其结构紧凑，操作方便，主要用于固定产品的大批量生产。

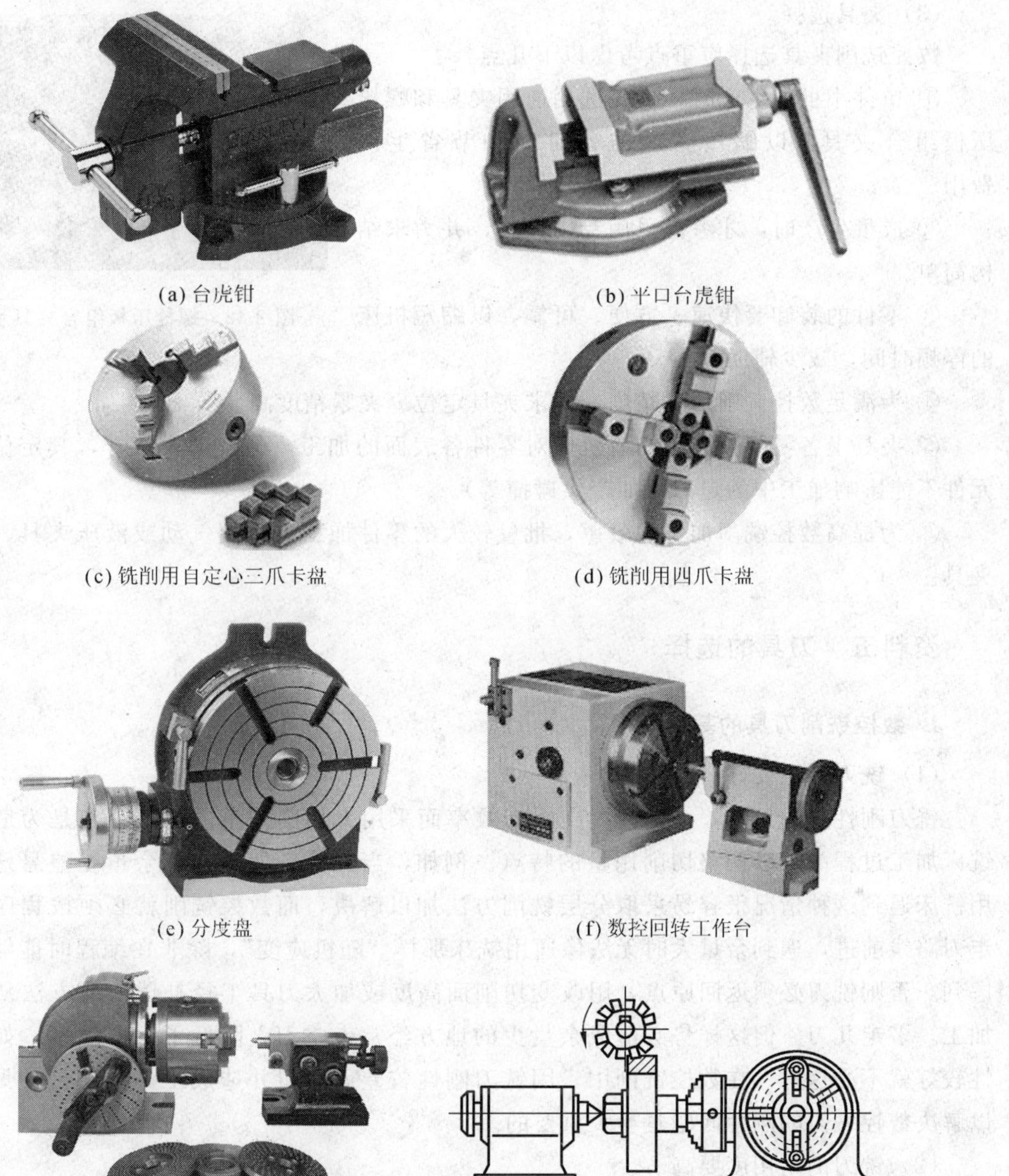

(a) 台虎钳　(b) 平口台虎钳

(c) 铣削用自定心三爪卡盘　(d) 铣削用四爪卡盘

(e) 分度盘　(f) 数控回转工作台

(g) 万能分度头及其装夹示例

图 2-41　通用夹具

⑤ 螺栓压板组合夹具：螺栓压板组合夹具是指以螺栓和压板为主，辅以垫块和支承板、弯板等压紧工件，一般以数控铣床工作台面或在工作台面垫上等高块作为主要定位面，可随意组合的夹具，如图 2-42 所示。螺栓压板组合夹具一般用于单件小批生产或尺寸较大、形状特殊的零件装夹加工。用螺栓压板组合夹具装夹工件时，一般采用直接找正或划线找正装夹工件。

（3）夹具选择

数控铣削夹具选择应重点考虑以下几点：

① 单件小批量生产时，优先选用通用夹具和螺栓压板组合夹具，以缩短生产准备时间和节省生产费用。

② 成批生产时，才考虑采用专用夹具，并力求结构简单。

图 2-42　螺栓压板组合夹具示例

③ 零件的装卸要快速、方便、可靠，以缩短机床的停顿时间，减少辅助时间。

④ 为满足数控铣削加工精度，要求夹具定位、夹紧精度高。

⑤ 夹具上各零部件应不妨碍机床对零件各表面的加工，即夹具要敞开，其定位、夹紧元件不能影响加工中的走刀（如产生碰撞等）。

⑥ 为提高数控铣削加工的效率，批量较大的零件加工可采用气动或液压夹具、多工位夹具。

资料五　刀具的选择

1. 数控铣削刀具的基本要求

（1）铣刀刚性要好

铣刀刚性好的目的：一是为提高生产效率而采用大切削用量的需要；二是为适应数控铣床加工过程中难以调整切削用量的特点。例如，当工件各处的加工余量相差悬殊时，通用铣床遇到这种情况很容易采取分层铣削方法加以解决，而数控铣削就必须按程序规定的走刀路线前进，遇到余量大时无法像通用铣床那样“随机应变”，除非在编程时能够预先考虑到，否则铣刀必须返回原点，用改变切削面高度或加大刀具半径补偿值的方法从头开始加工，多走几刀。但这样势必造成余量少的地方经常走空刀，降低了生产效率，如刀具刚性较好就不必这样。在数控铣削中，因铣刀刚性较差而断刀并造成工件损伤是常见的，所以解决数控铣刀的刚性问题是至关重要的。

（2）铣刀的耐用度要高

尤其是当一把铣刀加工的内容很多时，如刀具不耐用而磨损较快，就会影响工件的表面质量与加工精度，而且会增加换刀引起的调刀与对刀次数，也会使加工表面留下因对刀误差而形成的接刀台阶，降低了工件的表面质量。

除上述两点之外，铣刀切削刃的几何角度参数的选择及排屑性能等也非常重要，切屑黏刀形成积屑瘤在数控铣削中是十分忌讳的。总之，根据被加工工件材料的热处理状态、切削性能及加工余量，选择刚性好，耐用度高的铣刀，是充分发挥数控铣床的生产效率和获得满意的加工质量的前提。

2. 常用数控铣刀种类

数控铣削刀具要根据被加工零件的材料、几何形状、表面质量要求、热处理状态、切削性能及加工余量等，选择刚性好、耐用度高的刀具。常用数控铣削刀具有面铣刀、立铣刀、模具铣刀、键槽铣刀、球头铣刀、鼓形铣刀、成型铣刀和锯片铣刀等。

（1）面铣刀

面铣刀如图 2-43 所示，面铣刀的圆周表面和端面上都有切削刃，端部切削刃为副切削刃。面铣刀多制成套式镶齿结构，刀齿为高速钢或硬质合金，刀体为 40Cr。

高速钢面铣刀按国家标准规定，直径 $d=\phi80\sim220$，螺旋角 $\beta=10^\circ$，刀齿数 $Z=10\sim26$。

硬质合金面铣刀与高速钢铣刀相比，铣削速度较高，加工表面质量也较好，并可加工带有硬皮和淬硬层的工件，应用较广泛。硬质合金面铣刀按刀片和刀齿的安装方式不同，可分为整体焊接式、机夹-焊接式和可转位式。由于整体焊接式和机夹-焊接式面铣刀难以保证焊接质量，刀具耐用度低，目前已被可转位式面铣刀所取代。

可转位式面铣刀是将可转位刀片通过夹紧元件夹固在刀体上，当刀片的一个切削刃用钝后，直接在机床上将刀片转位或更换新刀片。因此，面铣刀在提高产品加工质量和加工效率，降低成本，操作使用方便等方面都具有明显的优势，故得到广泛应用。

面铣刀主要用于面积较大的平面铣削和较平坦的立体轮廓多坐标加工，主偏角 $K_r=90^\circ$的面铣刀还可以加工小台阶，如图 2-44 所示。粗齿铣刀用于粗加工；细齿铣刀用于平稳条件的铣削加工；密齿铣刀用于薄壁铸铁件的加工。图 2-45 所示为用三面刃铣刀加工沟槽。

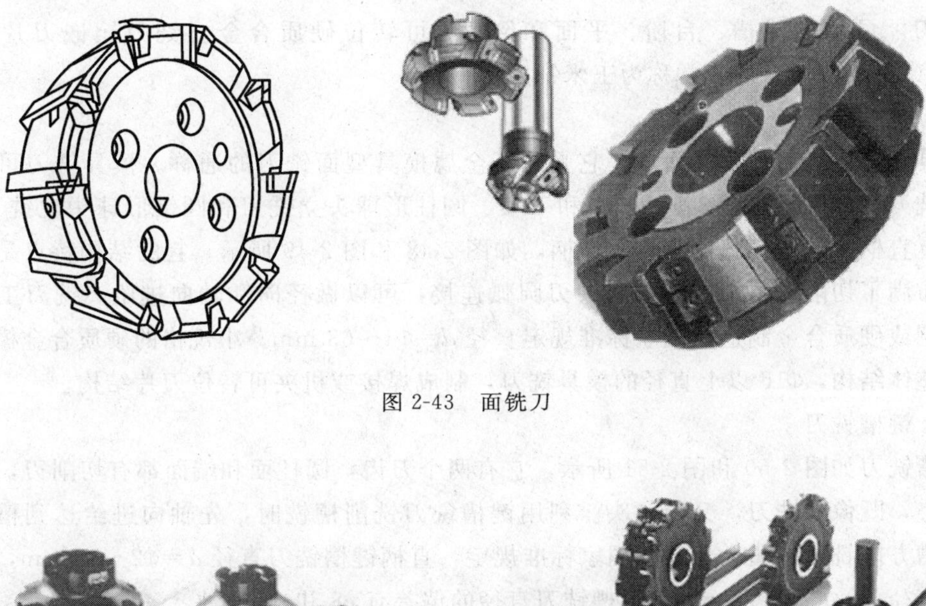

图 2-43　面铣刀

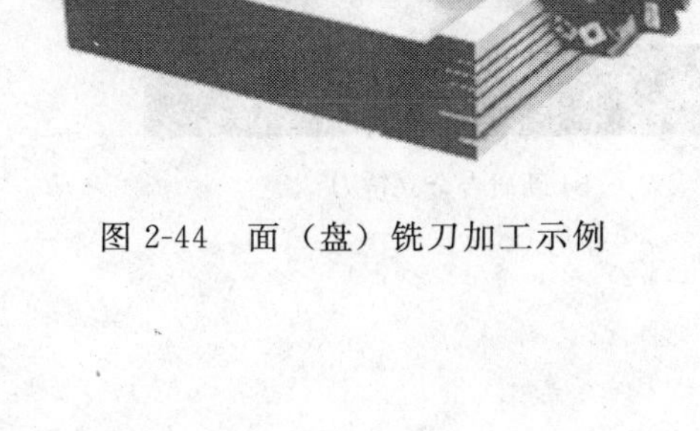

图 2-44　面（盘）铣刀加工示例

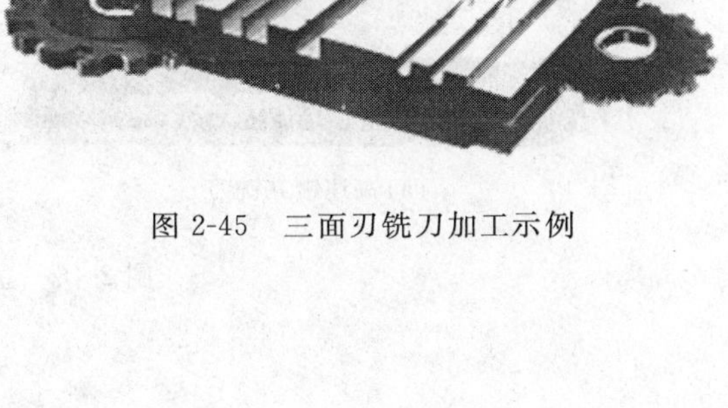

图 2-45　三面刃铣刀加工示例

(2) 立铣刀

立铣刀又称圆柱铣刀，是数控铣加工中最常用的一种铣刀，如图 2-46 和图 2-47 所示，它广泛用于加工平面类零件。立铣刀的圆柱表面和端面上都有切削刃，它们可同时进行切削，也可单独进行切削。立铣刀圆柱表面的切削刃为主切削刃，端面上的切削刀为副切削刃。主切削刃一般为螺旋齿，如图 2-47（a）、（b）所示，这样可以增加切削平稳性，提高加工精度。图 2-47（c）、（d）切削刃是波形的，它是一种结构先进的立铣刀，其特点是排屑更流畅，切削厚度更大，利于刀具散热并提高刀具寿命，刀具不易产生振动。

立铣刀按端部切削刃的不同可分为过中心刃和不过中心刃两种，过中心刃立铣刀可直接轴向进刀，常称为端铣刀；刀刃不过中心立铣刀由于端面中心处无切削刃，所以它不能作轴向进刀，端面刃主要用来加工与侧面相垂直的底平面。

为了能加工较深的沟槽并保证有足够的备磨量，立铣刀的轴向长度一般较长。为了便于排屑，刀齿数较少，容屑槽圆弧半径则较大。

直径较小的立铣刀一般制成带柄的形式。$\phi 2 \sim 20$ mm 的立铣刀制成直柄，如图 2-47（b）所示；$\phi 6 \sim 63$ mm 的立铣刀为莫氏锥柄，如图 2-47（c）所示；$\phi 22 \sim 80$ mm 的立铣刀为 7∶24 锥柄，如图 2-47（a）所示，直径范围在$\phi 40 \sim 160$ mm 的立铣刀可做成套式结构。

可转位立铣刀刀片为硬质合金刀片并可更换，$K_r = 90°$可加工台阶；刀片三角形为多功能立铣刀，可加工浅槽、台阶、平面和倒角。可转位硬质合金立铣刀镶嵌刀片形式如图 2-47（a）下图样式的，常称为玉米铣刀。

(3) 模具铣刀

模具铣刀由立铣刀发展而成，它是加工金属模具型面铣刀的通称。模具铣刀可分为圆锥形立铣刀（圆锥半角有 3°、2°、7°和 10°）、圆柱形球头立铣刀和圆锥形球头立铣刀三种，其柄部有直柄、削平型直柄和莫氏锥柄，如图 2-48 和图 2-49 所示。它的结构特点是球头或端面上布满了切削刃，圆周刃与球头刃圆弧连接，可以做径向和轴向进给。铣刀工作部分用高速钢或硬质合金制造，国家标准规定直径 $d = \phi 4 \sim 63$ mm。小规格的硬质合金模具铣刀多制成整体结构，$\phi 16$ 以上直径的模具铣刀，制成焊接或机夹可转位刀片结构。

(4) 键槽铣刀

键槽铣刀如图 2-50 和图 2-51 所示，它有两个刀齿，圆柱面和端面都有切削刃，端面刃延至中心，既像立铣刀，又像钻头。利用键槽铣刀铣削槽铣时，先轴向进给达到槽深，然后沿键槽方向铣出键槽全长。按国家标准规定，直柄键槽铣刀直径 $d = \phi 2 \sim 22$ mm，锥柄键槽铣刀直径 $d = \phi 14 \sim 20$ mm。键槽铣刀直径的偏差有 e8 和 d8 两种。

(a) 高速钢立铣刀

(b) 硬质合金立铣刀

图 2-46 立铣刀（一）

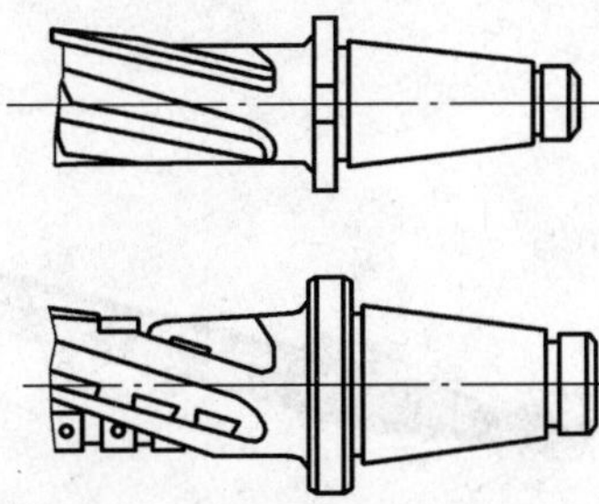

(a) 硬质合金刀

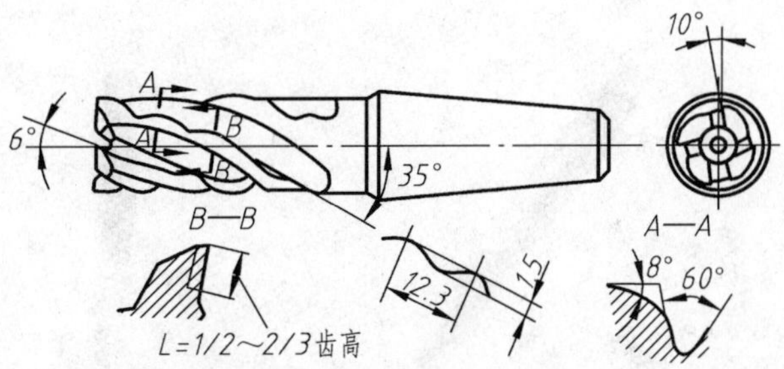

(c) 高速钢立铣刀

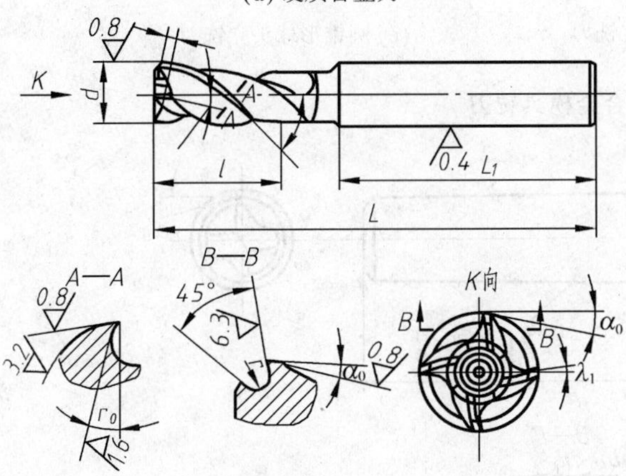

(b) 波形立铣刀

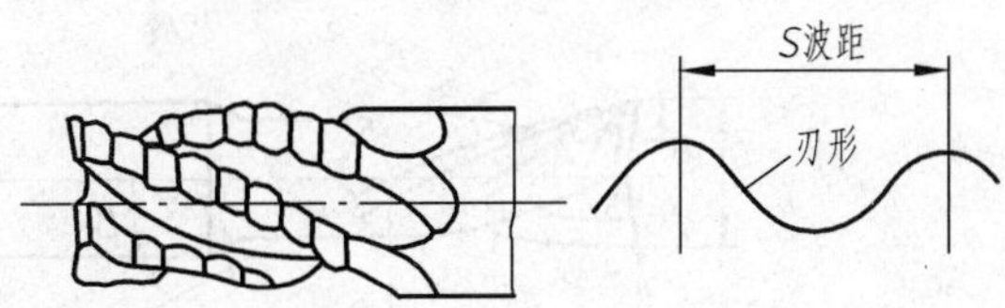

(d) 波形立铣刀

图 2-47　立铣刀（二）

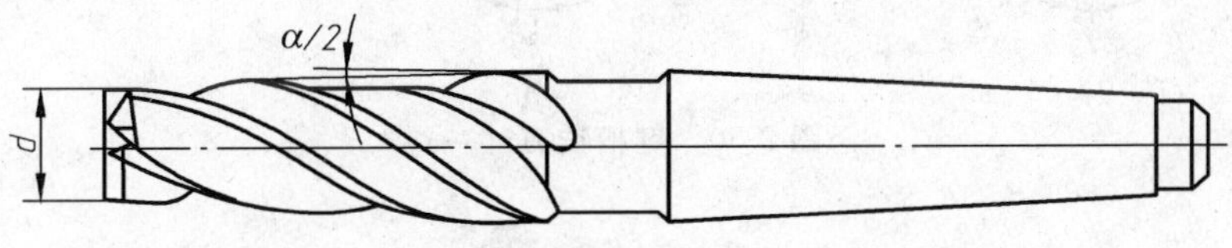

(a) 圆锥形立铣刀

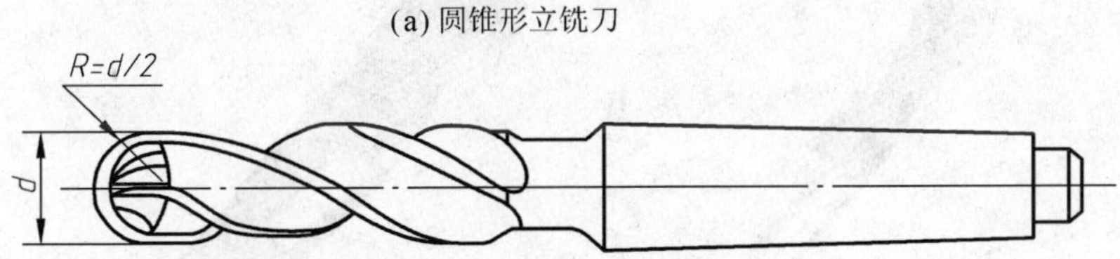

(b) 圆柱形球头立铣刀

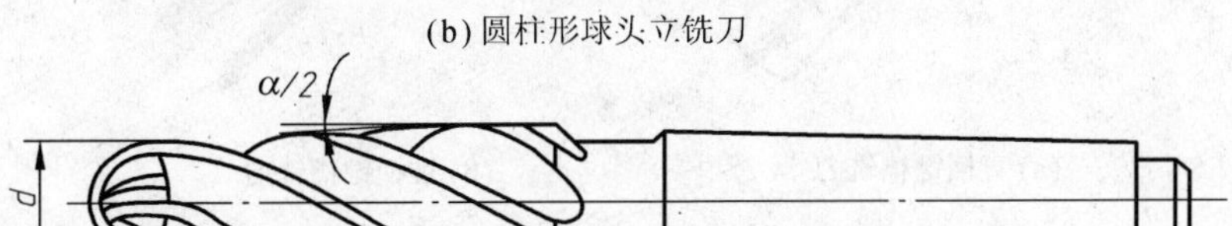

(c) 高速钢模具铣刀

图 2-48　高速钢模具铣刀

(a) 圆锥形立铣刀

(b) 圆柱形球头立铣刀

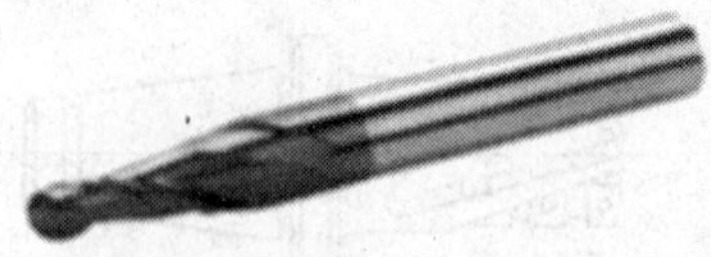

(c) 圆锥形球头立铣刀

图 2-49　硬质合金模具铣刀

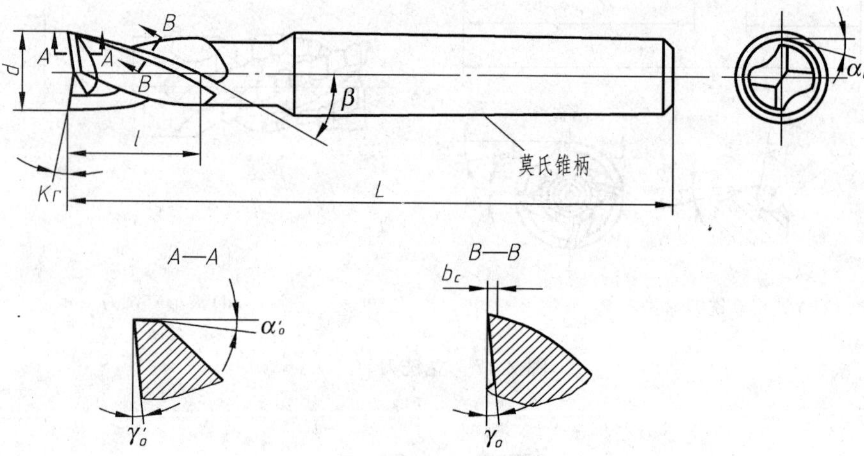

图 2-50　键槽铣刀（一）

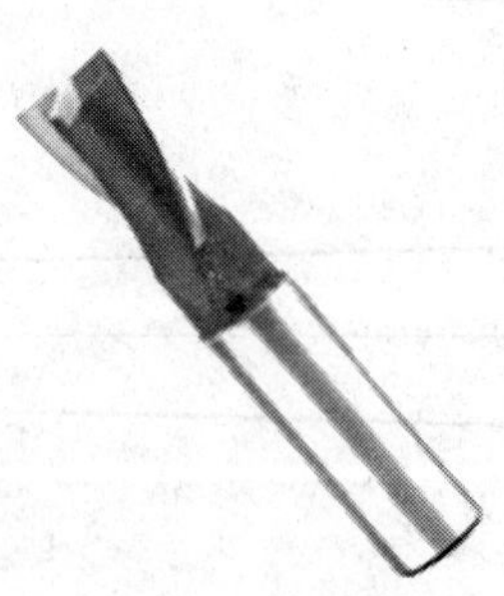

(a) 直柄键槽铣刀

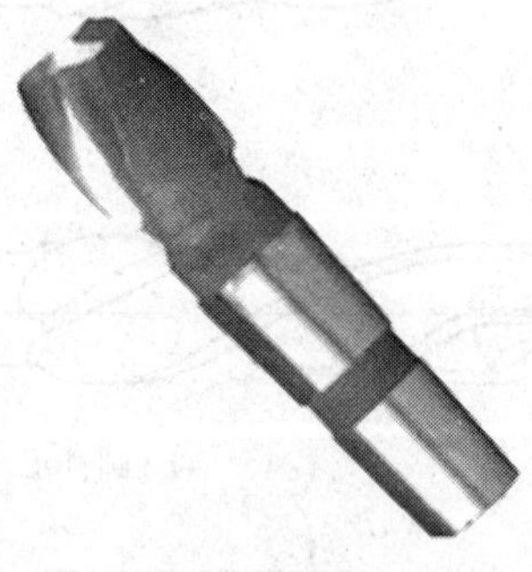

(b) 锥柄键槽铣刀

图 2-51　键槽铣刀（二）

（5）球头铣刀

球头铣刀适用于加工空间曲面零件，有时也用于平面类零件较大的转接凹圆弧的补加工。球头铣刀如图 2-52 所示，图 2-53 所示为用硬质合金球头铣刀加工工件。

图 2-54 所示为球头铣刀加工空间曲面零件常用的走刀方式。

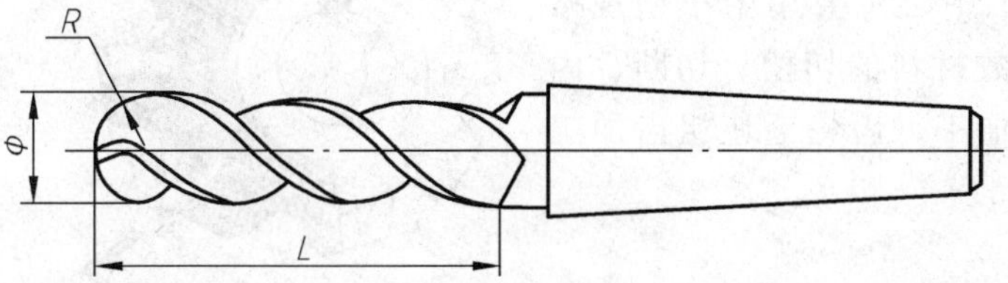

图 2-52　球头铣刀

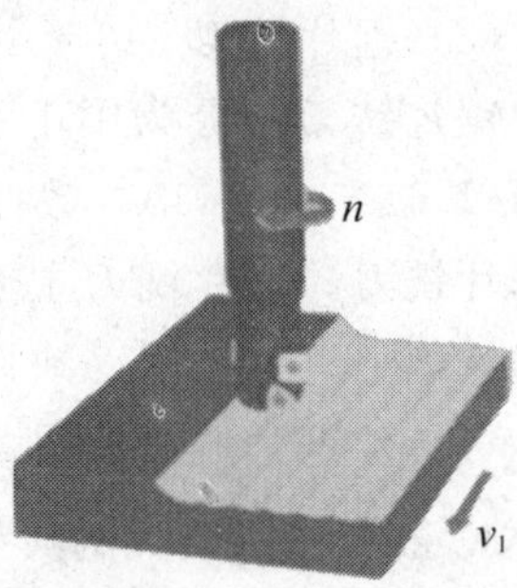

图 2-53　硬质合金球头铣刀加工示例

（6）鼓形铣刀

图 2-55 所示为一种典型的鼓形铣刀，它的切削刃分布在半径为 R 的圆弧面上，端面无切削刃。加工时控制刀具上下位置，相应改变刀刃的切削部位，可以在工件上切出从负到正的不同斜角。R 越小，鼓形铣刀所能加工的斜角范围越广，但所获得的表面质量也越差。这种刀具的缺点是刃磨困难，切削条件差，而且不适于加工有底的轮廓表面。鼓形铣刀主要用于对变斜角类零件的变斜角面进行近似加工。

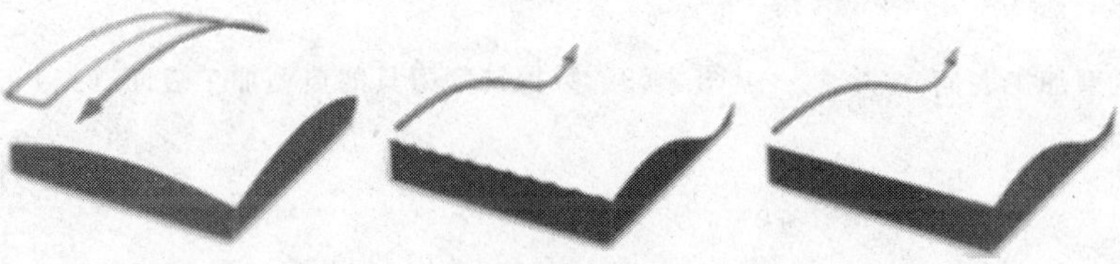

图 2-54　球头铣刀加工空间曲面零件常用的走刀方式

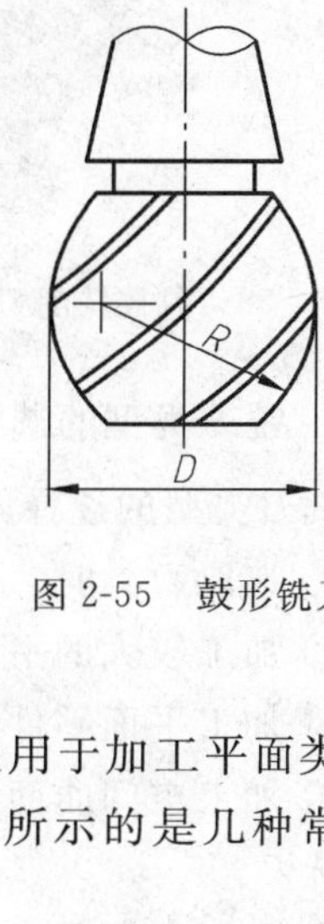

图 2-55　鼓形铣刀

（7）成形铣刀

成形铣刀一般都是为特定的工件或加工内容专门设计制造的，适用于加工平面类零件的特定形状（如角度面、凹槽面等），也适用于特形孔或台，图 2-56 所示的是几种常用的成形铣刀。

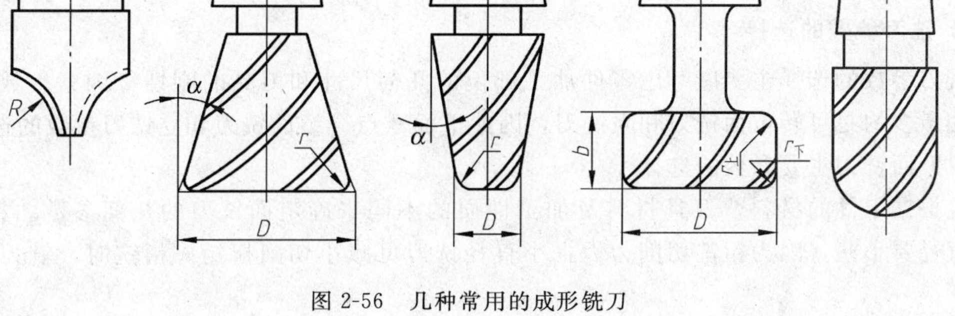

图 2-56　几种常用的成形铣刀

(8) 锯片铣刀

锯片铣刀可分为中小型规格的锯片铣刀和大规格锯片铣刀(GB/T 6130—2001)，数控铣床和加工中心主要用中小型规格的锯片铣刀。锯片铣刀主要用于大多数材料的切槽、切断、内外槽铣削、组合铣削、缺口实验的槽加工、齿轮毛坯粗齿加工等。可转位锯片铣刀如图 2-57 所示。

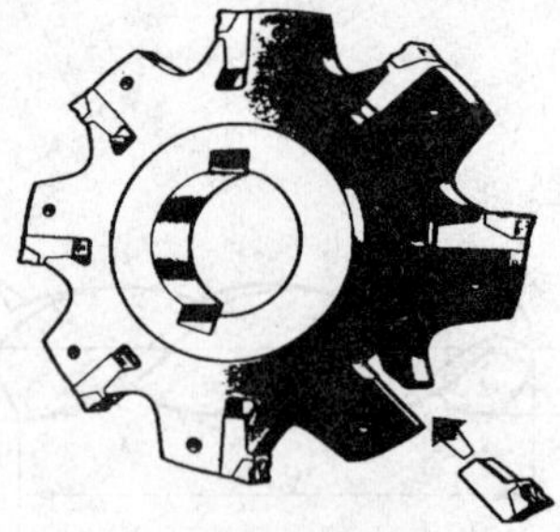

图 2-57　可转位锯片铣刀

3. 数控铣削刀具的典型加工表面

数控铣削刀具的典型加工表面如图 2-58 和图 2-59 所示。

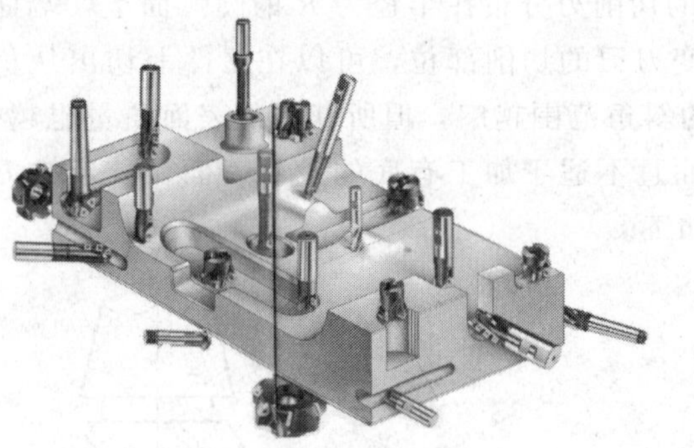

图 2-58　数控铣削刀具的典型加工表面（一）

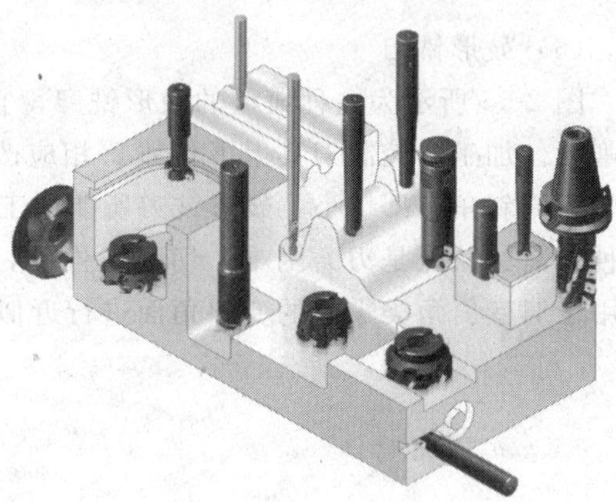

图 2-59　数控铣削刀具的典型加工表面（二）

4. 铣刀类型的选择

铣刀类型的选择原则如下：

① 选取刀具时，要使刀具的尺寸与被加工工件的表面尺寸和形状相适应。

② 加工较大的平面应选择面铣刀。

③ 加工平面零件周边轮廓、凹槽、凸台和较小的台阶面应选择立铣刀。

④ 加工空间曲面、模具型腔或凸模成形表面等多选用模具铣刀；加工封闭的键槽选用键槽铣刀。

⑤ 加工变斜角零件的变斜角面应选用鼓形铣刀。

⑥ 加工立体型面和变斜角轮廓外形常采用球头铣刀、鼓形铣刀。

⑦ 加工各种直的或圆弧形的凹槽、斜角面、特殊孔等应选用成型铣刀。

⑧ 加工毛坯表面或粗加工孔可选用镶硬质合金的玉米铣刀。

5. 铣刀参数的选择

铣刀参数的选择主要应考虑零件加工部位的几何尺寸和刀具的刚性等因素。数控铣床上使用最多的是可转位面铣刀和立铣刀，因此下面重点介绍面铣刀和立铣刀参数的选择。

(1) 面铣刀主要参数的选择

应根据工件的材料、刀具材料及加工性质的不同来确定面铣刀的几何参数。粗铣时，铣刀直径要小些，因为粗铣切削力大，小直径铣刀可减小切削扭矩。精铣时，铣刀直径要大些，尽量包容工件整个加工宽度，以提高加工精度和效率，减小相邻两次进给之间的接刀痕迹。

由于铣削时有冲击，故面铣刀的前角一般比车刀略小，尤其是硬质合金面铣刀，前角小得更多，铣削强度和硬度都高的材料还可用负前角。铣刀的磨损主要发生在后刀面上，因此适当加大后角可减少铣刀磨损，故常取 $\alpha_0=2^\circ\sim12^\circ$，工件材料软的取大值，工件材料硬的取小值；粗齿铣刀取小值，细齿铣刀取大值。因铣削时冲击力较大，为了保护刀尖，硬质合金面铣刀的刃倾角常取 $\lambda_s=-12^\circ\sim-2^\circ$。只有在铣削低强度材料时，才取 $\lambda_s=2^\circ$。主偏角 K_r 在 $42^\circ\sim90^\circ$范围内选取，铣削铸铁时取 $K_r=42^\circ$，铣削一般钢材时取 $K_r=72^\circ$，铣削带凸肩的平面或薄壁零件时取 $K_r=90^\circ$。

(2) 立铣刀主要参数的选择

一般情况下，为减少走刀次数，提高铣削速度和铣削用量，保证铣刀有足够的刚性以及良好的散热条件，应尽量选择直径较大的铣刀。但选择铣刀直径往往受到零件材料，刚性，加工部位的几何形状、尺寸及工艺要求等因素的限制。铣刀的刚性以铣刀直径 D 与刃长 l 的比值来表示，一般取 $D/L>0.4$。当铣刀的刚性不能满足 $D/l>0.4$ 的条件（即刚性较差）时，可采用直径大小不同的两把铣刀进行粗、精加工。先选用直径较大的铣刀进行粗加工，然后再选用 D、l 均符合图样要求的铣刀进行精加工。

资料六　切削用量的选择

铣削的切削用量包括切削速度、进给速度、背吃刀量和侧吃刀量，如图 2-60 所示。背吃刀量 a_p 为平行于铣刀轴线测量的切削层尺寸，单位为 mm。端铣时，a_p 为切削层深度；而圆周铣时，a_p 为被加工表面的宽度。侧吃刀量 a_e 为垂直于铣刀轴线测量的切削层尺寸，单位为 mm。端铣时，a_e 为被加工表面宽度；而圆周铣削时，a_e 为切削层深度。

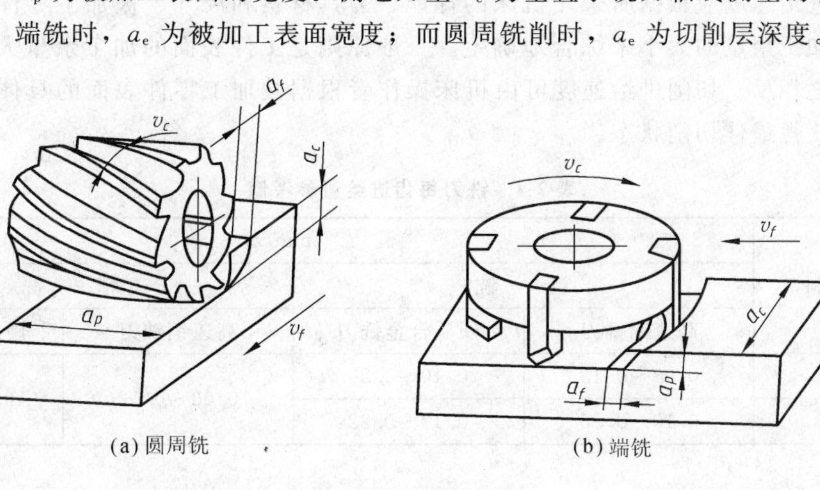

(a) 圆周铣　　(b) 端铣

图 2-60　铣削切削用量

1. 选择背吃刀量（端铣）或侧吃刀量（圆周铣）

背吃刀量或侧吃刀量的选取主要由加工余量和对表面质量的要求决定。

从刀具耐用度出发，切削用量的选择方法是：先选取背吃刀量或侧吃刀量，其次确定进给速度，最后确定切削速度。由于背吃刀量对刀具耐用度影响最小，背吃刀量 a_p 和侧吃

刀量 a_e 的确定主要根据机床、夹具、刀具、工件的刚度和被加工零件的精度要求来决定。如果零件精度要求不高，在工艺系统刚度允许的情况下，最好一次切净加工余量，即 a_p 或 a_e 等于加工余量，以提高加工效率；如果零件精度要求高，为保证表面粗糙度和精度，只好采用多次走刀。

① 在工件表面粗糙度值要求为 Ra 12.5～25 μm 时，如果圆周铣削的加工余量小于 2 mm，端铣的加工余量小于 6 mm，粗铣一次进给就可以达到要求。但在余量较大，工艺系统刚性较差或机床动力不足时，可分两次进给完成。

② 在工件表面粗糙度值要求为 Ra 3.2～12.5 μm 时，可分粗铣和半精铣两步进行。粗铣时背吃刀量或侧吃刀量选取同前，粗铣后留 0.2～1.0 mm 余量，在半精铣时切除。

③ 在工件表面粗糙度值要求为 Ra 0.8～3.2 μm 时，可分粗铣、半精铣、精铣三步进行。半精铣时背吃刀量或侧吃刀量取 1.2～2.0 mm；精铣时圆周铣侧吃刀量取 0.2～0.4 mm，面铣刀背吃刀量取 0.3～0.2 mm。

2. 选择切削进给速度

切削进给速度 F 是切削时单位时间内工件与铣刀沿进给方向的相对位移，单位为 mm/min。它与铣刀转速 n、铣刀齿数 Z 及每齿进给量 f_z（单位为 mm/z）的关系为：

$$f = f_z Z n$$

每齿进给量 f_z 的选取主要取决于工件材料的力学性能、刀具材料、工件表面粗糙度等因素。工件材料的强度和硬度越高，f_z 越小；反之则越大。硬质合金铣刀的每齿进给量高于同类高速钢铣刀。工件表面粗糙度值越小，f_z 就越小。每齿进给量的确定可参考表 2-4 选取。工件刚性差或刀具强度低时，应取小值。转速 n 则与切削速度和机床的性能有关。所以，切削进给速度应根据所采用机床的性能、刀具材料和尺寸、被加工零件材料的切削加工性能和加工余量的大小来综合地确定。一般原则是工件表面的加工余量大，切削进给速度低，反之相反。切削进给速度可由机床操作者根据被加工零件表面的具体情况进行手动调整，以获得最佳切削状态。

表 2-4　铣刀每齿进给量参考值

工件材料	f_z（mm/z）			
	粗铣		精铣	
	高速钢铣刀	硬质合金铣刀	高速钢铣刀	硬质合金铣刀
钢	0.08～0.12	0.10～0.20	0.03～0.02	0.02～0.12
铸铁	0.10～0.20	0.12～0.22		

在确定切削进给速度时，要注意下述特殊情况。

① 在高速进给的轮廓加工中，由于工艺系统的惯性，在轮廓的拐角处易产生“欠切”（即切外凸表面时在拐角处少切了一些余量）和“过切”（即切内凹表面时在拐角处多切了一些金属而损伤了零件的表面）现象，如图 2-61 所示。避免“欠切”和“过切”的方法是在接近拐角前适当地降低进给速度，过了拐角后再逐渐增速，即在拐角处前后采用变化的进给速度，从而减少误差。

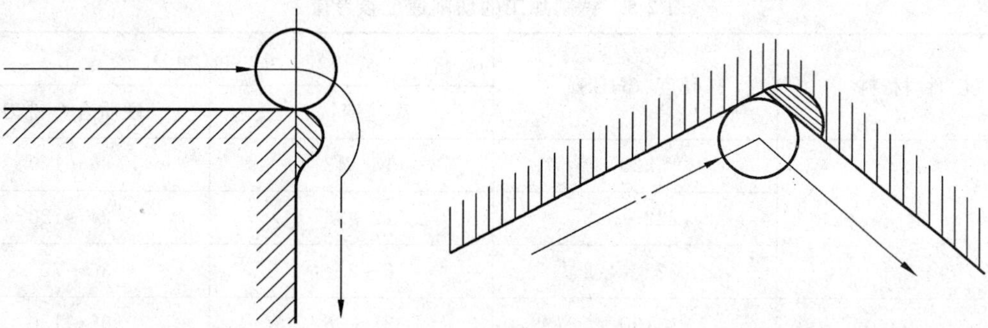

(a) 欠切　　(b) 过切

图 2-61　拐角处的欠切和过切

② 加工圆弧段时，由于圆弧半径的影响，切削点的实际进给速度 v_T 并不等于选定的刀具中心进给速度 v_f。由图 2-62 可知，加工外圆弧时，切削点的实际进给速度为

$$v_T = \frac{R}{R-r}v_f$$

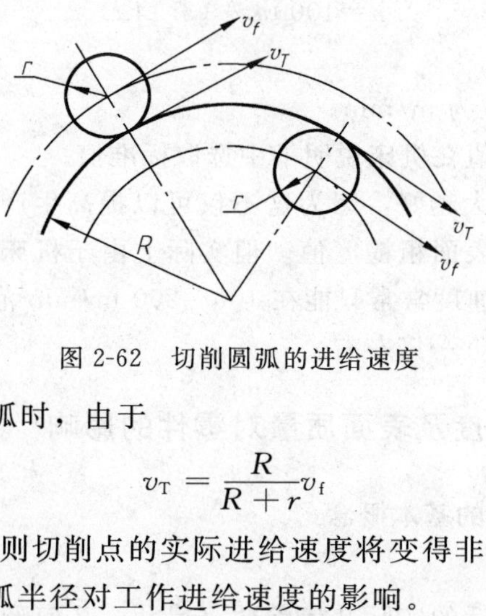

图 2-62　切削圆弧的进给速度

即 $v_T < v_f$。而加工内圆弧时，由于

$$v_T = \frac{R}{R+r}v_f$$

即 $v_T > v_f$，如果 $R \approx r$，则切削点的实际进给速度将变得非常大，有可能损伤刀具或工件。因此，这时要考虑到圆弧半径对工作进给速度的影响。

在加工过程中，由于毛坯尺寸不均匀而引起切削深度变化，或因刀具磨损引起切削刃切削条件变化，都会使实际加工状态与编程时的预定情况不一致，如果机床面板上设有“进给速率修调”旋钮时，则操作者可利用它实时修改程序上进给速度指令值，来减少误差。

3. 选择切削速度

铣削的切削速度 v_c 与刀具的耐用度 T、每齿进给量 f_z、背吃刀量 a_p、侧吃刀量 a_e 以及铣刀齿数 Z 成反比，而与铣刀直径成正比。其原因是当 f_z、a_p、a_e 和 Z 增大时，刀刃负荷增加，而且同时工作的齿数也增多，使切削热增加，刀具磨损加快，从而限制了切削速度的提高。为提高刀具耐用度允许使用较低的切削速度。但是加大铣刀直径则可改善散热条件，因而可以提高切削速度。

铣削加工的切削速度 v_c 可参考表 2-5 选取，也可参考有关切削用量手册中的经验公式通过计算选取。

表 2-5 铣削加工的切削速度参考值

工件材料	硬度（HBS）	v_c（m/min）	
		高速钢铣刀	硬质合金铣刀
钢	<222	18～42	66～120
	222～322	12～36	24～120
	322～422	6～21	36～72
铸铁	<190	21～36	66～120
	190～260	9～18	42～90
	260～320	4.2～10	21～30

4. 主轴转速

主轴转速 n（r/min）要根据允许的切削速度 v_c（m/min）来确定：

$$n=1000v_c/(3.14d)$$

式中　d——铣刀直径；

v_c——切削速度，单位为 m/min。

主轴转速 n 要根据计算值在机床说明书中选取标准值。

从理论上讲，v_c 的值越大越好，因为这不仅可以提高生产率，而且可以避开生成积屑瘤的临界速度，获得较低的表面粗糙度值。但实际上由于机床、刀具等的限制，使用国内机床、刀具时，允许的切削速度常常只能在 100～200 m/min 范围内选取。但对于材质较软的铝、镁合金等，v_c 可提高近一倍左右。

资料七　机械加工精度及表面质量对零件的影响

1. 加工精度和表面质量的基本概念

（1）加工精度

加工精度是指零件加工后的实际几何参数（尺寸、几何形状和相互位置）与理想几何参数相符合的程度，两者之间的不符合程度（偏差）称为加工误差。加工误差的大小反映了加工精度的高低。生产中加工精度的高低是用加工误差的大小来表示的，加工精度包括三个方面。

① 尺寸精度：限制加工表面与其基准间尺寸的误差不超过一定的范围。

② 几何形状精度：限制加工表面的宏观几何形状误差，如圆度、圆柱度、直线度和平面度。

③ 相互位置精度：限制加工表面与其基准间的相互位置误差，如平行度、垂直度和同轴度等。

（2）表面质量

表面质量是指零件加工后的表层状态，它是衡量机械加工质量的一个重要方面。表面质量包括以下几个方面。

① 表面粗糙度：指零件表面微观几何形状误差。

② 表面波纹度：指零件表面周期性的几何形状误差。

③ 冷作硬化：表层金属因加工中塑性变形而引起的硬度提高现象。

④ 残余应力：表层金属因加工中塑性变形和金相组织的可能变化而产生的内应力。

⑤ 表层金相组织变化：表层金属因切削而引起的金相组织变化。

表面质量对零件使用性能的影响如下：

(1) 对零件耐磨性的影响

① 由于加工后的零件表面存在着凹凸不平，当两个做相对运动的零件受力作用时，凸峰接触部分单位面积上的应力就张大，表面越粗糙，实际接触面积越小，凸峰处单位面积上的应力也越大，磨损越快。一般情况下，表面粗糙度值小的表面磨损得慢些，但表面粗糙度不是越小越好，Ra 太小，储油能力差，容易造成干摩擦，导致耐磨性下降。表面粗糙度的最佳值为 $Ra=0.3\sim1.2\ \mu m$。另外，表面硬度高，也可提高耐磨性。

② 工件表面在加工过程中产生强烈的塑性变形后，其强度、硬度都得到提高并达到一定深度。这种现象称为冷作硬化，表面层的冷作硬化提高了表面的硬度，增强了表层的接触刚度，减少了摩擦冷表面间发生弹性变形和塑性变性的可能性，使金属之间的咬合现象减小，耐磨性提高，冷作硬化程度越高，其耐磨性越好。但有一定限度，过度的硬化会使表面产生细小的裂纹及剥落，加剧磨损。

(2) 对零件疲劳强度的影响

① 表面粗糙度值对零件疲劳强度有较大的影响。表面上微观不平的凹谷处，在交变载荷作用下容易形成应力集中，产生和加剧疲劳裂纹以致疲劳损坏。因此减小表面粗糙度值，可提高零件的疲劳强度。重要零件的应力集中区域，其表面应采用精磨甚至用抛光方法来减小其表面粗糙度值。

② 表面层在加工或热处理过程中会产生残余的拉应力或压应力。当工作载荷产生的拉应力与残余拉应力叠加后大于材料的强度时，表面会产生疲劳裂纹。而工件的表面残余压应力可以抵销部分工作拉应力，防止产生表面裂纹，从而提高零件的疲劳强度。在交变载荷下工作的零件，一般需要其表面具有很高的残余应力。

③ 表面粗糙度值大的表面与腐蚀介质有很大的接触面积，吸附在表面上的腐蚀性气体或液体也越多，而且凹谷中容易积留腐蚀介质并通过凹谷向内部渗透，凹谷越深尤其有裂纹时，腐蚀作用越强烈，而经过精磨、研磨及抛光的表面由于光滑，表面积聚腐蚀介质的条件差甚至不易积聚，所以不易腐蚀。

(3) 对零件配合性质的影响

在间隙配合中，如果零件的配合表面粗糙，使表面顶峰部分产生很大的剪切压力，在开始运转时即被剪断，工作过程中的初期磨损量大，使配合间隙增大，在过盈配合中，如果零件的配合表面粗糙，装配时表面上的凸峰被挤平，使有效过盈量减少，降低了过盈配合的强度，同样也降低了配合精度。因此，为了提高配合的稳定性，对有配合要求的表面都必须规定较小的粗糙度值。

影响加工精度的因素及提高精度的措施如下：

(1) 产生加工误差的原因

从工艺因素的角度考虑，产生加工误差的原因可分为下述几种。

① 加工原理误差：采用近似的加工方法所产生的误差，包括近似的成型运动、近似的刀刃轮廓或近似的传动关系等不同的类型。例如，用模数片铣刀铣削齿轮时，齿廓是由模拟齿槽形状的刀刃加工得到的。实际生产是把所有的刀具分组，每把刀具对应加工一定齿数范围的一组齿轮。由于每组齿轮所用的刀具是按照该组齿轮最小齿数的齿轮进行设计的，因此，用该组刀具加工其他齿数的齿轮时，齿形均存在误差。

② 工艺系统的几何误差：由于工艺系统中各组成环节的实际几何参数和位置相对于理想几何参数和位置发生偏离而引起的误差，统称为几何误差。几何误差只与工艺系统各环节的几何要素有关。对于固定调整的工序，该项误差一般为常值。

③ 工艺系统受力变形引起的误差：工艺系统在切削力、夹紧力、重力和惯性力等作用下会产生变形，从而破坏工艺系统各组成部分的相互位置关系，产生加工误差并影响加工过程的稳定性。

④ 工艺系统受热变形引起的误差：在加工过程中，由于受切削热、摩擦热以及工作场地周围热源的影响，工艺系统的温度会产生复杂的变化。在各种热源的作用下，工艺系统会发生变形，导致改变系统中各组成部分的正确相对位置，使工件与刀具的相对位置和相对运动产生误差。

⑤ 工件内应力引起的加工误差：内应力是工件自身的误差因素。工件经过冷热加工后会产生一定的内应力。通常情况下，内应力处于平衡状态，但对具有内应力的工件进行加工时，工件原有的内应力平衡状态被破坏，从而使工件产生变形。

⑥ 测量误差：在工序调整及加工过程中测量工件时，由于测量方法，量具精度，以及工件和环境温度因素对测量结果准确性的影响而产生的误差，都统称为测量误差。

（2）减少加工误差的措施

① 减少工艺系统受力变形的措施如下：

· 提高接触刚度，改善机床主要零件接触面的配合质量，如机床导轨装配面进行刮研。

· 设辅助支承，提高局部刚度，如细长轴加工时采用跟刀架，提高切削时的刚度。

· 采用合理的装夹方法，在夹具设计或工件装夹时，必须尽量减少弯曲力矩。

· 采用补偿或转移变形的方法。

② 减少和消除内应力的措施如下：

· 合理设计零件结构，设计零件时尽理简化零件结构、减小壁厚差、提高零件刚度等。

· 合理安排工艺过程，如粗、精加工分开，使粗加工后有充足的时间让内应力重新分布，保证工件充分变形，再经精加工后，就可减少变形误差。

· 对工件进行热处理和时效处理。

③ 减少工艺系统受热变形的措施如下：

· 机床结构设计采用对称式结构。

· 采用主动控制方式均衡关键件的温度。

· 采用切削液进行冷却。

· 加工前先让机床空转一段时间，使之达到热平衡状态后再加工。

· 改变刀具及切削参数。

· 大型或长工件，在夹紧状态下应使其末端能自由伸缩。

零件在切削加工过程中，由于刀具几何形状和切削运动引起残留面积、黏结在刀具刃口上的积屑瘤划出的沟纹、工件与刀具之间的振动引起的振动波纹以及刀具后刀面磨损造成的挤压与摩擦痕迹等原因，使零件表面上形成了粗糙度。影响表面粗糙度的工艺因素主要有工件材料、切削用量、刀具几何参数及切削液等。

(1) 工件材料

一般韧性较大的塑性材料，加工后表面粗糙度较大，而韧性较小的塑性材料加工后易得到较小的表面粗糙度。对于同种材料，其晶粒组织越大，加工表面粗糙度越大。因此，为了减小加工表面粗糙度，常在切削加工前对材料进行调质或正火处理，以获得均匀细密的晶粒组织和较大的硬度。

(2) 切削用量

如图 2-63 所示，ABE 所包围的面积称为残留面积 ΔA_D，残留面积的高度（最大轮廓高度）Rz 直接影响已加工表面的粗糙度（图 2-64），其计算公式为：

$$Rz = \frac{f}{\cot K_r + \cot K'_r}$$

若刀尖呈弧形，则最大轮廓高度 Rz 为：

$$Rz = \frac{f^2}{(8r_\varepsilon)}$$

式中　r_ε ——刀尖圆弧半径，mm。

从以上公式可以看出，进给量越大，残留面积高度越高，零件表面越粗糙。因此，减小进给量可有效地减小表面粗糙度。

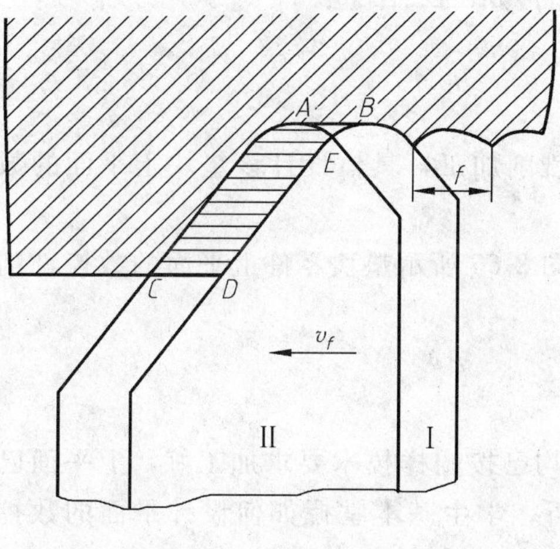

图 2-63　切削残留面积

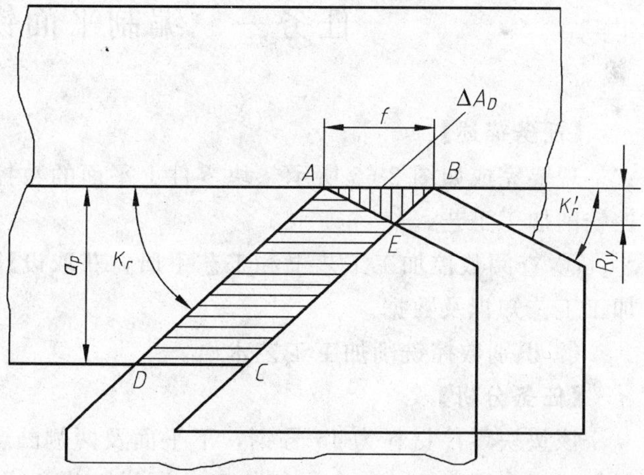

图 2-64　残留面积及其高度

切削速度对表面粗糙度的影响也很大。在中速切削塑性材料时，由于容易产生积屑瘤，且塑性变形较大，因此加工后零件表面粗糙度较大。通常采用低速或高速切削塑性材料，可有效地避免积屑瘤的产生，这对减小表面粗糙度有积极作用。

(3) 刀具几何参数

由以上公式可知，主偏角 K_r 和副偏角 K'_r 及刀尖圆弧半径 r_ε 对零件表面粗糙度有直接影响。在进给量一定的情况下，减小主偏角 K_r 和副偏角 K'_r，或增大刀尖圆弧半径 r_ε 可减小表面粗糙度。另外，适当增大前角和后角，减小切削变形和前后刀面间的摩擦，抑制积屑瘤的产生，也可减小表面粗糙度。

（4）切削液

切削液的冷却作用使切削温度降低，切削液的润滑作用使刀具和被加工表面之间的摩擦状况得到改善，使切削层金属表面的塑性变形程度下降并抑制积屑瘤和鳞刺的生长，对降低表面粗糙度有很大的作用。

资料八　填写数控加工工序卡和刀具卡

编写数控加工工艺文件是数控加工工艺制定的内容之一，数控加工工艺文件既是数控加工、产品验收的依据，也是需要操作者遵守、执行的作业指导书。数控加工工艺文件是对数控加工的具体说明，目的是让操作者更明确加工程序的内容、装夹方式、加工顺序、走刀路线、切削用量和各个加工部位所选用的刀具等。最主要的数控加工工艺技术文件有：数控加工刀具卡和数控加工工序卡。数控铣削加工工序卡和数控铣削加工刀具卡与数控车削加工工序卡和数控车削加工刀具卡基本一样，具体详见加工案例零件的数控加工工序卡和数控加工刀具卡。

项目实施

任务一　编制平面铣削加工工艺

【任务描述】

现要完成如图 2-65 所示垫块零件上平面的数控铣削加工，具体设计该垫块上平面的数控铣削加工工艺。

① 查阅数控加工工艺书和工艺手册，获取设计图 2-65 所示垫块零件上平面的数控铣削加工工艺知识及数据。

② 识别数控铣削加工工艺术语。

【任务分析】

该垫块零件材料为 45 号钢，下平面及两侧凸台均已按图样技术要求加工好，上平面已粗加工好，留 1.2 mm 余量待加工。通过该案例分析，学生基本掌握如何设计平面的数控铣削加工工艺。

【任务实施】

1. 零件图样工艺分析

零件图样工艺分析主要引导学生审查图样、分析零件的结构工艺性、尺寸精度、几何精度和表面粗糙度等图样技术要求。

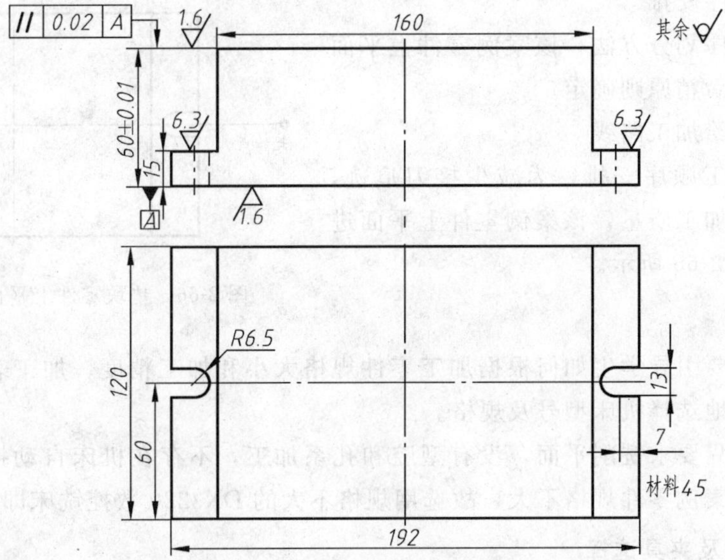

图 2-65 垫块加工案例

(1) 审查图样

该案例零件图尺寸标注完整、正确，符合数控加工要求，加工部位清楚明确。

(2) 零件的结构工艺性分析

该零件材料 45 号钢，为结构对称的实心材料，部分工序已加工好，只要求在数控铣床上铣削上平面，工艺性好。

(3) 零件图样技术要求分析

该零件要求加工部位的上平面粗糙度 *Ra* 1.6 μm，要求较高；上下平面平行度 0.02 mm，要求稍高；上下平面高度尺寸精度（60±0.01）mm，要求较高。

2. 加工工艺路线设计

加工工艺路线设计主要引导学生选择加工方法、划分加工阶段、划分工序、加工顺序安排和确定进给加工路线。

(1) 选择加工方法

根据表 2-3 经济精度平面加工方法和上道工序所留加工余量，为确保该案例加工部位上平面的粗糙度 *Ra* 1.6 μm，选择半精铣-精铣的加工方法。

(2) 划分加工阶段

根据上述加工方法，该案例零件上平面加工划分为半精加工阶段—精加工阶段两个阶段。

(3) 划分工序

根据上述加工方法，该案例零件上平面加工工序划分按粗、精加工分序法划分，再因加工余量较小，只有 1.2 mm 的待加工余量，铣刀加工产生的振动及磨损小，可用一把面铣刀加工，所以又可按刀具集中分序法划分。综合上述工序划分方法，该案例零件上平面加工工序划分为一道工序两道工步，即半精铣和精铣。

（4）加工顺序安排

根据上述工序划分方法，该案例零件上平面加工顺序按先粗后精原则确定。

（5）确定进给加工路线

根据上述加工顺序安排，为减少接刀痕迹，保证零件上平面加工质量，该案例零件上平面进给加工路线如图 2-66 所示。

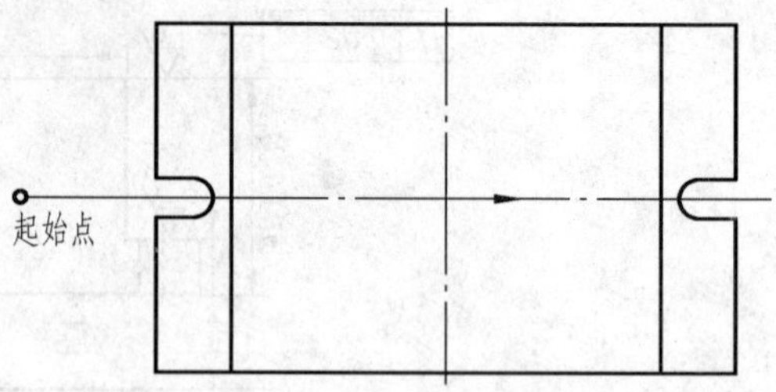

图 2-66　垫块零件上平面加工路线

3. 机床选择

机床选择主要引导学生如何根据加工零件规格大小和加工精度、加工表面质量等技术要求，正确合理地选择机床型号及规格。

该案例零件只要求铣削平面，没有型腔和孔系加工，不存在机床自动换刀提高加工效率的问题，且该案例零件规格不大，故选用规格不大的 DX3220 数控铣床即能加工。

4. 装夹方案及夹具选择

装夹方案及夹具选择主要引导学生根据加工零件规格大小、结构特点、加工部位和尺寸精度、几何精度、表面粗糙度等零件图样技术要求，确定零件的装夹定位、装夹方案及夹具。

该案例零件前后左右结构对称，高度方向尺寸以下平面作为尺寸基准，同时也是设计基准，故该案例零件加工时以下平面及相互垂直的两侧面作为定位基准定位。再根据数控铣削零件常用的找正装夹方法，该案例零件未注明生产批量，应为小批量生产，不需考虑定制批量生产夹具的问题，且工件的宽度尺寸只有 120 mm，在平口台虎钳的夹持范围内，故可采用平口台虎钳找正装夹工件。

5. 刀具选择

刀具选择主要引导学生根据加工零件余量大小、结构特点、材质、热处理硬度、加工部位和尺寸精度、几何精度、表面粗糙度等零件图样技术要求，结合刀具材料，正确合理地选择刀具。

该案例零件数控铣削只加工上平面，根据常用数控铣削刀具的主要加工对象，面铣刀、立铣刀主要用于加工平面，结合该案例零件要求加工部位的上平面粗糙度 Ra 1.6 μm，要求较高；上下平面平行度 0.02 mm，要求稍高；上下平面高度尺寸精度（60±0.01）mm，要求较高。若采用立铣刀来铣削该加工平面，则必须接刀，图样技术要求的上平面加工粗糙度 Ra 1.6 μm 较难以保证，另平行度、高度尺寸精度也较难以保证。因该零件宽度尺寸只有 120 mm，故选用直径ϕ120 mm 的硬质合金面铣刀，齿数 $Z=12$，经半精铣、精铣即可，不会存在铣削平面接刀痕迹问题，且盘刀相对刚性较好，零件图样要求的尺寸精度、几何精度和粗糙度容易保证。

6. 切削用量选择

切削用量选择主要引导学生根据加工零件余量大小、材质、热处理硬度和尺寸精度、几何精度、表面粗糙度等零件图样技术要求，结合所选刀具和拟定的加工工艺路线，正确合理地选择切削用量。

数控铣削的切削用量包括切削速度 v_c（计算出主轴转速 n）、进给速度 f、背吃刀量 a_p 或侧吃刀量 a_e。

根据上述加工工艺路线设计，该案例零件上平面只有 1.2 mm 的加工余量，分为半精铣和精铣两道工步。为保证加工表面粗糙度 Ra 1.6 μm，上下平面平行度 0.02 mm，上下平面高度尺寸精度（60±0.01）mm，该案例零件上平面半精铣时背吃刀量 a_p 取 1 mm，精铣时背吃刀量 a_p 取 0.2 mm。再根据铣削加工的切削速度参考值和铣刀每齿进给量参考值，半精铣时切削速度 v_c 选 70 mm/min，每齿进给量 f_z 选 0.12 mm/z；精铣时切削速度 v_c 选 82 mm/min，每齿进给量 f_z 选 0.06 mm/z。主轴转速 n 和进给速度 F 按有关公式计算得出，具体数值详见垫块数控加工工序卡。

7. 填写数控加工工序卡和刀具卡

填写数控加工工序卡和刀具卡主要引导学生根据选择的机床、刀具、夹具、切削用量和拟定的加工工艺路线，正确填写数控加工工序卡和刀具卡。

（1）垫块上平面加工案例数控加工工序卡

垫块上平面加工案例数控加工工序卡如表 2-6 所示。

表 2-6　垫块上平面数控加工工序卡（注：刀片为不带涂层硬质合金刀片）

单位名称	×××	产品名称或代号 ×××	零件名称 垫块	零件图号 ×××
工序号	程序编号	夹具名称	加工设备	车间
×××	×××	平口台虎钳	DX3220	数控中心

工步号	工步内容	刀具号	刀具规格（mm）	主轴转速（r/min）	进给速度（mm/min）	检测工具	备注
1	半精铣上平面留 0.2 mm 余量	T01	ϕ120	120	270	千分尺	
2	精铣上平面至尺寸（60±0.01）mm	T01	ϕ120	180	162	千分尺	
编制	××× 审核 ×××	批准	×××	年 月 日		共 页	第 页

（2）垫块上平面加工案例数控加工刀具卡

垫块上平面加工案例数控加工刀具卡如表 2-7 所示。

表 2-7　垫块上平面加工案例数控加工刀具卡

产品名称或代号		×××	零件名称		垫块	零件图号	×××
序号	刀具号	刀具			加工表面		备注
		规格名称	数量	刀长（mm）			
1	T01	ϕ120 mm 硬质合金面铣刀	1	实测	上平面		
编制	×××	审核 ×××	批准	×××	年 月 日	共 页	第 页

【任务拓展】

铣削一个正六方体，零件各面粗糙度改为 Ra 1.6 μm，各面平行度为 0.03 mm，垂直度为 0.03 mm，各尺寸精度为（60±0.05）mm，各平面尚未粗加工。试设计其数控加工工艺，并仔细分析装夹方案。

【任务评价】

能力评价方式如表 2-8 所示。

表 2-8　能力评价表

评价等级	等　级　要　求
优　秀	能高质量、高效率完成图 2-65 所示垫块加工案例零件上平面数控加工工艺设计，并完成任务巩固提高的零件数控加工工艺设计
良　好	能在无教师的指导下完成图 2-65 所示垫块加工案例零件上平面数控加工工艺设计
中　等	能在教师的偶尔指导下完成图 2-65 所示垫块加工案例零件上平面数控加工工艺设计
合　格	能在教师的指导下完成图 2-65 所示垫块所示加工案例零件上平面数控加工工艺设计

任务二　编制外轮廓类零件数控铣削加工工艺

【任务描述】

现要完成如图 2-67 所示平面槽形凸轮零件的数控铣削加工，具体设计该平面槽形凸轮的数控加工工艺。

① 分析图 2-67 所示平面槽形凸轮零件图纸，进行相应的工艺处理。

② 制订图 2-67 所示平面槽形凸轮零件数控铣削加工工艺。

③ 编制图 2-67 所示平面槽形凸轮零件数控铣削加工工序卡、刀具卡等工艺文件。

【任务分析】

该平面槽形凸轮零件为半成品，零件材料为 HT200 铸铁，小批生产。该零件除凸轮槽之外其他工序均已按图样技术要求加工好，要求数控铣削凸轮槽。如何设计该平面槽形凸轮加工案例的数控铣削加工工艺？

【背景知识】

资料　零件图形的数学处理及编程尺寸设定值的确定

数控铣削加工是一种基于数字的加工，分析数控加工工艺过程不可避免地要进行数字分析和计算。对零件图形的数学处理是数控加工这一特点的突出体现。数控编程工艺员在拿到零件图后，必须要对它进行数学处理最终确定编程尺寸的设定值。

1. 零件手工编程尺寸及自动编程时建模图形尺寸的确定

数控铣削加工零件时，手工编程尺寸不能简单地直接取零件图上的基本尺寸，要进行分析，有关尺寸也应按前面介绍的背景知识“零件图形的数学处理办法及编程尺寸设定值

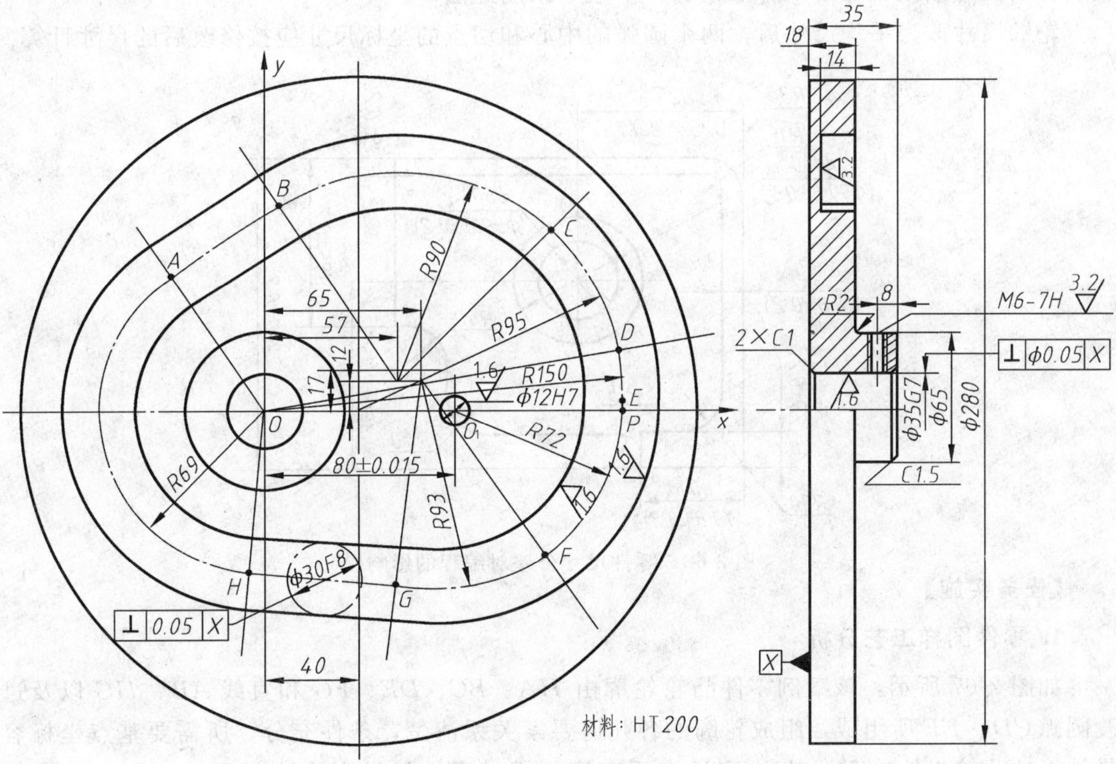

图 2-67　平面槽形凸轮加工

确定的步骤”来确定手工编程尺寸，这样所建立的图形轮廓才是正确的。图形尺寸可按下述步骤调整：

① 精度高的尺寸处理：将基本尺寸换算成平均尺寸。

② 几何关系的处理：保持原重要的几何关系，如角度、相切等不变。

③ 精度低的尺寸的调整：通过修改一般尺寸保持零件原有几何关系，使之协调。

④ 基点或节点坐标尺寸的计算：按调整后的尺寸计算有关未知基点或节点的坐标尺寸。

⑤ 编程尺寸的修正：按调整后的尺寸编程并加工一组工件，测量关键尺寸的实际误差，再按此误差对程序数据进行调整或修改刀补，最后加工出合格的零件。

2. 应用实例

图 2-68 所示为一板类零件，其轮廓各处尺寸公差大小、偏差位置不同，对编程尺寸产生影响，如果用同一把铣刀、同一个刀具半径补偿值编程加工，很难保证各处尺寸在公差范围之内。

对这一问题有两种处理办法：一是在编程计算时，改变轮廓尺寸并移动公差带，用上述方法将编程尺寸取为平均尺寸，采用同一把铣刀和同一个刀具半径补偿值加工，如图 2-68所示。括号内尺寸，其偏差均进行了相应改变，计算与编程时用括号内尺寸来进行；二是仍以图样中的名义尺寸计算和编程，用同一把刀加工，在不同加工部位编入不同的刀具号，加工时赋予不同的刀具半径补偿值，但这样做操作者会感到很麻烦，而且在圆弧与直线、圆弧与圆弧相切处不容易办到，一般不采用此法。

轮廓尺寸改为平均尺寸后，两个圆弧的中心和切点的坐标尺寸应按修改后的尺寸计算。

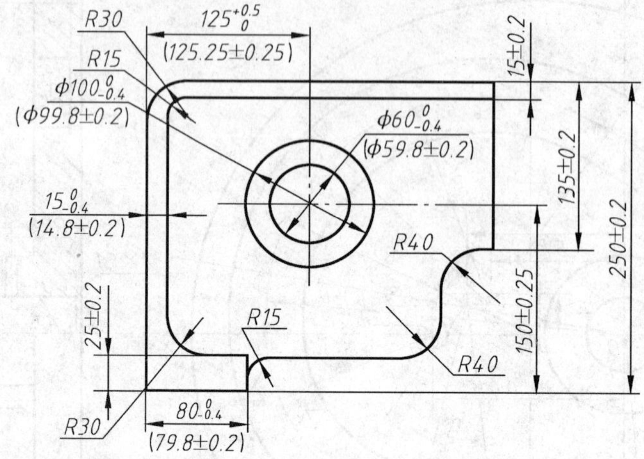

图 2-68　零件尺寸公差对编程的影响

【任务实施】

1. 零件图样工艺分析

如图 2-67 所示，该案例零件凸轮轮廓由 *HA*、*BC*、*DE*、*FG* 和直线 *AB*、*HG* 以及过渡圆弧 *CD*、*EF* 所组成，组成轮廓的各几何要素关系清楚，条件充分，所需要基点坐标容易计算。凸轮内外轮廓面对底面 *X* 有垂直度要求，零件材料为铸铁 HT200，切削工艺性较好。

通过上述分析，采取如下工艺措施：

凸轮内外轮廓面对底面 *X* 有垂直度要求，只要提高装夹精度，使底面 *X* 与铣刀轴线垂直，即可保证。

2. 加工工艺路线设计

该平面槽形凸轮加工案例零件加工顺序按照基面先行、先粗后精的原则确定。因此，应先加工用作定位基准的ϕ32 及ϕ12 两个定位孔和底面 *X*，然后再加工凸轮槽内外轮廓表面。由于该零件的ϕ32 及ϕ12 两个定位孔和底面 *X* 已在前面工序加工完成，这里只分析加工凸轮槽的加工走刀路线，加工走刀路线包括平面内进给走刀和深度进给走刀两部分路线。平面内的进给走刀，对外轮廓是从切线方向切入；对内轮廓是从过渡圆弧切入，如图 2-69 所示。为使凸轮槽表面具有较好的加工表面质量，采用顺铣方式铣削，即对外轮廓按顺时针方向铣削，对内轮廓按逆时针方向铣削。深度进给按坡走铣法逐渐进刀到既定深度。

3. 机床选择

数控铣削平面凸轮，一般采用两轴以上联动的数控铣床。因此，首先要考虑的是零件的外形尺寸和重量，使其在机床的允许范围之内；其次考虑数控铣床的精度是否能满足凸轮的设计要求；最后考虑凸轮的最大圆弧半径是否在数控系统允许的范围之内。根据上述要求，数控铣床 XK2022 即可满足。

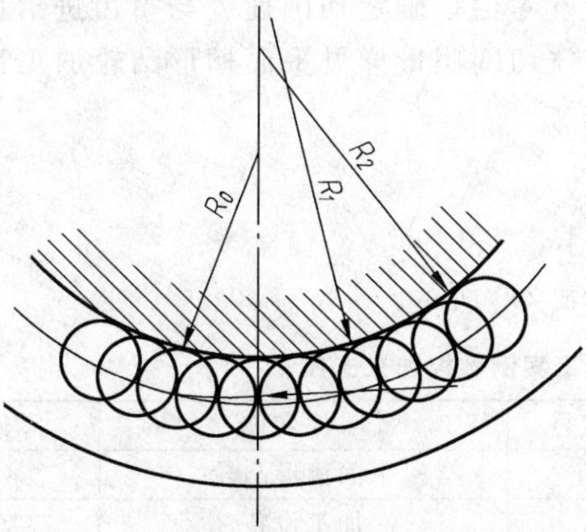

(a) 直线切入外轮廓　　(b) 过渡圆弧切入内轮廓

图 2-69　凸轮槽切入加工进给路线

4. 装夹方案及夹具选择

由于该零件的ϕ32 及ϕ12 两个定位孔和底面 X 已在前面工序加工完成。因此，该案例零件的定位可采用“一面两销（两孔）”定位，即用底面 X 和ϕ32 及ϕ12 两个基准孔作为定位基准。

根据案例零件特点，需定制专用夹具，用一块 320 mm×320 mm×40 mm 的垫块，在垫块上分别加工出ϕ32 及ϕ12 两个定位孔（注：配定位销），孔距（80±0.012）mm，垫块平面度在 0.02 mm 以内，该案例零件在加工前，先找正固定夹具，使两定位销孔的中心线与机床 X 轴平行，夹具平面要保证与机床工作台面平行，并用百分表检查。平面槽形凸轮加工案例零件在夹具上的装夹示意如图 2-70 所示。

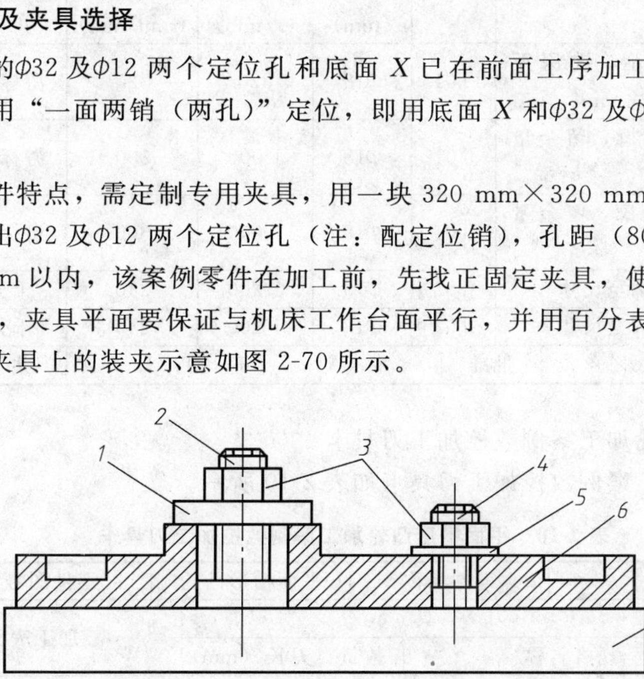

图 2-70　平面槽形凸轮加工装夹示意图

1—开口垫圈；2—带螺纹圆柱销；3—压紧螺母；4—带螺纹削边销；
5—垫圈；6—工件；7—垫块

5. 刀具选择

根据案例零件结构特点，铣削凸轮槽内、外轮廓（即凸轮槽两侧面）时，铣刀直径受槽宽限制，结合零件最小曲率半径，同时考虑 HT200 铸铁属于一般材料，加工性能较好，选用ϕ18 硬质合金立铣刀。

6. 切削用量选择

凸轮槽内、外轮廓精加工时留 0.2 mm 精铣余量，确定主轴转速与进给速度时，根据铣削加工的切削速度参考值和铣刀每齿进给量参考值，确定切削速度与每齿进给量，然后根据有关公式计算出主轴转速与进给速度。具体切削用量详见平面槽形凸轮加工案例数控加工工序卡。

7. 填写数控加工工序卡和刀具卡

（1）平面槽形凸轮加工案例数控加工工序卡

平面槽形凸轮加工案例数控加工工序卡如表 2-9 所示。

表 2-9　平面槽形凸轮加工案例数控加工工序卡

单位名称	×××	产品名称或代号	零件名称	零件图号
		×××	平面槽形凸轮	×××
工序号	程序编号	夹具名称	加工设备	车间
×××	×××	螺栓压板组合夹具	XK2022（数控铣床）	数控中心

工步号	工步内容	刀具号	刀具规格（mm）	主轴转速（r/min）	进给速度（mm/min）	检测工具	备注
1	分两次来回铣削，铣深至 12 mm，凸轮槽宽 22 mm。	T01	ϕ18	820	320	游标卡尺	分两层铣削
2	粗铣凸轮槽内轮廓，留余量 0.2 mm	T01	ϕ18	1 000	300	游标卡尺	
3	粗铣凸轮槽外轮廓，留余量 0.2 mm	T01	ϕ18	1 000	300	游标卡尺	
4	精铣凸轮槽内轮廓至尺寸	T02	ϕ18	1 200	240	千分尺	
5	精铣凸轮槽外轮廓至尺寸	T02	ϕ18	1 200	240	千分尺	

编制	×××	审核	×××	批准	×××	年　月　日	共　页	第　页

（2）平面槽形凸轮加工案例数控加工刀具卡

平面槽形凸轮加工案例数控加工刀具卡如表 2-10 所示。

表 2-10　平面槽形凸轮加工案例数控加工刀具卡

产品名称或代号	×××	零件名称	平面槽形凸轮	零件图号	×××

序号	刀具号	刀具 规格名称	刀具 数量	刀具 刀长（mm）	加工表面	备注
1	T01	ϕ18 硬质合金端面刃立铣刀	1	实测	粗铣凸轮槽内外轮廓	
2	T02	ϕ18 硬质合金端面刃立铣刀	1	实测	精铣凸轮槽内外轮廓	

编制	×××	审核	×××	批准	×××	年　月　日	共　页	第　页

【任务拓展】

① 图 2-71 所示样板零件，厚度为 2 mm 的 $ABCDEF$ 外轮廓已粗加工过，周边留 3 mm 余量，其他面及两面均已加工好，要求数控加工 $ABCDEF$ 外轮廓、ϕ20 孔后续再安排普通机床加工，工件材料为铝板。试设计该样板零件 $ABCDEF$ 外轮廓的数控加工工艺，并确定装夹方案。

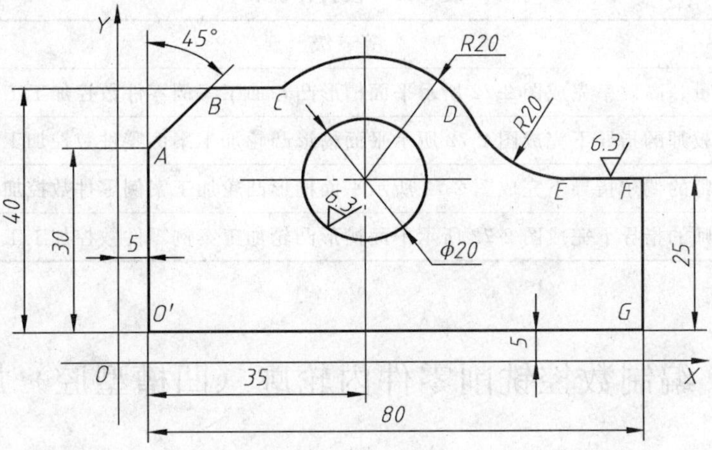

图 2-71　平面轮廓零件

② 图 2-72 所示平面槽形凸轮零件为半成品，零件材料为 HT200 铸铁，批量 20 件。该零件除凸轮槽之外其他工序均已按图样技术要求加工好，要求数控铣削凸轮槽。试设计该平面槽形凸轮的数控加工工艺，并确定装夹方案。

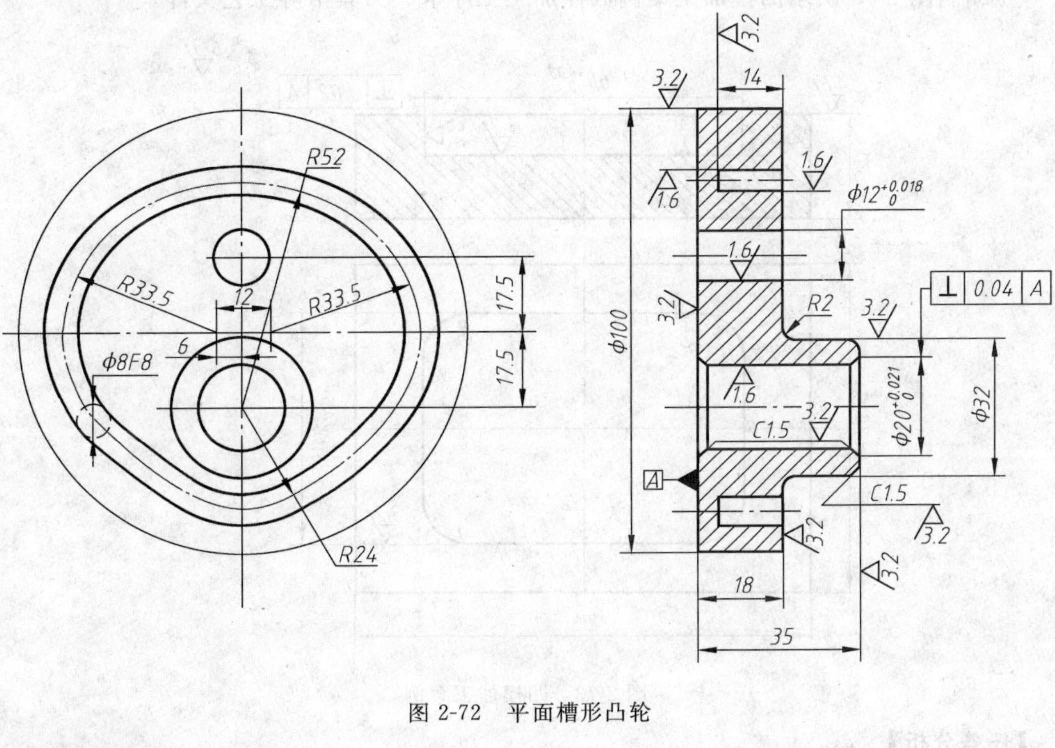

图 2-72　平面槽形凸轮

【任务评价】

能力评价方式如表 2-11 所示。

表 2-11　能力评价表

评价等级	等　级　要　求
优秀	能高质量、高效率完成图 2-72 所示平面槽形凸轮加工案例零件数控加工工艺设计
良好	能在无教师的指导下完成图 2-72 所示平面槽形凸轮加工案例零件数控加工工艺设计
中等	能在教师的偶尔指导下完成图 2-72 所示平面槽形凸轮加工案例零件数控加工工艺设计
合格	能在教师的指导下完成图 2-72 所示平面槽形凸轮加工案例零件数控加工工艺设计

任务三　编制数控铣削零件内轮廓（凹槽型腔）加工工艺

【任务描述】

现要完成图 2-73 所示凹模加工案例的数控铣削加工，具体设计该凹模的数控加工工艺。

① 分析数控铣削零件内轮廓（凹槽型腔）的加工方法及走刀路线。

② 制订图 2-73 所示凹模加工案例的数控铣削加工工艺。

③ 编制图 2-73 所示凹模加工案例数控加工工序卡、刀具卡等工艺文件。

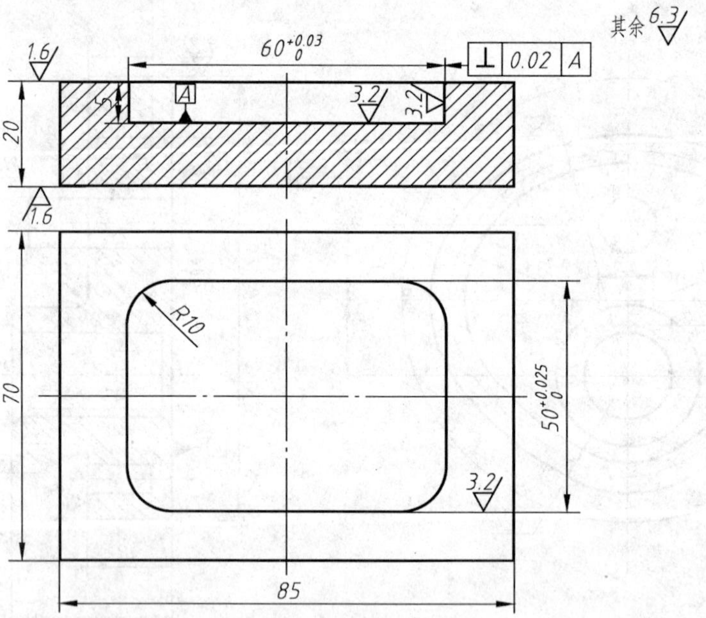

图 2-73　凹模加工案例

【任务分析】

该凹模加工零件为半成品，小批生产。该零件上下平面及四周均已按图样技术要求加工好，要求数控铣削凹槽，保证凹槽底平面与凹槽侧壁垂直度为 0.02 mm，凹槽长宽分别为 60$^{+0.03}_{0}$ mm 和 50$^{+0.025}_{0}$ mm，凹槽深度尺寸 2 mm；内转接圆弧尺寸 R 为 10 mm，凹槽型腔表面粗糙度 Ra 3.2 μm 要求。如何设计该凹模加工案例的数控加工工艺？

现有该凹模加工案例数控加工工艺规程如表 2-12 所示。

表 2-12　凹模加工案例数控加工工艺规程（注：铣刀 2 刃）

工序号	工序内容	刀具号	刀具名称	主轴转速 (r/min)	进给速度 (mm/min)	背吃刀量 (mm)	机床	夹具
1	采用行切法，粗铣凹槽留 2 mm 余量	T01	ϕ10 高速钢立铣刀	600	70	3	加工中心	可调夹具
2	采用行切法，半精铣凹槽留 0.2 mm 余量	T02	ϕ10 高速钢立铣刀	200	100	1.2	加工中心	可调夹具
3	精铣凹槽至尺寸	T03	ϕ10 高速钢立铣刀	700	130	0.2	加工中心	可调夹具

【背景知识】

资料　内槽（型腔）起始切削的加工方法

1. 预钻削起始孔法

预钻削起始孔法就是在实体材料上先钻出比铣刀直径大的起始孔，铣刀先沿着起始孔下刀后，再按行切法、环切法或行切＋环切法侧向铣削出内槽（型腔）的方法。一般不采用这种方法，因为采用这种方法，钻头的钻尖凹坑会残留在内槽（型腔）内，需采用另外的铣削方法铣去该钻尖凹坑，且增加一把钻头；另外铣刀通过预钻削孔时因切削力突然变化产生振动，常常会导致铣刀损坏。

2. 插铣法

插铣法又称为 Z 轴铣削法或轴向铣削法，就是利用铣刀前端面进行垂直下刀切削的加工方法。采用这种方法开始切削内槽（型腔），铣刀端部切削刃必须有一刃过铣刀中心（端面刃主要用来加工与侧面相垂直的底平面），且开始切削时，切削进给速度要慢一些，待铣刀切削进工件表面后，再逐渐提高切削进给速度，否则开始切削内槽（型腔）时，容易损坏铣刀。适合采用插铣法的场合是当加工任务要求刀具轴向长度较大时（如铣削大凹腔或深槽），由于采用插铣法可有效减小径向切削力，因此与侧铣法相比具有更高的加工稳定性。

3. 坡走铣法

坡走铣法是开始切削内槽（型腔）的最佳方法之一，它是采用 X、Y、Z 三轴联动线性坡走下刀切削加工，以达到全部轴向深度的切削方法，如图 2-74 所示。

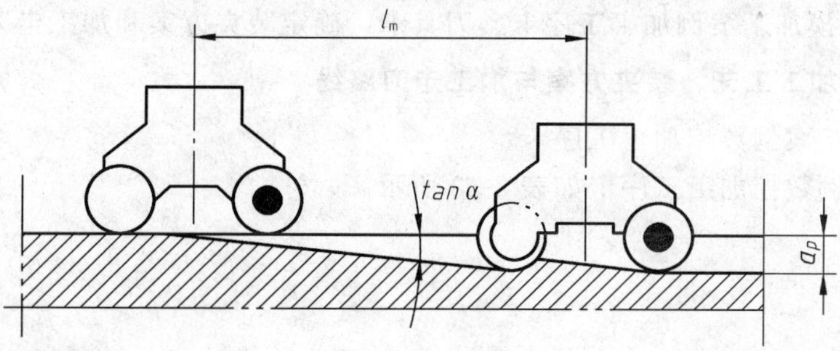

图 2-74　坡走铣

4. 螺旋插补铣

螺旋插补铣法是开始切削内槽（型腔）的最佳方法，它是采用 X、Y、Z 三轴联动以螺旋插补形式下刀进行切削内槽（型腔）的加工方法，如图 2-75 所示。螺旋插补铣是一种非常好的开始切削内槽（型腔）加工方法，切削的内槽（型腔）表面粗糙度 Ra 值较小，表面光滑，切削力较小，刀具耐用度较高，只要求很小的开始切削空间。

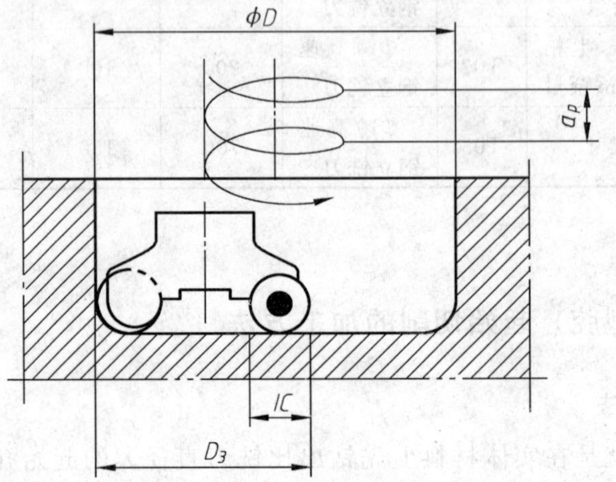

图 2-75　螺旋插补铣

【任务实施】

1. 加工案例工艺分析

① 对图 2-73 所示凹模加工案例进行详尽分析，找出该凹模加工工艺有什么不妥之处。

• 加工方法选择是否得当。

• 夹具选择是否得当？

• 刀具选择是否得当？

• 加工工艺路线是否得当？

• 切削用量是否合适？

• 工序安排是否合适？

• 机床选择是否得当？

• 装夹方案是否得当？

② 对上述问题进行分析后，如果有不当的地方，改正过来，提出正确的工艺措施。

③ 制订正确工艺，并优化工艺。

④ 填写该凹模加工案例加工工序卡、刀具卡，确定装夹方案和加工走刀路线。

2. 加工案例加工工艺、装夹方案与加工走刀路线

（1）凹模加工案例数控加工工序卡

凹模加工案例数控加工工序卡如表 2-13 所示。

表 2-13　凹模加工案例数控加工工序卡（注：铣刀 4 刃）

<table>
<tr><td rowspan="2">单位名称</td><td rowspan="2" colspan="2">×××</td><td colspan="3">产品名称或代号</td><td colspan="2">零件名称</td><td colspan="2">零件图号</td></tr>
<tr><td colspan="3">×××</td><td colspan="2">凹模</td><td colspan="2">×××</td></tr>
<tr><td>工序号</td><td colspan="2">程序编号</td><td colspan="3">夹具名称</td><td colspan="2">加工设备</td><td colspan="2">车间</td></tr>
<tr><td>×××</td><td colspan="2">×××</td><td colspan="3">平口台虎钳</td><td colspan="2">DX3220（数控铣床）</td><td colspan="2">数控中心</td></tr>
<tr><td>工步号</td><td colspan="3">工　步　内　容</td><td>刀具号</td><td>刀具规格（mm）</td><td>主轴转速（r/min）</td><td>进给速度（mm/min）</td><td>检测工具</td><td>备注</td></tr>
<tr><td>1</td><td colspan="3">采用环切法粗铣凹槽，单边留 1.2 mm 余量</td><td>T01</td><td>Φ20</td><td>287</td><td>114</td><td>游标卡尺</td><td></td></tr>
<tr><td>2</td><td colspan="3">采用环切法半精铣凹槽，单边留 0.2 mm 余量</td><td>T01</td><td>Φ20</td><td>318</td><td>100</td><td>游标卡尺</td><td></td></tr>
<tr><td>3</td><td colspan="3">采用环切法精铣凹槽至尺寸</td><td>T02</td><td>Φ20</td><td>320</td><td>60</td><td>内径百分尺</td><td></td></tr>
<tr><td>编制</td><td>×××</td><td>审核</td><td>×××</td><td>批准</td><td>×××</td><td colspan="2">年　月　日</td><td>共　页</td><td>第　页</td></tr>
</table>

（2）凹模加工案例数控加工刀具卡

凹模加工案例数控加工刀具卡如表 2-14 所示。

表 2-14　凹模加工案例数控加工刀具卡

<table>
<tr><td colspan="2">产品名称或代号</td><td>×××</td><td>零件名称</td><td colspan="2">凹模</td><td>零件图号</td><td>×××</td></tr>
<tr><td rowspan="2">序号</td><td rowspan="2">刀具号</td><td colspan="4">刀具</td><td rowspan="2">加工表面</td><td rowspan="2">备注</td></tr>
<tr><td colspan="2">规格名称</td><td>数量</td><td>刀长（mm）</td></tr>
<tr><td>1</td><td>T01</td><td colspan="2">Φ20 高速钢端面刃立铣刀</td><td>1</td><td>实测</td><td>凹槽型腔</td><td></td></tr>
<tr><td>2</td><td>T02</td><td colspan="2">Φ20 高速钢端面刃立铣刀</td><td>1</td><td>实测</td><td>凹槽型腔</td><td></td></tr>
<tr><td>编制</td><td>×××</td><td>审核</td><td>×××</td><td>批准</td><td>×××</td><td>年　月　日　共　页</td><td>第　页</td></tr>
</table>

（3）凹模加工案例装夹方案

该凹模加工案例零件前后左右结构对称，凹槽深度尺寸以上平面作为尺寸基准，上、下平面已按图样技术要求加工好，保证平行，故该案例零件加工时可以下平面及相互垂直的两侧面作为定位基准定位。因该凹模加工案例零件为半成品，小批生产，工件四周已按图样技术要求加工好，且工件的宽度尺寸只有 70 mm，在平口台虎钳的夹持范围内，故可采用平口台虎钳。

（4）凹模加工案例加工走刀路线

凹模加工案例粗铣采用螺旋插补铣形式下刀，下刀后采用环切法进行粗铣和半精铣，具体粗铣和半精铣走刀路线如图 2-76 所示。粗铣和半精铣后，精铣采用图 2-32 无交点内轮廓加工刀具正确的切入和切出方式加工走刀。

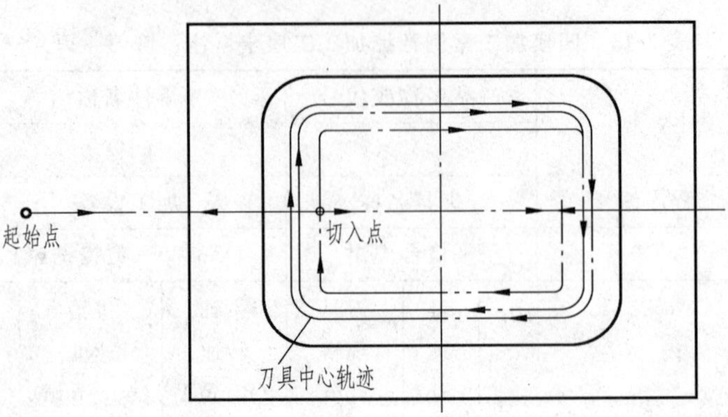

图 2-76　凹模加工案例粗铣和半精铣加工走刀路线

【任务拓展】

图 2-77 所示上模零件，该零件为半成品，除凹槽型腔外，其他加工部位均已加工好，工件材料为 45 号钢。试设计该上模零件凹槽型腔的数控加工工艺，并确定装夹方案。

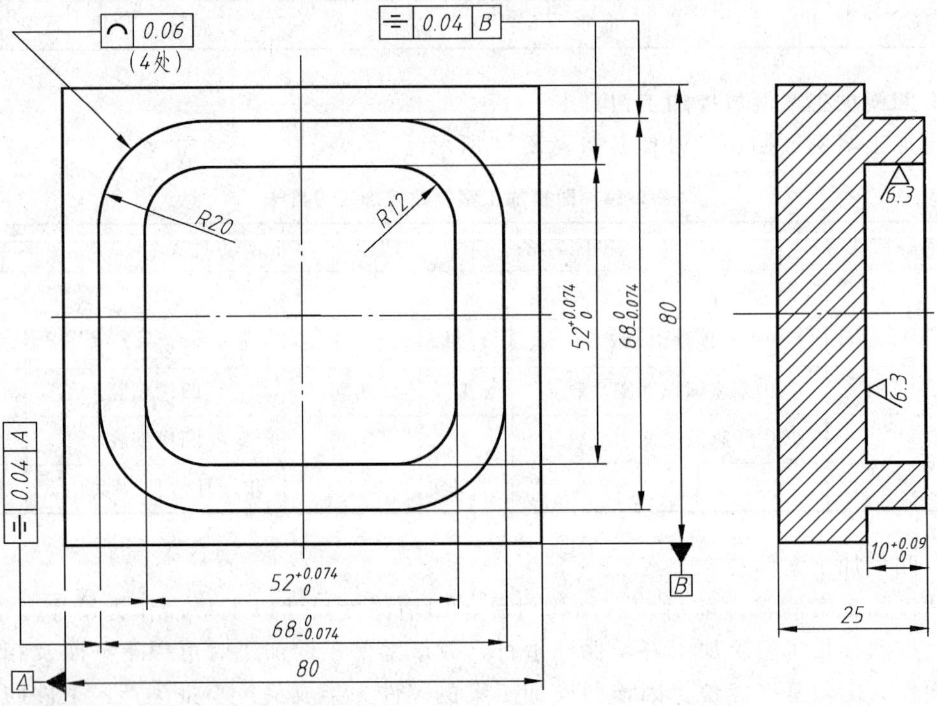

图 2-77　上模

【任务评价】

能力评价方式如表 2-15 所示。

表 2-15 能力评价表

评价等级	等 级 要 求
优秀	能高质量、高效率找出图 2-73 所示凹模加工案例中工艺设计不合理之处，提出正确的解决方案，并完整、优化地设计图 2-77 所示上模零件凹槽型腔的数控加工工艺，并确定装夹方案
良好	能在教师的偶尔指导下找出图 2-73 所示凹模加工案例中工艺设计不合理之处，并提出正确的解决方案
中等	能在教师的偶尔指导下找出图 2-73 所示凹模加工案例中工艺设计不合理之处，并提出基本正确的解决方案
合格	能在教师的指导下找出图 2-73 所示凹模加工案例中工艺设计不合理之处

项目三　孔系零件加工工艺编制

项目引言

孔系零件加工由于其使用刀具数目多，且定值刀具使用量大，工序复杂。其中包括钻孔、铰孔、镗孔、攻螺纹等。

项目目标

- 会根据零件结构选择合适的加工中心。
- 会对孔系零件图进行数控加工工艺性分析（会分析零件图样技术要求，会检查零件图的完整性和正确性，会分析零件的结构工艺性）。
- 会拟定钻孔、铰孔、镗孔等加工工艺路线（会选择加工中心孔系加工方法，会划分加工阶段，会划分加工工序及工步，会确定加工顺序，会确定进给加工路线）。
- 会根据拟定的孔系加工工艺熟练选用加工中心孔系加工刀具。
- 会根据加工中心常用夹具用途来正确选择夹具。
- 会选择合适的切削用量。
- 会编制加工中心加工工艺文件。

项目知识

数控孔加工工艺设计步骤包括：机床选择、零件图样工艺分析、加工工艺路线设计、装夹方案及夹具选择、刀具选择、切削用量选择和填写数控加工工序卡和刀具卡等。

资料一　数控镗铣孔加工机床的选择

数控孔加工机床是指主要采用铣削、镗削及钻孔、扩孔、铰孔、攻螺纹等方式加工工件的数控机床，典型数控镗铣孔加工机床为加工中心。加工中心是在数控铣床的基础上发展起来的，它和数控铣床有很多相似之处，主要区别在于加工中心增加刀库和自动换刀装置，是一种备有刀库并能自动选择和更换刀具对工件进行多工序加工的数控机床，主要用于自动换刀对箱体类等复杂零件进行多工序镗铣及孔系综合加工，故数控镗铣孔加工机床一般指加工中心。加工中心除铣削功能外，通过在刀库上安装不同用途的刀具，可在一次装夹中实现工件的铣、钻、扩、铰、镗和攻螺纹等多工序加工，是集数控铣床、数控镗床、数控钻床的功能于一身的高效、高自动化程度的机床。随着现代工业的发展，加工中心将逐渐取代数控铣床，成为一种主要的加工机床。

1. 加工中心的分类

(1) 按照加工中心的主轴布置形式分类

① 立式加工中心：立式加工中心为主轴轴心线垂直状态设置的加工中心，如图 3-1 所示。其结构形式多为固定立柱，工作台为长方形，无分度回转功能，适合加工盘、套、板类零件。它一般具有三个直线运动坐标轴，并可在工作台上安装一个沿水平轴线旋转的数控转盘，即第四轴，用于加工螺旋线类零件等。立式加工中心装夹方便，便于操作，易于观察加工情况，调试程序容易，应用广泛。但受立柱高度及换刀装置的限制，不能加工太高的零件，在加工型腔或下凹的型面时，切屑不易排出，严重时会损坏刀具，破坏已加工表面，影响加工的顺利进行。

(a) 带刀库和机械手的加工中心

(b) 无机械手的加工中心

图 3-1　立式加工中心

② 卧式加工中心：卧式加工中心为主轴轴心线水平状态设置的加工中心，通常都带有自动分度的回转工作台，如图 3-2 所示。卧式加工中心一般具有 3～5 个运动坐标，常见的是三个直线运动坐标（沿 X、Y、Z 轴方向）加一个回转运动坐标（回转工作台），工件在一次装夹后，可完成除安装面和顶面以外的其余四个表面的加工，它最适合加工箱体类零件。卧式加工中心有多种形式，如固定立柱式或固定工作台式，与立式加工中心相比较，卧式加工中心一般具有刀库容量大，整体结构复杂，体积和占地面积大，加工时排屑容易，对加工有利，但价格较高。

③ 龙门式加工中心：龙门式加工中心的形状与数控龙门铣床相似，如图 3-3 所示。龙门式加工中心主轴多为垂直设置，除自动换刀装置以外，还带有可更换的主轴头附件，数控装置的软件功能也较齐全，能够一机多用，尤其适合用于加工大型或形状复杂的零件，如航空工业及大型汽轮机上的某些零件加工。

图 3-2　卧式加工中心

图 3-3　龙门式加工中心

④ 五轴加工中心：五轴加工中心具有立式加工中心和卧式加工中心的功能。对五轴加工中心，工件一次安装后能完成除安装面以外的其余五个面的加工，降低了工件二次安装引起的几何误差，并大大提高了加工精度和生产效率。常见的五轴加工中心有两种形式：一种是主轴可以旋转 90°，对工件进行立式和卧式加工，如图 3-4 所示（主轴头旋转 90°可立卧转换加工），又称为立卧五面加工中心；另一种是主轴不改变方向，而由工作台带着工件旋转 90°，完成对工件五个表面的加工。具有五轴联动功能的加工中心，可以加工非常复杂形状的零件。由于五轴加工中心存在结构复杂、造价高、占地面积大等缺点，所以它的使用和生产在数量上远不如其他类型的加工中心。

（2）按照换刀形式分类

① 带刀库、机械手的加工中心：加工中心的换刀装置（ATC）是由刀库和机械手组成，换刀机械手完成换刀工作，如图 3-1（a）所示，这是加工中心最普遍采用的形式。

② 无机械手的加工中心：这种加工中心的换刀通过刀库和主轴箱的配合动作来完成，如图 3-1（b）所示。一般是采用把刀库放在主轴可以运动到的位置，或整个刀库或某一刀位能移动到主轴箱可以到达的位置。刀库中刀的存放位置方向与主轴装刀方向一致。换刀时，主轴运动到刀位上的换刀位置，由主轴直接取走或放回刀具。多用于采用 40 号以下刀柄的中小型加工中心。

③ 转塔刀库式加工中心：一般在小型立式加工中心上采用转塔刀库形式，主要以孔加工为主，如图 3-5 所示。

图 3-4　立卧五面加工中心加工工件示例

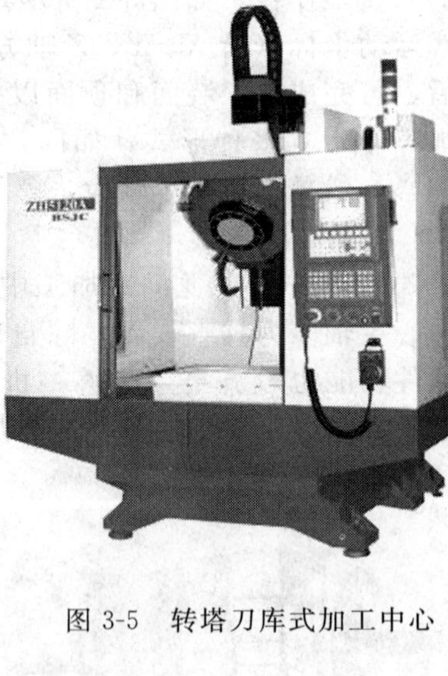

图 3-5　转塔刀库式加工中心

2. 加工中心的主要技术参数

加工中心的主要技术参数反映了加工中心的加工能力、加工范围、主轴转速范围、装夹最大刀具重量和直径、刀库容量、换刀时间、装夹刀柄标准和精度等指标，识别加工中心的主要技术参数是选择加工中心的重要一环。为便于识别加工中心的主要技术参数，下面摘选北京机电院高技术股份有限公司生产的 VMC750E 加工中心主要技术参数中与选择加工中心较有关的主要技术参数如表 3-1 所示。

表 3-1　VMC750E 加工中心主要技术参数

机床行程范围	
X 轴（mm）	762
Y 轴（mm）	510
Z 轴（mm）	560
工作台参数	
工作台尺寸（宽×长）（mm）	580×1 000
T 形槽尺寸（个数—槽宽×间距）（mm）	3—18×200
工作台最大承载能力（均布）（kg）	450
主轴端面至工作台面距离（mm）	150～710
主轴中心至立柱导轨面距离（mm）	563.4
移动速度	
快速移动速度（mm/min）	24 000
切削进给速度（mm/min）	3～15 000
主轴参数	
主轴锥孔	7∶24 No. 40
主轴轴径（mm）	ϕ70
刀库参数	
刀库形式	斗笠式
刀库容量（把）	21
换刀方式	任选
换刀时间（s）	6
最大刀具直径（mm）	ϕ80
相邻无刀最大刀具直径（mm）	ϕ160
最大刀具长度（mm）	304
最大单刀重量（kg）	6.8
刀库承载能力（kg）	68

3. 加工中心主要加工对象及主要加工内容

由于加工中心是在数控铣床的基础上增加刀库及自动换刀装置，工件在一次装夹后，可依次完成多工序的加工。故加工中心与数控铣床相比，除了能加工数控铣床的主要加工对象外，还能加工如下对象：

（1）加工中心主要加工对象

① 箱体类零件：箱体类零件一般是指具有孔系和平面，内部有一定型腔，在长、宽、高方向有一定比例的零件，如汽车的发动机缸体、变速箱体，机床的床头箱、主轴箱，齿

轮壳泵体等。箱体类零件一般都需要进行多工位孔系及平面加工，精度要求较高，特别是形状精度和位置精度要求严格，通常要经过铣、钻、扩、镗、铰、锪、攻螺纹等工序（或工步）加工，需要刀具较多。此类零件在普通机床上加工难度大，工装套数多，费用高，加工周期长，需多次装夹、找正，手工测量次数多，换刀次数多，加工精度难以保证。而在加工中心上加工，一次装夹可完成普通机床60%～95%的工序内容，零件各项精度一致性好，加工质量稳定，同时节省费用，生产周期短。

② 带复杂曲面的零件：零件上的复杂曲面用加工中心加工时，与数控铣床加工基本是一样的，所不同的是加工中心刀具可以自动更换，工艺范围更宽，如图 3-6 所示的整体叶轮。

③ 异形类零件：异形类零件是指外形不规则的零件，大都需要点、线、面多工位混合加工，如图 3-7 所示的异形件，还有各种样板、靠模等均属此类。由于外形不规则，在普通机床上只能采取工序分散的原则加工，需要工装多，周期长。异形类零件的刚性一般较差，夹压变形难以控制，加工精度也难以保证，甚至某些零件有的加工部位用普通机床无法加工。用加工中心加工时，利用加工中心多工位点、线、面混合加工的特点，通过采取合理的工艺措施，一次或两次装夹，即能完成多道工序或全部的工序内容。

图 3-6　整体叶轮

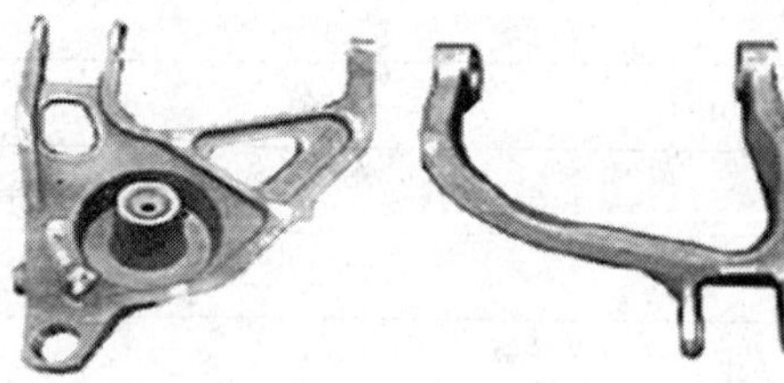

图 3-7　异形件

④ 盘、套、轴、板、壳体类零件：带有键槽、径向孔或端面有分布的孔系及曲面的轴、盘或套类零件，如带法兰的轴套，带键槽或方头的轴类零件，具有较多孔加工的板类零件和各种壳体类零件等，适合在加工中心上加工。如图 3-8 所示的壳体类零件，图 3-9 所示的盘、套类零件。

图 3-8　壳体类零件

图 3-9　盘、套类零件

加工部位集中在单一端面上的盘、套、轴、板、壳体类零件宜选择立式加工中心，加工部位不在同一方向表面上的零件可选卧式加工中心。

(2) 加工中心主要加工内容

① 尺寸精度要求较高的表面。

② 用数学模型描述的复杂曲线或曲面。

③ 难测量、难控制进给、难控制尺寸的不敞开内腔表面。

④ 零件上不同类型表面之间有较高的位置精度要求，更换机床加工时很难保证位置精度要求，必须在一次装夹中合并完成铣、钻、扩、镗、铰、锪或攻螺纹等多工序加工的表面。

⑤ 镜像对称加工的表面等。

对于上述表面，可以先不要过多地去考虑生产率与经济上是否合理，而首先应考虑能不能把它们加工出来，要着重考虑可能性问题。只要有可能，都应把对其进行加工中心加工作为优选方案。

由于加工中心的台时费用高，在考虑工序负荷时，不仅要考虑机床加工的可能性，还要考虑加工的经济性。例如，用加工中心可以进行复杂的曲面加工，但如果厂里有多坐标联动的数控铣床，则在加工复杂的成型表面时，应优先选择数控铣床。因有些成形表面加工时间很长，刀具单一，在加工中心上加工并不是最佳选择，这要视厂里拥有的数控机床类型、功能及加工能力，具体分析决定。

4. 加工中心的选择

一般来说，规格相近的加工中心，卧式加工中心的价格要比立式加工中心高一倍以上，因此从经济性角度考虑，完成同样工艺内容，宜选用立式加工中心；当立式加工中心不能满足加工要求时才选卧式加工中心。选择加工中心时主要从以下几个方面综合考虑：

(1) 加工中心类型的选择

① 立式加工中心适用于只需单工位加工的零件，如各种平面凸轮、端盖、箱盖等板类零件和跨距较小的箱体等。

② 卧式加工中心适用于加工两工位以上的工件或四周呈径向辐射状排列的孔系、面等。

③ 当工件的位置精度要求较高，如箱体、阀体、泵体等宜采用卧式加工中心，若采用卧式加工中心在一次装夹中不能完成多工位加工以保证位置精度要求时，则可选择立卧五面加工中心。

④ 当工件尺寸较大，一般立式加工中心的工作范围不足时，应选用龙门式加工中心，如机床的床身、立柱等。

上述选择只是一般原则，并不是绝对的。如果厂里不具备各种类型的加工中心，则应从如何保证工件的加工质量出发，灵活地选用设备类型。

(2) 加工中心规格的选择

选择加工中心的规格主要考虑工作台大小、坐标行程、坐标数量和主电动机功率等。

① 工作台规格的选择：所选工作台台面应比零件稍大一些，以便安装夹具。例如，零件外形尺寸是 450 mm×450 mm×450 mm 的箱体，选用工作台面尺寸为 500 mm×500 mm 的加工中心即可，选用工作台面比工件稍大一些是出于安装夹具考虑。如小工件选大工作台且进行单件多工位加工，会造成刀具过长而影响加工质量，甚至无法加工。大工作台加工小件可以考虑多件加工，以提高生产效率。

② 加工范围选择：加工范围选择应考虑加工中心各坐标行程。以卧式加工中心为例，主轴鼻端到工作台中心距离的最大值为 Z_{max}、最小值为 Z_{min}；主轴中心到工作台台面距离的最大值为 Y_{max}、最小值为 Y_{min}。在加工中心上加工的零件，其各加工部位必须在机床各向行程的最大值与最小值之间，即零件通过夹具安装在工作台上后，在各加工部位，刀具的轴向中心线距工作台面的距离不得小于 Y_{min}，也不得大于 Y_{max}，否则将引起 Y 向超程，其他方向也一样。

加工中心工作台台面尺寸与 X、Y、Z 三坐标行程有一定的比例，如工作台台面为 500 mm×500 mm，则 X、Y、Z 坐标行程分别为 700～800 mm、550～700 mm、500～600 mm。若工件尺寸大于坐标行程，则加工区域必须在坐标行程以内。另外，工件和夹具的总重量不能大于工作台的额定负载，工件移动轨迹不能与机床防护罩等附件发生干涉，以及工件是否与机床交换刀具的空间干涉等系列问题。

③ 机床主轴功率及转矩选择：主轴电动机功率反映了机床的切削效率和切削刚性。加工中心一般配置功率较大的交流或直流伺服电动机，调速范围比较宽，可满足高速切削的要求。但在用大直径盘铣刀铣削平面和粗镗大孔时，转速较低，输出功率较小，转矩受限制。因此，必须对低速转矩进行校核。

(3) 加工中心精度的选择

根据零件关键部位的加工精度选择加工中心的精度等级。国产加工中心按精度分为普通型和精密型两种。表 3-2 列出了加工中心的几项关键精度。

表 3-2　加工中心精度等级　(mm)

精度项目	普通型	精密型
单轴定位精度	±0.01/300	0.005/全长
单轴重复定位精度	±0.006	<0.003
铣圆精度（圆度）	0.03～0.04/ϕ200 圆	0.015/ϕ200 圆

一般来说，单轴方向精镗加工两个孔的孔距误差是加工中心定位精度的 2 倍左右。在普通型加工中心上加工，孔距精度可达 IT8 级，在精密型加工中心上加工，孔距精度可达 IT6～IT7 级，而精铣两平面间距离误差一般为加工中心定位精度的 4～5 倍。

(4) 加工中心功能的选择

① 数控系统功能的选择：数控系统功能应根据实际需要选择，以免造成不必要的浪费。

② 坐标轴控制功能的选择：坐标轴控制功能主要从零件本身的加工要求来选择，如平面凸轮需两轴半联动，复杂曲面的叶轮、模具等需要三轴或四轴以上联动。

③ 工作台自动分度功能的选择：普通型的卧式加工中心多采用鼠牙盘定位的工作台自动分度。这种工作台的分度定位间距有一定的限制，而且工作台只起分度与定位作用，在回转过程中不能参与切削。当配备能实现任意分度和定位的数控转盘，实现同其他轴联动控制，则这种工作台在回转过程中能参与切削。因此，需根据具体工件的加工要求选择相应的工作台分度定位功能。

（5）刀库容量的选择

通常根据零件的工艺分析，算出工件一次安装所需刀具数来确定刀库容量。刀库容量需留有余地，但不宜太大。因为大容量刀库成本和故障率高、结构和刀具管理复杂。一般来说，在立式加工中心上选用20把左右刀具容量的刀库，在卧式加工中心上选用40把左右刀具容量的刀库即可满足使用要求。

（6）刀柄的选择

有关刀柄的选择详见刀具选择部分。

资料二　零件图样工艺分析

零件图样工艺分析是制订加工中心加工工艺的首要工作。零件图样工艺分析包括分析零件图样技术要求、检查零件图的完整性和正确性、零件的结构工艺性分析。

1. 分析零件图样技术要求

分析加工中心加工零件图样的技术要求时，主要考虑如下方面：

① 各加工表面的尺寸精度要求。

② 各加工表面的几何形状精度要求。

③ 各加工表面之间的相互位置精度要求。

④ 各加工表面粗糙度要求以及表面质量方面的其他要求。

⑤ 热处理要求及其他要求。

首先，要根据零件在产品中的功能，研究分析零件与部件或产品的关系，从而认识零件的加工质量对整个产品质量的影响，并确定零件的关键加工部位和精度要求较高的加工表面等，认真分析上述各精度和技术要求是否合理。其次要考虑在加工中心上加工能否保证零件的各项精度和技术要求，进而具体考虑在哪一种加工中心上加工最为合理。

2. 检查零件图的完整性和正确性

一方面要检查零件图是否正确，尺寸、公差和技术要求是否标注齐全；另一方面要特别注意准备在加工中心上加工的零件，其各个方向上的尺寸是否有一个统一的设计基准，从而简化编程，保证零件图的设计精度要求。当工件已确定在加工中心上加工后，如发现零件图中没有一个统一的设计基准，则应向设计部门提出，要求修改图样或考虑选择统一的工艺基准，计算转化各尺寸，并标注在工艺附图上。

3. 零件的结构工艺性分析

在加工中心上加工的零件，其结构工艺性应具备以下几点要求：

① 零件的切削加工余量要小，以便减少加工中心的切削加工时间，降低零件的加工成本。

② 零件上光孔和螺纹的尺寸规格尽可能少，减少加工时钻头、铰刀及丝锥等刀具的数量，减少换刀时间，同时防止刀库容量不够。

③ 零件加工尺寸规格尽量标准化，以便采用标准刀具。

④ 零件加工表面应具有加工的可能性和方便性。

⑤ 零件结构应具有足够的刚性，以减少夹紧变形和切削变形。

表3-3中列出了部分零件的孔加工工艺性对比实例。

表 3-3　零件的孔加工工艺性对比实例

序号	A 工艺性差的结构	B 工艺性好的结构	说　明
1	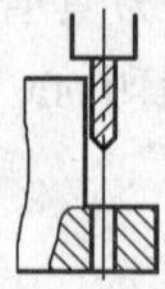	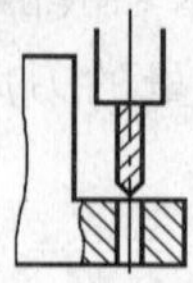	A 结构不便引进刀具，难以实现孔的加工
2	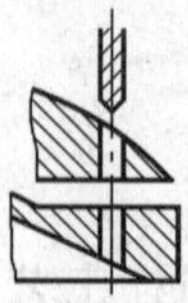	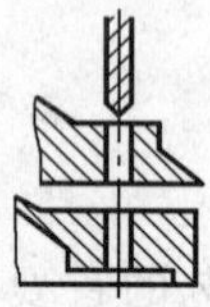	B 结构可避免钻头钻入和钻出时因工件表面倾斜而造成引偏或折断
3	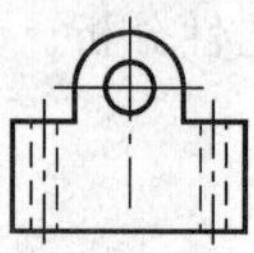	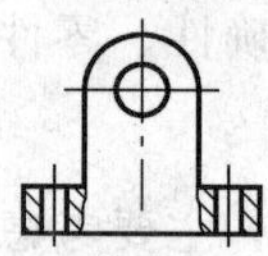	B 结构节省材料，减少了质量，还避免了深孔加工
4			A 结构不能采用标准丝锥攻螺纹
5	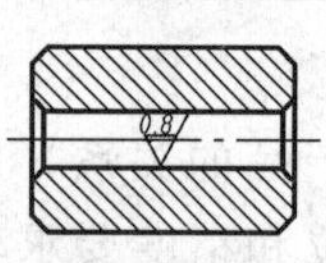	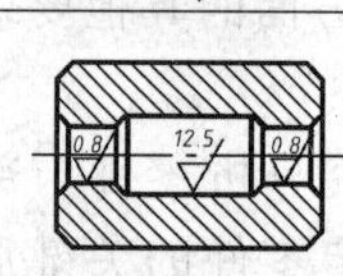	B 结构减少配合孔的接触面积
6	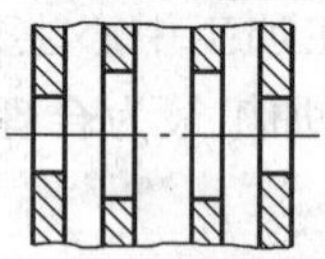	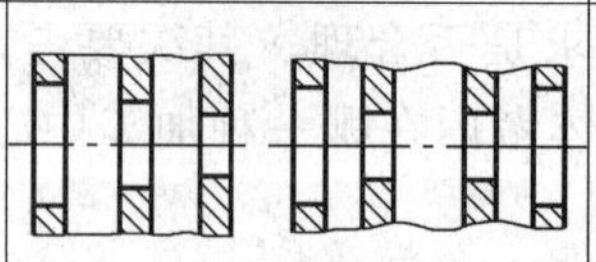	B 结构孔径从一个方向递减或从两个方向递减，便于加工
7	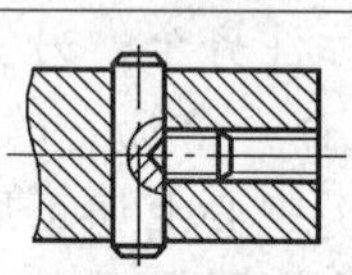	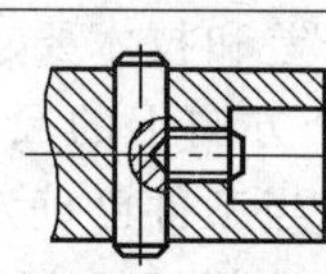	B 结构可减少深孔的螺纹加工
8	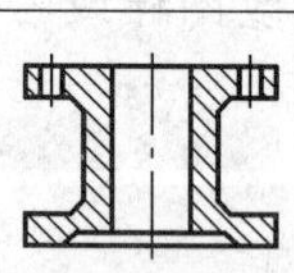	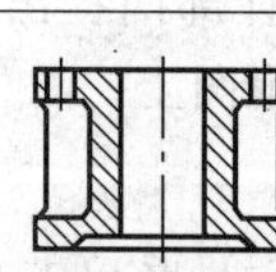	B 结构刚度好

资料三　拟定数控镗铣孔加工工艺路线

拟定数控镗铣孔加工工艺路线主要内容包括：选择各加工表面的加工方法、划分加工阶段、划分加工工序、确定加工顺序（工序顺序安排）和进给加工路线确定等。由于生产批量的差异，即使同一零件的数控镗铣孔加工工艺方案也有所不同。拟定数控镗铣孔加工工艺时，应根据具体生产批量、现场生产条件、生产周期等情况，拟定经济、合理的数控镗铣孔加工工艺。由于典型数控镗铣孔加工机床为加工中心，加工中心是集数控铣床、数控镗床、数控钻床的功能于一身的高效、高自动化程度的机床，故拟定数控镗铣孔加工工艺路线。

1. 加工方法的选择

加工中心加工零件典型表面为平面、平面轮廓、曲面、孔和螺纹等，所选加工方法要与零件的表面特征、所要求达到的精度及表面粗糙度相适应。

（1）平面、平面轮廓及曲面的加工方法

平面、平面轮廓及曲面在镗铣类加工中心上唯一的加工方法是铣削，这里主要介绍加工中心上孔系的加工方法。

（2）孔的加工方法

孔的加工方法比较多，有钻、扩、铰、镗和攻螺纹等。大直径孔还可采用圆弧插补方式进行铣削加工。孔的加工方式及所能达到的精度如表 3-4 所示。

表 3-4 H13～H7 孔加工方案（孔长度≤直径 5 倍） （mm）

孔的精度	孔的毛坯性质	
	在实体材料上加工孔	预先铸出或热冲出的孔
H13、H12	一次钻孔	用扩孔钻钻孔或镗刀镗孔
H11	孔径≤10：一次钻孔 孔径范围为 10～30：钻孔及扩孔 孔径范围为 30～80：钻孔、扩孔或钻孔、扩孔、镗孔	孔径≤80：粗扩、精扩； 或用镗刀粗镗、精镗； 或根据余量一次镗孔或扩孔
H10、H9	孔径≤10：钻孔及铰孔 孔径范围为 10～30：钻孔、扩孔及铰孔 孔径范围为 30～80：钻孔、扩孔、铰孔或钻孔、扩孔、镗孔（或铣孔）	孔径≤80：用镗刀粗镗（一次或两次，根据余量而定）铰孔（或精镗孔）
H8、H7	孔径≤10：钻孔、扩孔及铰孔 孔径范围为 10～30：钻孔、扩孔及一次或两次铰孔 孔径范围为 30～80：钻孔、扩孔（或用镗刀分几次粗镗）、一次或两次铰孔（或精镗孔）	孔径≤80：用镗刀粗镗（一次或两次，根据余量而定）及半精镗、精镗（或精铰）

孔的具体加工方案可按下述方法制订：

① 所有孔系一般先完成全部粗加工后，再进行精加工。

② 对于直径大于$\phi30$ 的已铸出或锻出毛坯孔的孔加工，一般先在普通机床上进行毛坯粗加工，直径上留 4～6 mm 的余量，然后再由加工中心按“粗镗→半精镗→孔口倒角→精镗”四个工步的加工方案完成；有空刀槽时可用锯片铣刀在半精镗之后、精镗之前用圆弧插补方式铣削完成，也可用单刃镗刀镗削加工，但加工效率较低；孔径较大时可用立铣刀以圆弧插补方式通过粗铣→精铣加工方案完成。

③ 对于直径小于$\phi30$ 的孔，毛坯上一般不铸出或锻出预制孔，这就需要在加工中心上完成其全部加工。为提高孔的位置精度，在钻孔前必须锪（或铣）平孔口端面，并钻出中心孔作为导向孔，即通常采用锪（或铣）平端面→钻中心孔→钻→扩→孔口倒角→铰的加工方案；有同轴度要求的小孔，须采用锪（或铣）平端面→钻中心孔→钻→半精镗→孔口倒角→精镗

（或铰）的加工方案。孔口倒角安排在半精加工后、精加工之前进行，以防孔内产生毛刺。

④ 在孔系加工中，先加工大孔，再加工小孔，特别是在大小孔相距很近的情况下，更要采取这一措施。

⑤ 对于同轴孔系，若相距较近，用穿镗法加工；若跨距较大，应尽量采用调头镗的方法加工，以缩短刀具的伸长，减小其长径比，提高加工质量。

⑥ 对于螺纹孔，要根据其孔径的大小选择不同的加工方式。直径在 M6～M20 之间的螺纹孔，一般在加工中心上用攻螺纹的方法加工；直径在 M6 以下的螺纹，则只在加工中心上加工出底孔，然后通过其他方法攻螺纹，因加工中心自动换刀按数控程序自动加工，在攻小螺纹时不能随机控制加工状态，小丝锥容易扭断，从而产生废品；直径在 M20 以上的螺纹，一般采用镗刀镗削而成或采用铣螺纹。铣螺纹加工示例如图 3-10 所示。

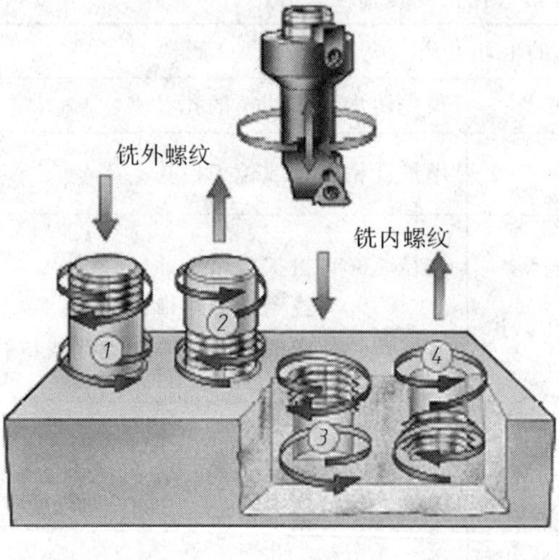

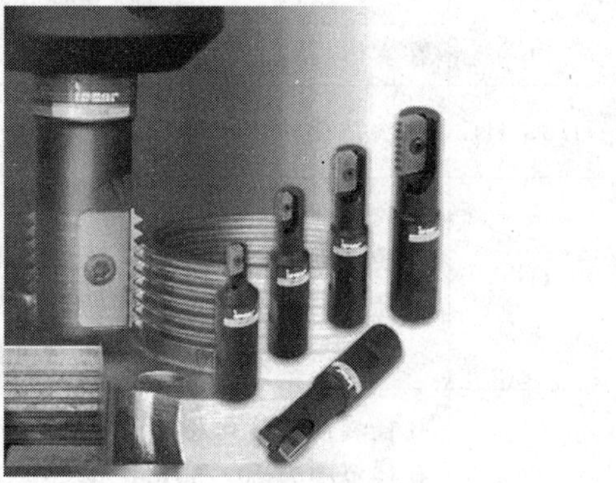

图 3-10　铣螺纹加工示例

螺纹铣削具有如下优点：

① 螺纹铣削免去了采用大量不同类型丝锥的必要性。

② 可加工具有相同螺距的任意螺纹直径。

③ 加工始终产生的是短切屑，因此不存在切屑处置方面的问题。

④ 刀具破损的部分可以很容易地从零件中去除。

⑤ 不受加工材料限制，那些无法用传统方法加工的材料可以用螺纹铣刀进行加工。

⑥ 采用螺纹铣刀，可以按所需公差要求加工，螺纹尺寸是由加工循环控制的。

⑦ 与传统 HSS（高速钢）攻螺纹相比，采用硬质合金螺纹铣削可以提高生产率。

在确定加工方法时，要注意孔系加工余量的大小。加工余量的大小，对零件的加工质量和生产效率及经济性均有较大的影响，正确规定加工余量的数值，是制订加工中心加工工艺的重要工作之一。加工余量过小，会由于上道工序与加工中心工序的安装找正误差，不能保证切去金属表面的缺陷层而产生废品，有时还会使刀具处于恶劣的工作条件，如切削很硬的夹砂表层会导致刀具迅速磨损等。如果加工余量过大，则浪费工时，增加工具损耗，浪费金属材料。

确定加工余量的基本原则是在保证加工质量的前提下，尽量减少加工余量。最小加工余量的数值，应保证能将具有各种缺陷和误差的金属层切去，从而提高加工表面的精度和表面质量。

在具体确定工序间的加工余量时，应根据下列条件选择大小：

① 对最后的工序，加工余量应能保证得到图样上所规定的表面粗糙度和精度要求。

② 考虑加工方法、设备的刚性以及零件可能发生的变形。

③ 考虑零件热处理时引起的变形。

④ 考虑被加工零件的大小，零件越大，由于切削力、内应力引起的变形也会增加，因此要求加工余量也相应地大一些。

确定工序间加工余量的原则、数据等很多出版物中有刊出，使用时可查阅。但须指出的是国内外一切推荐数据，都要结合本单位工艺条件先试用，后得出结论。因为这些数据常常是在机床刚性、刃具、工件材质等理想状况下确定的。

为便于查阅，表 3-5、表 3-6 列出了 IT7、IT8 级孔的加工方式及其工序间的加工余量，供参考。

表 3-5　在实体材料上的孔加工方式及加工余量　(mm)

加工孔的直径	直径							
	钻		粗加工		半精加工		精加工（H7、H8）	
	第一次	第二次	粗镗	或扩孔	粗铰	或半精镗	精铰	或精镗
3	2.9	—	—	—	—	—	3	—
4	3.9	—	—	—	—	—	4	—
5	4.8	—	—	—	—	—	5	—
6	5.0	—	—	5.85	—	—	6	—
8	7.0	—	—	7.85	—	—	8	—
10	9.0	—	—	9.85	—	—	10	—
12	11.0	—	—	11.85	11.95	—	12	—
13	12.0	—	—	12.85	12.95	—	13	—
14	13.0	—	—	13.85	13.95	—	14	—
15	14.0	—	—	14.85	14.95	—	15	—
16	15.0	—	—	15.85	15.95	—	16	—
18	17.0	—	—	17.85	17.95	—	18	—
20	18.0	—	19.8	19.8	19.95	19.90	20	20
22	20.0	—	21.8	21.8	21.95	21.90	22	22
24	22.0	—	23.8	23.8	23.95	23.90	24	24
25	23.0	—	24.8	24.8	24.95	24.90	25	25
26	24.0	—	25.8	25.8	25.95	25.90	26	26
28	26.0	—	27.8	27.8	27.95	27.90	28	28
30	15.0	28.0	29.8	29.8	29.95	29.90	30	30
32	15.0	30.0	31.7	31.75	31.95	31.90	32	32
35	20.0	33.0	34.7	34.75	34.93	34.90	35	35
38	20.0	36.0	37.7	37.75	37.93	37.90	38	38
40	25.0	38.0	39.7	39.75	39.93	39.90	40	40
42	25.0	40.0	41.7	41.75	41.93	41.90	42	42
45	30.0	43.0	44.7	44.75	44.93	44.90	45	45

续表

加工孔的直径	直径							
	钻		粗加工		半精加工		精加工（H7、H8）	
	第一次	第二次	粗镗	或扩孔	粗铰	或半精镗	精铰	或精镗
48	36.0	46.0	47.7	47.75	47.93	47.90	48	48
50	36.0	48.0	49.7	49.75	49.93	49.90	50	50

表 3-6　已预先铸出或热冲出孔的工序间加工余量　　(mm)

加工孔的直径	直径					加工孔的直径	直径				
	粗镗		半精镗	粗铰或二次半精镗	精铰或精镗成H7、H8		粗镗		半精镗	粗铰或二次半精镗	精铰或精镗成H7、H8
	第一次	第二次					第一次	第二次			
30	—	28.0	29.8	29.93	30	100	95	98.0	99.3	99.85	100
32	—	30.0	31.7	31.93	32	105	100	103.0	104.3	104.8	105
35	—	33.0	34.7	34.93	35	110	105	108.0	109.3	109.8	110
38	—	36.0	37.7	37.93	38	115	110	113.0	114.3	114.8	115
40	—	38.0	39.7	39.93	40	120	115	118.0	119.3	119.8	120
42	—	40.0	41.7	41.93	42	125	120	123.0	124.3	124.8	125
45	—	43.0	44.7	44.93	45	130	125	128.0	129.3	129.8	130
48	—	46.0	47.7	47.93	48	135	130	133.0	134.3	134.8	135
50	45	48.0	49.7	49.93	50	140	135	138.0	139.3	139.8	140
52	47	50.0	51.5	51.93	52	145	140	143.0	144.3	144.8	145
55	51	53.0	54.5	54.92	55	150	140	148.0	149.3	149.8	150
58	54	56.0	57.5	57.92	58	155	150	153.0	154.3	154.8	155
60	56	58.0	59.5	59.92	60	160	155	158.0	159.3	159.8	160
62	58	60.0	61.5	61.92	62	165	160	163.0	164.3	164.8	165
65	61	63.0	64.5	64.92	65	170	165	168.0	169.3	169.8	170
68	64	66.0	67.5	67.90	68	175	170	173.0	174.3	174.8	175
70	66	68.0	69.5	69.90	70	180	175	178.0	179.3	179.8	180
72	68	70.0	71.5	71.90	72	185	180	183.0	184.3	184.8	185
75	71	73.0	74.5	74.90	75	190	185	188.0	189.3	189.8	190
78	74	76.0	77.5	77.90	78	195	190	193.0	194.3	194.8	195
80	75	78.0	79.5	79.90	80	200	194	197.0	199.3	199.8	200
82	77	80.0	81.3	81.85	82	210	204	207.0	209.3	209.8	210
85	80	83.0	84.3	84.85	85	220	214	217.0	219.3	219.8	220
90	85	88.0	89.3	87.85	88	250	244	247.0	249.3	249.8	250
88	83	86.0	87.3	89.85	90	280	274	277.0	279.3	279.8	280
92	87	90.0	91.3	91.85	92	300	294	297.0	299.3	299.8	300
95	90	93.0	94.3	94.85	95	320	314	317.0	319.3	319.8	320
98	93	96.0	97.3	97.85	98	350	342	347.0	349.3	349.8	350

2. 划分加工阶段

①加工质量要求较高的零件，采用加工中心加工时，应尽量将粗、精加工分两个阶段进行。粗、精加工分开，可及时发现零件主要加工表面上毛坯存在的缺陷，如裂纹、气孔、砂眼、疏松、缩孔、夹渣或加工余量不够等，及时采取措施，避免浪费更多的工时和费用。

② 若零件已经过粗加工，加工中心只完成最后的精加工，则不必划分加工阶段。

③ 当零件的加工精度要求较高，在加工中心加工之前又没有进行过粗加工时，则应将粗、精加工分开进行，粗加工通常在普通机床上进行，在加工中心上只进行精加工，有利于长期保持加工中心的精度，避免精机粗用。这样不仅可以充分发挥机床的各种功能，降低加工成本，提高经济效益，而且还可以让零件在粗加工后有一段自然时效过程，以消除粗加工产生的残余应力，恢复因切削力、夹紧力引起的弹性变形以及由切削热引起的热变形，必要时还可以安排人工时效，最后再通过精加工消除各种变形，保证零件的加工精度。

④ 对零件的加工精度要求不高，而毛坯质量较高、加工余量不大、生产批量又很小的零件，则可在加工中心上利用加工中心的良好冷却系统，把粗、精加工合并进行，完成加工工序的全部内容，但粗、精加工应划分成两道工序分别完成。在加工过程中，对于刚性较差的零件，可采取相应的工艺措施，如粗加工后安排暂停指令，由操作者将压板等夹紧元件（装置）稍稍放松一些，以恢复零件的弹性变形，然后再用较小的夹紧力将零件夹紧，最后再进行精加工。

3. 划分加工工序

划分加工工序方法因加工中心多工序加工时可自动换刀，根据加工中心此特点，加工中心加工工序划分后还要细分加工工步，设计加工中心工步时，主要从精度和效率两方面考虑。下面是加工中心加工工步设计的主要原则：

① 加工表面按粗加工、半精加工、精加工次序完成，或全部加工表面按先粗，后半精、精加工分开进行。加工尺寸公差要求较高时，考虑零件尺寸、精度、零件刚性和变形等因素，可采用前者；加工位置公差要求较高时，采用后者。

② 对于既有铣面又有镗孔的零件，可以先铣后镗。按照这种方法划分工步，可以提高孔的加工精度。铣削时，切削力较大，工件易发生变形。先铣面后镗孔，使其有一段时间恢复，减少由变形引起对孔的精度的影响。反之，如果先镗孔后铣面，则铣削时，必然在孔口产生飞边、毛刺，从而破坏孔的精度。

③ 当一个设计基准和孔加工的位置精度与机床定位精度、重复定位精度相接近时，采用相同设计基准集中加工的原则，这样可以解决同一工位设计尺寸的基准多于一个时的加工精度问题。

④ 相同工位集中加工，应尽量按就近位置加工，以缩短刀具移动距离，减少空运行时间。

⑤ 按所用刀具划分工步，如某些机床工作台回转时间较换刀时间短，在不影响精度的前提下，为了减少换刀次数、空移时间及不必要的定位误差，可以采取刀具集中工序，也就是用同一把刀把零件上相同的部位都加工完再换第二把刀。

⑥ 考虑到加工中存在着重复定位误差，对于同轴度要求很高的孔系，就不能采取原则⑤应该在一次定位后，通过顺序连续换刀，顺序连续加工完该同轴孔系的全部孔后，再加工其他坐标位置孔，以提高孔系同轴度。

⑦ 在一次定位装夹中，尽可能完成所有能够加工的表面。

4. 加工顺序安排

① 在安排加工顺序时同样要遵循“基面先行”、“先面后孔”、“先主后次”及“先粗后精”的一般工艺原则。

② 在加工中心上加工零件，一般都有多个工步，使用多把刀具，因此加工顺序安排得是否合理，直接影响加工精度、加工效率、刀具数量和经济效益。安排加工顺序时，要根据工件的毛坯种类，现有加工中心的种类、构成和应用习惯，确定零件是否要进行加工中心加工前的预加工。

③ 定位基准的选择是决定加工顺序的又一重要因素。半精加工和精加工的基准表面，应提前加工好，因此任何一个高精度表面加工前，作为其定位基准的表面，应在前面工序中加工完毕。而这些作为精基准的表面加工，又有其加工所需的定位基准，这些定位基准又要在更前面工序中加以安排。故各工序的基准选择问题解决后，就可以从最终精加工工序向前倒推出整个工序顺序的大致轮廓。

④ 在加工中心加工的工序前，安排有预加工工序的零件，加工中心工序的定位基准面即预加工工序要完成的表面，可由普通机床完成。不安排预加工工序的，采用毛坯面作为加工中心工序的定位基准，这时要根据毛坯基准的精度，考虑加工中心工序的划分，即是否仅一道加工中心工序就能完成全部加工的内容。必要时，要把加工中心的加工内容分几道或多道工序完成。

⑤ 无论在加工中心上加工之前有无预加工，零件毛坯加工余量一定要充分而且稳定，因为加工中心的自动化与定位加工，在加工过程中不能采用串位或借料等常规方法，一旦确定了零件的定位基准，加工中心加工时对余量不足的问题就很难照顾到。因此，在加工基准面或选择基准对毛坯进行预加工时，要照顾各个方向的尺寸，留给加工中心的余量要充分而且均匀。

⑥ 在加工中心上加工零件，最难保证的尺寸，一是加工面与非加工面之间的尺寸，二是加工中心工序加工的面与预加工工序中普通机床（或加工中心）加工面之间的尺寸。

· 对前一种情况，即使是图样已注明的非加工面，也须在毛坯设计或型材选用时，在其确定的非加工面上增加适当的余量，以便在加工中心上按图样尺寸进行加工时，保证非加工面与加工面之间的尺寸符合图样要求。

· 对后一种情况，安排加工顺序时，要统筹考虑，最好在加工中心上一次定位装夹中完成预加工面在内的所有内容。如果非要分两台机床完成，则最好留一定的精加工余量；或者使该预加工面与加工中心工序的定位基准有一定的尺寸精度要求。由于这是间接保证，故该尺寸的公差要比加工中心加工面与预加工面之间的尺寸精度严格。

5. 进给加工路线确定

加工中心的进给加工路线分为孔加工进给加工路线和铣削进给加工路线，下面主要叙述加工中心的孔加工进给加工路线。

加工中心加工孔时，一般首先将刀具在 XY 平面内迅速、准确运动到孔中心线的位置，然后再沿 Z 向（轴向）运动进行加工。因此，孔加工进给路线的确定包括以下内容：

(1) 在 XY 平面内的进给加工路线

加工孔时，刀具在 XY 平面内的运动属点位运动，因此确定进给加工路线时主要考虑：

① 定位要迅速：定位要迅速也就是在刀具不与工件、夹具和机床干涉的前提下空行程

尽可能短。例如，加工图 3-11（a）所示零件，按图 3-11（b）所示进给加工路线比按图 3-11（c）所示进给加工路线节省定位时间近一半。这是因为加工中心（含数控铣床）在点位运动情况下，刀具由一点运动到另一点时，通常是沿 X、Y 坐标轴方向同时快速移动，当 X、Y 轴各自移动距离不同时，短移动距离方向的运动先停，待长移动距离方向的运动停止后刀具才到达目标位置。图 3-11（b）进给加工路线沿 X、Y 轴方向的移动距离接近，所以定位迅速。

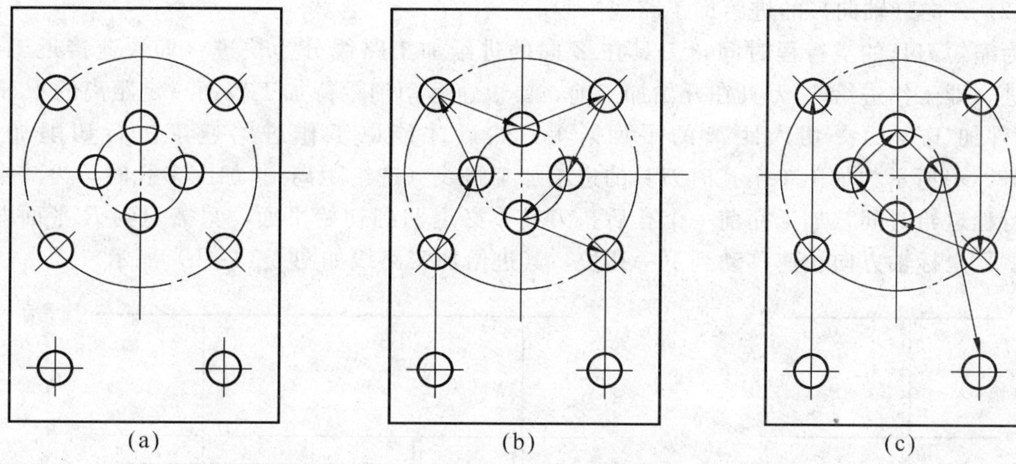

图 3-11　最短进给加工路线设计示例

② 定位要准确：安排进给加工路线时，要避免机械进给传动系统反向间隙对孔位精度的影响。例如，镗削下图 3-12（a）所示零件上的 4 个孔。按图 3-12（b）所示进给加工路线，由于 4 孔与 1、2、3 孔定位方向相反，Y 向反向间隙会使定位误差增加，从而影响 4 孔与其他孔的位置精度。按图 3-12（c）所示进给加工路线，加工完 3 孔后往上多移动一段距离至 P 点，然后再折回来在 4 孔处进行定位加工，这样方向一致，就可避免反向间隙的引入，提高了 4 孔的定位精度。

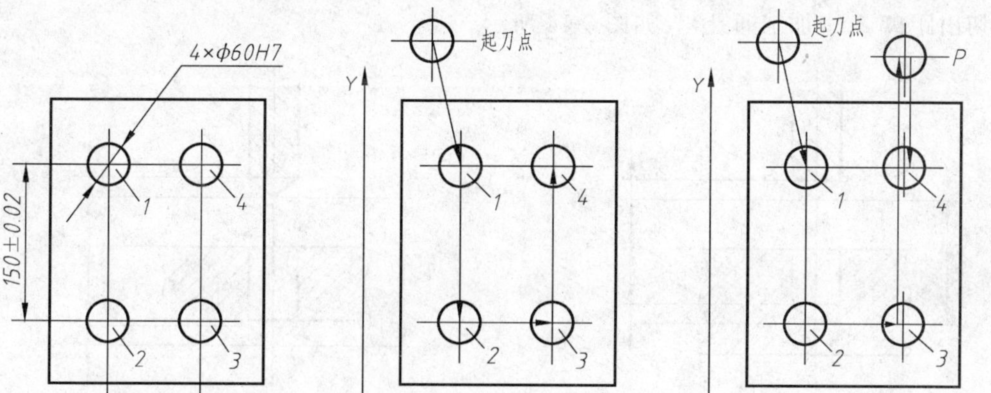

图 3-12　准确定位进给加工路线设计示例

定位迅速和定位准确有时难以同时满足，在图 3-12（b）是按最短路线进给的，满足了定位迅速，但因不是从同一方向趋近目标的，引入了机床进给传动系统的反向间隙，故难以做到定位准确；图 3-12（c）是从同一方向趋近目标位置的，消除了机床进给传动系统反向间隙的误差，满足了定位准确，但非最短进给路线，没有满足定位迅速的要求。因此，在具体加工中应抓住主要矛盾，若按最短路线进给能保证位置精度，则取最短路线；反之，应取能保证定位准确的路线。

（2）Z 向（轴向）的进给加工路线

为缩短刀具的空行程时间，刀具在 Z 向的进给加工路线分为快进（即快速接近工件）和工进（即工作进给）。刀具在开始加工前，要快速运动到距待加工表面一定距离的 R 平面（距工件加工表面一切入距离的平面）上，然后才能以工作进给速度进行切削加工。图 3-13（a)所示为加工单个孔时刀具的进给加工路线（进给距离）。加工多孔时，为减少刀具空行程进给时间，加工完前一个孔后，刀具不必退回到初始平面，只需退到 R 平面即可沿 X、Y 坐标轴方向快速移动到下一孔位，其进给加工路线如图 3-13（b）所示。

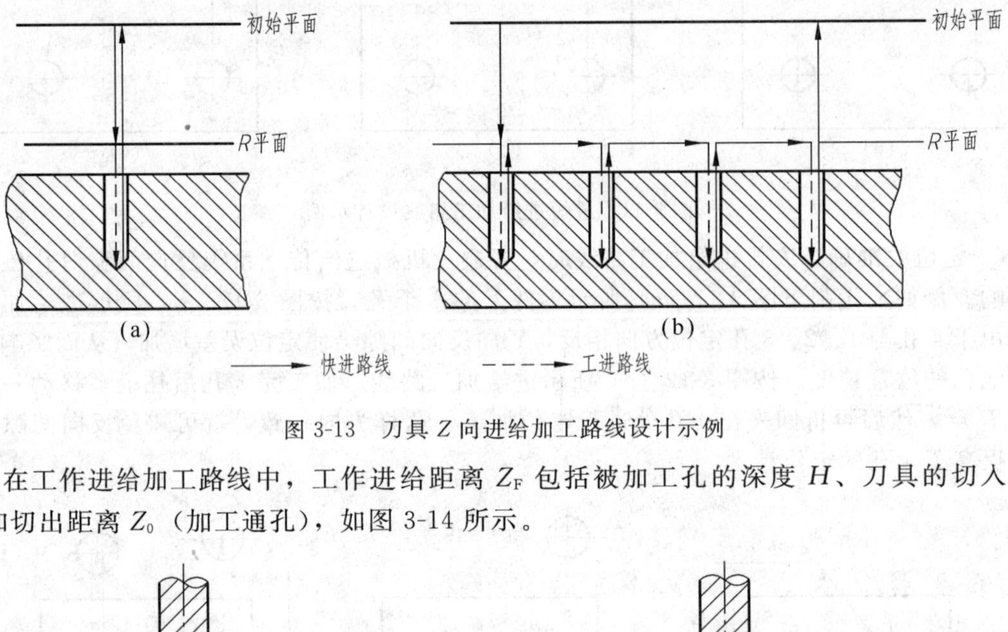

图 3-13　刀具 Z 向进给加工路线设计示例

在工作进给加工路线中，工作进给距离 Z_F 包括被加工孔的深度 H、刀具的切入距离 Z_a 和切出距离 Z_0（加工通孔），如图 3-14 所示。

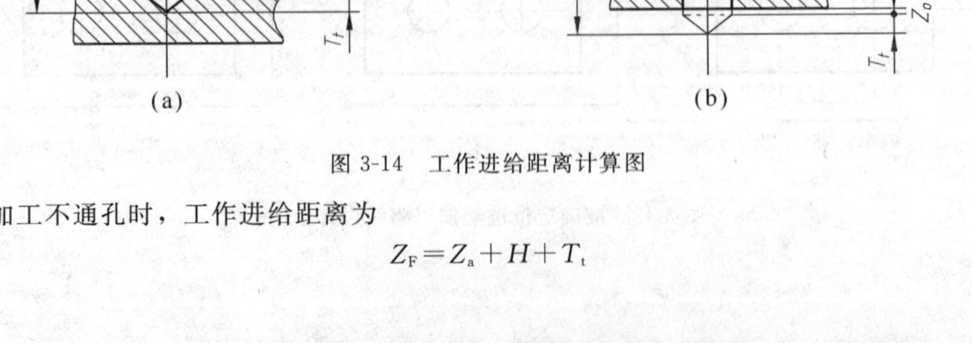

图 3-14　工作进给距离计算图

加工不通孔时，工作进给距离为

$$Z_F = Z_a + H + T_t$$

加工通孔时，工作进给距离为

$$Z_F = Z_a + H + Z_0 + T_t$$

式中 刀具切入、切出距离的经验数据如表 3-7 所示。

表 3-7 刀具切入、切出距离参考值

表面状态 加工方式	已加工表面	毛坯表面	表面状态 加工方式	已加工表面	毛坯表面
钻孔	2～3	5～8	铰孔	3～5	5～8
扩孔	3～5	5～8	铣削	3～5	5～10
镗孔	3～5	5～8	攻螺纹	5～10	5～10

（3）钻螺纹底孔尺寸及钻孔深度的确定

① 钻螺纹底孔尺寸的确定：直径在 M6～M20 之间的螺纹孔，一般在加工中心上用攻螺纹的方法加工；直径在 M6 以下的螺纹，则只在加工中心上加工出底孔，然后通过其他方法攻螺纹。如图 3-15所示，钻螺纹底孔时，一般螺纹底孔尺寸为

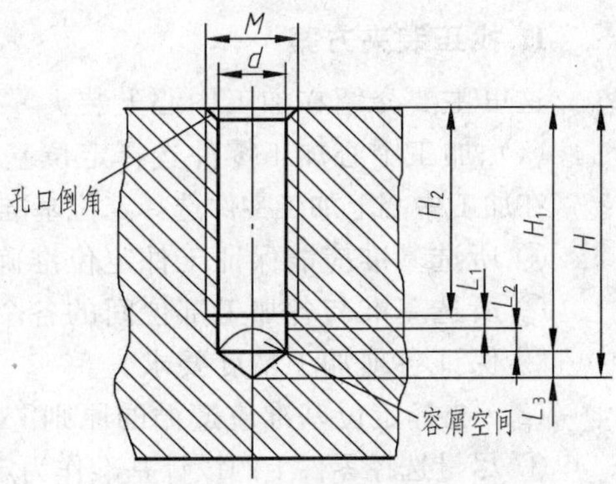

图 3-15 钻螺纹孔加工尺寸

$$d = M - P$$

式中 d ——螺纹底孔直径，单位：mm；

M ——螺纹的公称直径，单位：mm；

P ——螺纹孔导程（螺距），单位：mm。

② 钻孔深度的确定

· 螺纹为通孔时，螺纹底孔则钻通，不存在计算确定钻孔深度的问题。

· 螺纹为盲孔时，钻孔深度按下式计算：

$$H = H_2 + L_1 + L_2 + L_3$$

$$H_1 = H_2 + L_1 + L_2$$

式中 H ——螺纹底孔编程的实际钻孔深度（含钻头 118°钻尖高度），单位：mm；

H_2 ——丝锥攻螺纹的有效深度，单位：mm；

L_1 ——丝锥的倒锥长度，丝锥倒锥一般有 3 个导程（螺距）长度，故 $L_1 = 3P$，单位：mm；

L_2 ——确保足够容屑空间而增加钻孔深度的裕量，一般为 2～3 mm。根据计算公式计算的盲孔实际钻孔深度是否会钻破（穿）及按公式计算的实际钻孔深度是否会影响工件的强度、刚度或使用功能确定，盲孔会钻破（穿）及影响工件的强度、刚度或使用功能的 L_2 取小值，也可再取小一些，反之 L_2 则取大值，或再大一些；

L_3 ——钻头的钻尖高度，一般钻头的钻尖角度为 118°，为便于计算，钻头钻尖角度常近似按 120°计算，根据三角函数即可算出钻尖的高度；

H_1 ——钻孔的有效深度，单位：mm。

在图 3-15 中，容屑空间高度$=L_2+L_3$。为什么要有这个容屑空间呢？主要是因为钻孔

时，铁屑主要以带状切削形式从钻头的螺旋槽排出，小部分铁屑以崩碎切削和粒状切削形式掉到孔底。因为加工中心加工时，一般不人为干预停机，从孔底将细碎铁屑清除出来（主轴另配气管将孔底细碎铁屑吹出或钻头采用内冷将细碎铁屑清除出来除外）。另外攻螺纹时，产生的细碎铁屑相当一部分也掉到孔底，与钻削时掉到孔底的细碎铁屑累积起来，沉积在容屑空间内。攻螺纹时，丝锥接近攻到孔底时，若碰到沉积在容屑空间内的细碎铁屑，首先挤压细碎铁屑，若无法将细碎铁屑挤压下去顶住了，因机床主轴转动一周，丝锥要往下工作进给一个导程（螺距），而此时丝锥已无法往下工作进给，最终丝锥剪断（扭断）。丝锥剪断（扭断）处在螺纹孔口，剪断（扭断）丝锥容易取出，丝锥剪断（扭断）处在螺纹孔内，则剪断（扭断）的丝锥很难取出，必须采取特殊措施（如电火花等），否则可能造成工件报废。

资料四　找正装夹方案及夹具的选择

1. 找正装夹方案

这里主要介绍在加工中心上装夹零件的定位基准选择问题。

（1）加工中心加工零件选择定位基准的基本要求

在加工中心上加工零件选择定位基准时，要全面考虑各个工位的加工情况，满足三个要求：

① 所选基准应能保证工件定位准确，装卸方便、迅速，装夹可靠，夹具结构简单。

② 所选基准与各加工部位间的各个尺寸计算简单。

③ 保证各项加工精度要求。

（2）选择定位基准应遵循的原则

① 尽量选择零件上的设计基准作为定位基准，若零件加工面与其设计基准不在一次装夹中同时加工出来时，则设计基准与定位基准不重合会存在基准不重合误差。选择设计基准作为定位基准定位，不仅可以避免因基准不重合而引起的定位误差，保证加工精度，而且可简化程序编制。在制订零件的加工方案时，首先要按基准重合原则选择最佳的精基准来安排零件的加工路线。这就要求在最初加工时，就要考虑以哪些面为精基准，把作为精基准的各面先加工出来，即在加工中心加工时使用的工件上各个定位基准面应先在前面普通机床或其他数控加工工序中加工完成，这样容易保证各个工序加工表面相互之间的精度要求。

② 当零件的定位基准与设计基准不能重合且加工面与其设计基准又不能在一次装夹中同时加工时，应认真分析装配图样，确定该零件设计基准的设计功能，通过尺寸链的计算，严格规定定位基准与设计基准间的公差范围，确保加工精度。

③ 当在加工中心上无法同时完成包括设计基准在内的全部表面加工时，要考虑用所选基准定位后，一次装夹能够完成全部关键精度部位的加工。

④ 定位基准的选择要保证完成尽可能多的加工内容。为此，需考虑便于各个表面都能被加工的定位方式。对箱体类工件加工，最好采用一面两销（孔）的定位方案，以便刀具对其他表面进行加工。若工件上没有合适的孔，可增加工艺孔进行定位。

⑤ 批量加工时，零件定位基准应尽可能与建立工件坐标系的对刀基准（对刀后，工件坐标系原点与定位基准间的尺寸为定值）重合。批量加工时，工件采用夹具定位安装，刀具一次对刀建立工件坐标系后加工一批工件，建立工件坐标系的对刀基准与零件定位基准重合可直接按定位基准对刀，减少对刀误差。但在单件加工时（每加工一件对一次刀），工件坐标系原点和对刀基准的选择应主要考虑便于编程和测量，可不与定位基准重合。如

图 3-16所示零件，在加工中心上单件加工 4×ϕ25H7 的孔。4×ϕ25H7 孔都以ϕ80H7 孔为设计基准，编程原点应选在ϕ80H7 孔中心上，加工时以ϕ80H7 孔图中心为对刀基准建立工件坐标系，而定位基准为 A、B 两面，定位基准与对刀基准和编程原点不重合，这样的加工方案同样能保证各项精度。如将编程原点选在 A、B 两面的交点上，则编程时计算很烦琐，还存在不必要的尺寸链计算误差。但批量加工时，工件采用 A、B 面为定位基准，即使将编程原点选在ϕ80H7 孔中心上并按ϕ80H7孔中心对刀，仍会产生基准不重合误差。因为再安装工件的ϕ80H7 孔中心的位置是变动的。

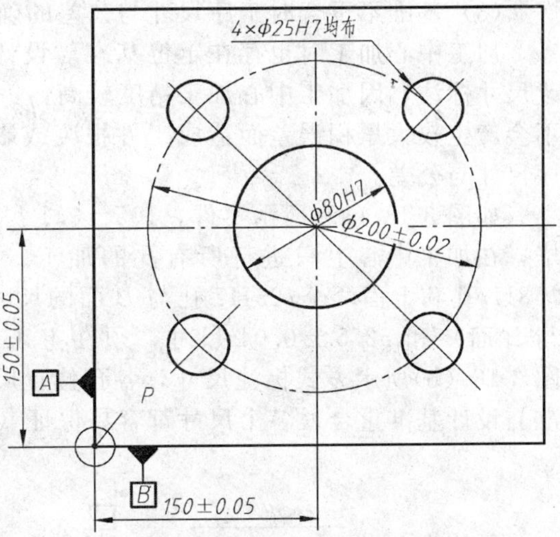

图 3-16　编程原点选择

⑥ 必须多次安装时应遵从基准统一原则。如图 3-17 所示的铣头体，其中ϕ80H7、ϕ80K6、ϕ90K6、ϕ95H7、ϕ140H7 孔及 D—E 孔两端面要在卧式加工中心上加工，且须经两次装夹才能完成上述孔和面的加工。第一次装夹加工ϕ80K6、ϕ90K6、ϕ80H7 孔及 D—E 孔两端面；第二次装夹加工ϕ95H7 及ϕ140H7 孔。为保证孔与孔之间、孔与面之间的相互位置精度，应选用同一定位基准。根据该零件的具体结构及技术要求，显然应选 A 面和 A 面上两孔为定位基准。因此，前面工序中加工出 A 面及两个定位用的工艺孔 2×ϕ16H6，两次装夹都以 A 面和 2×ϕ16H6 孔定位，可减少因定位基准转换而引起的定位误差。

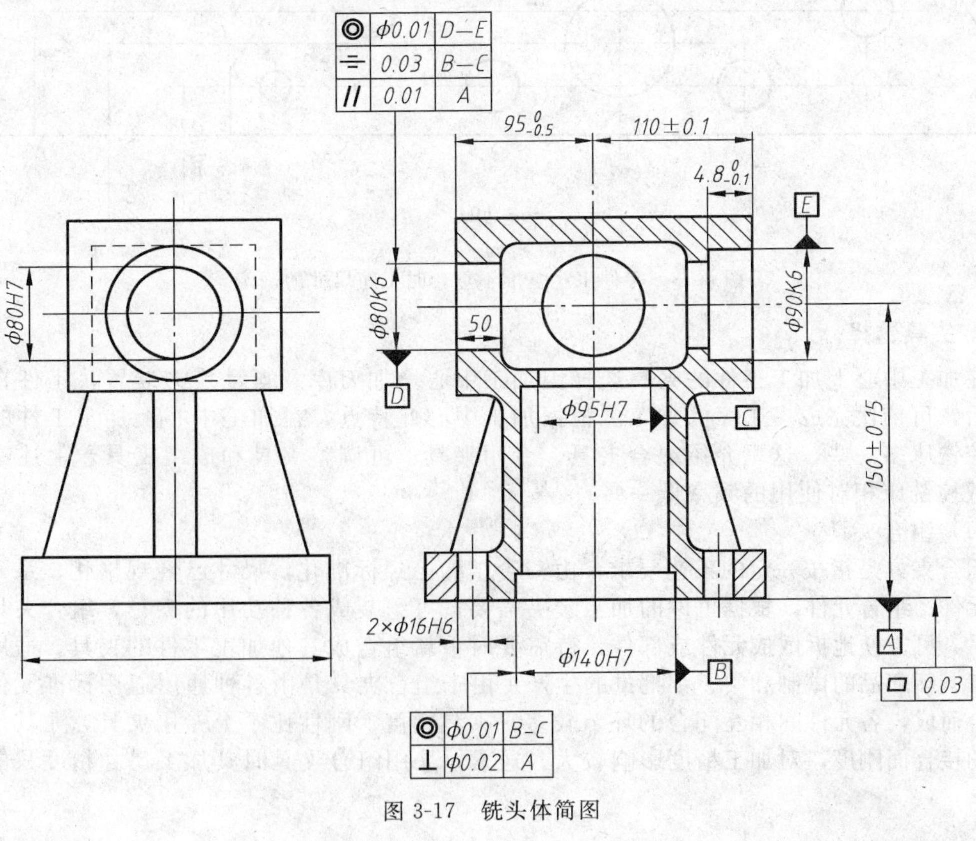

图 3-17　铣头体简图

（3）基准不重合时工序尺寸与公差的确定

加工中心加工时也存在定位基准与设计基准不重合，这时就必须通过更改设计（或更改尺寸标注，因加工中心加工精度较高，一般更改尺寸标注为集中标注或坐标式尺寸标注，不会产生较大累积误差而造成工件报废或影响零件的装配及使用特性）或通过计算确定工序尺寸与公差。

如图 3-18（a）所示零件，105±0.1 尺寸的 *Ra* 0.8 μm 两面均已在前面工序中加工完毕，在加工中心上只进行所有孔的加工。以 *A* 面定位时，由于高度方向没有统一基准，*ϕ*48H7孔和上面两个*ϕ*25H7 孔与 *B* 面的尺寸是间接保证的，要保证 32.5±0.1（*ϕ*25H7 孔与 *B* 面）和 52.5±0.04 尺寸，须在上工序中对 105±0.1 尺寸公差进行压缩。若改为图 3-18（b)所示方式标注尺寸，各孔位置尺寸都以定位面 *A* 为基准，基准统一，且定位基准与设计基准重合，各个尺寸都容易保证（具体计算过程省略)。

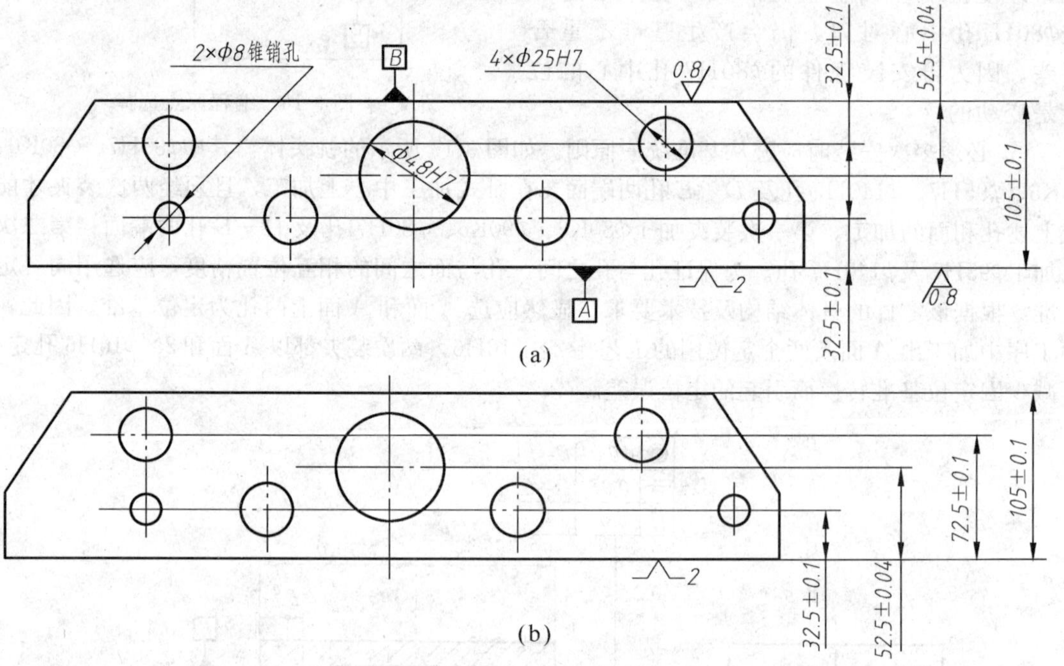

图 3-18　零件工序基准不重合时工序尺寸的确定

2. 夹具选择

在加工中心上加工工件的夹具选择因加工中心增加刀库及自动换刀装置，工件在一次装夹后，可依次完成多工序的加工。根据加工中心此特点，在加工中心上加工工件的夹具比数控铣床多一些，这里介绍组合夹具、专用夹具、可调整夹具和成组夹具。上述这些夹具在数控铣床相对使用的频率低一些。

（1）组合夹具

组合夹具是指按一定的工艺要求，由一套结构已经标准化，尺寸已经规格化、系列化的通用元件、组合元件，根据工件的加工装夹需要，可组装成各种功用的夹具。组合夹具使用完毕后，可方便地拆散成元件或部件，待需要时重新组合成其他加工零件的夹具，适用于数控加工、新产品的试制和中、小批量的生产。由于组合夹具是由各种通用通用标准元件和部件组合而成，各元件间相互配合的环节较多，夹具精度、刚性比不上专用夹具，尤其是元件连接的接合面刚度，对加工精度影响较大。通常，采用组合夹具时其加工尺寸精度只能达到

IT8～IT9 级。此外，组合夹具总体显得笨重，还有排屑不便等不足。组合夹具有孔系组合和槽系组合，图 3-19 所示为孔系组合夹具，图 3-20 所示为槽系组合夹具。

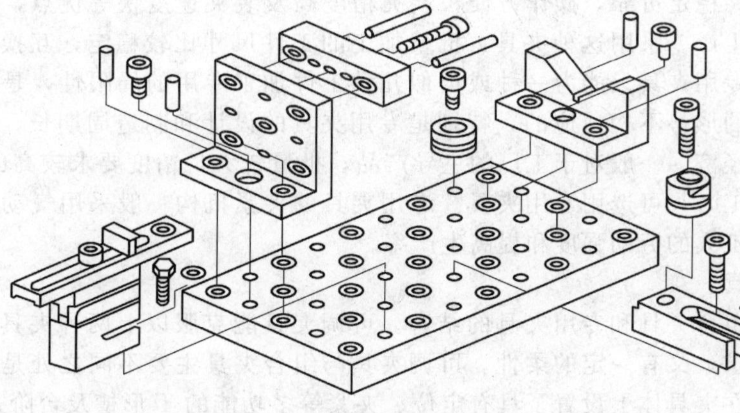

图 3-19　孔系组合夹具组装示意图

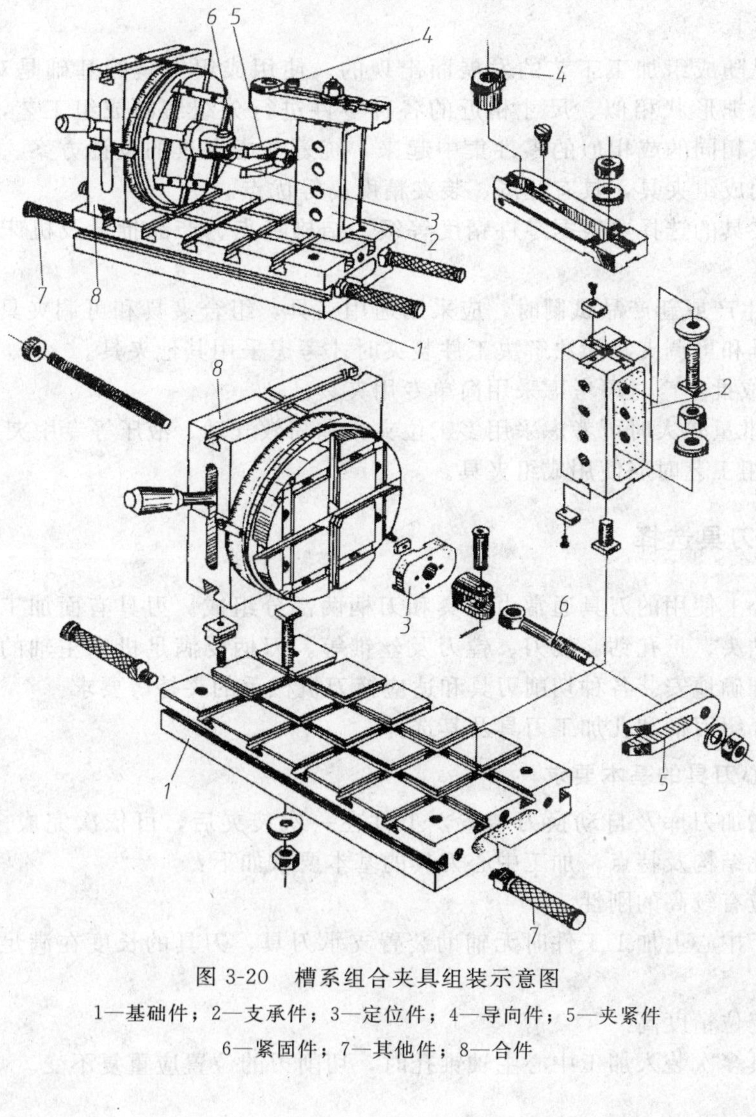

图 3-20　槽系组合夹具组装示意图

1—基础件；2—支承件；3—定位件；4—导向件；5—夹紧件

6—紧固件；7—其他件；8—合件

（2）专用夹具

专用夹具是指专为某一工件或类似几种工件加工而专门设计制造的夹具，具有结构合理，刚性强，装夹稳定可靠，操作方便，装夹精度高及装夹速度快等优点，主要用于固定产品的中大批量生产。采用这种夹具，批量加工的工件尺寸比较稳定，互换性较好，生产效率高。但是，专用夹具只能为一种或类似几种工件加工专用的局限性，是和当今产品品种不断变形更新的形势不相适应的，特别是专用夹具的设计和制造周期长，成本较高，加工简单零件不太经济。一般对于工厂的主导产品，批量较大，精度要求较高的关键性零件，在加工中心上加工时，可选用专用夹具。专用夹具的夹紧机构一般采用气动或液压夹紧机构，能大大减轻工人的劳动强度和提高生产率。

（3）可调夹具

可调夹具是组合夹具和专用夹具的结合。可调夹具能克服以上两种夹具的不足，既能满足加工精度要求，又有一定的柔性。可调夹具与组合夹具主要不同之处是它具有整体刚性好的夹具体，在夹具体上设置了具有定位、夹紧等多功能的 T 形槽及台阶式光孔、螺孔，配置有多种夹压、定位元件。

（4）成组夹具

成组夹具是随成组加工工艺的发展而出现的。使用成组夹具的基础是对零件的分类。通过工艺分析，把形状相似、尺寸相近的各种零件进行分组编制成组工艺，然后把定位、夹紧和加工方法相同的或相似的零件集中起来，统筹考虑夹具的设计方案。对结构外形相似的零件，采用成组夹具，具有经济、装夹精度高等优点。

加工中心夹具的选择要根据零件精度等级、结构特点、产品批量及机床精度等情况综合考虑。

① 在单件生产或新产品试制时，应采用通用夹具、组合夹具和可调夹具，只有在通用夹具、组合夹具和可调夹具无法解决工件装夹时才考虑采用其他夹具。

② 小批或成批生产时可考虑采用简单专用夹具。

③ 在生产批量较大时可考虑采用多工位夹具和高效气动、液压等专用夹具。

④ 采用成组工艺时应使用成组夹具。

资料五　刀具选择

在加工中心上使用的刀具通常由刃具和刀柄两部分组成。刃具有面加工用的各种铣刀和孔加工用的钻头、扩孔钻、铰刀、镗刀及丝锥等。刀柄要满足机床主轴的自动松开和夹紧定位，并能准确地安装各种切削刃具和适应换刀机械手的夹持等要求。

这里主要介绍刀柄和孔加工刀具及其选择。

1. 加工中心刀具的基本要求

加工中心增加刀库及自动换刀装置，工件在一次装夹后，可依次完成多工序的加工。根据加工中心此结构及特点，加工中心刀具的基本要求如下：

（1）刀具应有较高的刚性

因为在加工中心上加工工件时无辅助装置支承刀具，刀具的长度在满足使用要求的前提下尽可能短。

（2）重复定位精度高

同一把刀具多次装入加工中心主轴锥孔时，切削刃的位置应重复不变。

（3）切削刃相对于主轴应能准确调整

切削刃相对于主轴的一个固定点的轴向和径向位置应能准确调整，即刀具必须能够以快速简单的方法准确地预调到一个固定的几何尺寸。

2. 刀柄及其选择

（1）刀柄

刀柄是机床主轴与刀具之间的连接工具，因此刀柄要能满足机床主轴自动松开和拉紧定位、准确安装各种切削刃具、适应机械手的夹持和搬运、储存和识别刀库中各种刀具的要求。加工中心上一般都采用 7∶24 圆锥刀柄，如图 3-21 所示。这类刀柄不能自锁，换刀比较方便，相对直柄有较高的定心精度与刚度。加工中心刀柄已系列化和标准化，其锥柄和机械手抓拿部分都有相应的国际和国家标准。固定在刀柄尾部且与主轴内拉紧机构相适应的拉钉也已标准化，柄部及拉钉的有关尺寸可查阅相应标准（GB/T 10944.2—2006）。图 3-22 和图 3-23 所示分别是标准中规定的 A 型和 B 型拉钉。图 3-24 所示为常用的 MAS403 BT 标准拉钉。

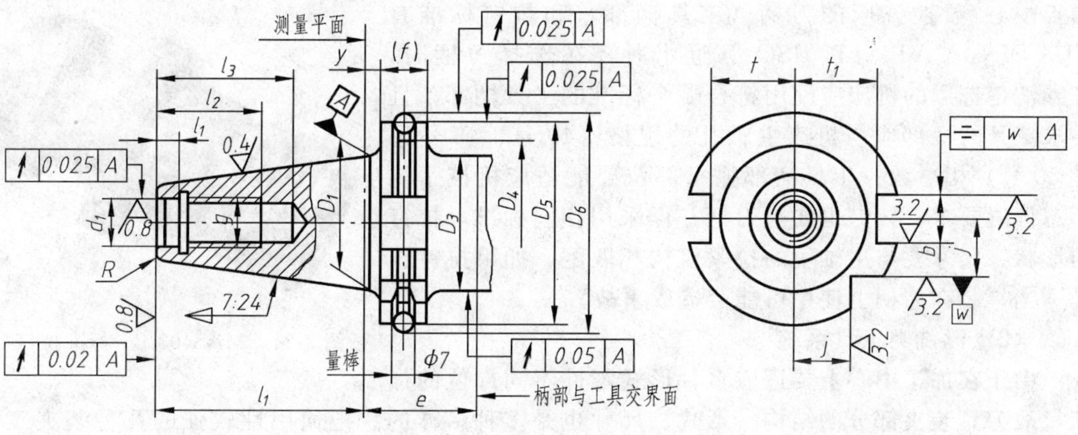

图 3-21　加工中心/数控铣床 7∶24 圆锥工具柄部简图

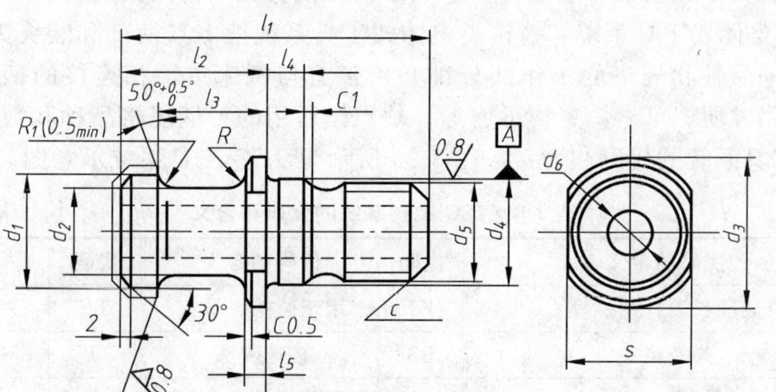

图 3-22　A 型拉钉

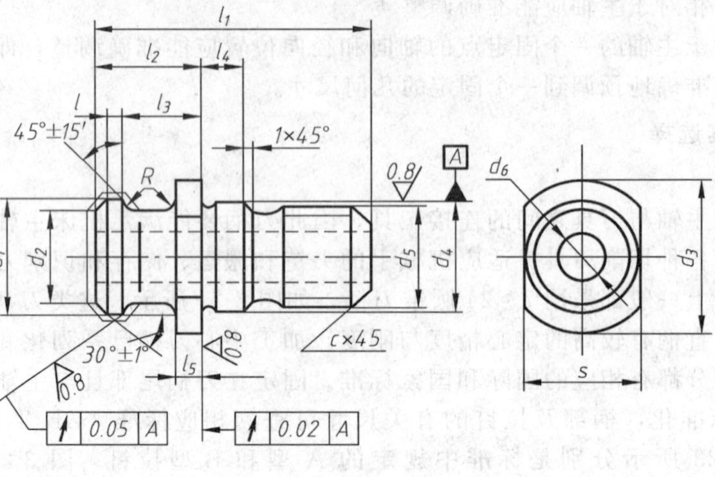

图 3-23　B 型拉钉

加工中心/数控铣床的刀柄（工具柄部）和拉钉标准有 BT、DIN、CAT、JT、ISO 等近十种，在选择刀柄时，应弄清楚选用的机床应配用符合哪个标准的工具柄部，且要求工具的柄部应与机床主轴孔的规格（40 号、45 号还是 50 号）相一致；工具柄部抓拿部位要能适应机械手的形态位置要求；拉钉也要与刀柄一样采用相同标准，拉钉的形状、尺寸要与主轴里的拉紧机构相匹配，如果拉钉选择不当，装在刀柄上使用可能会造成事故。

图 3-24　MAS403 BT 标准拉钉

（2）镗铣类工具系统

由于在加工中心上要适应多种形式零件不同部位的加工，故刀具装夹部分的结构、形式、尺寸也是多种多样的。把通用性较强的几种装夹工具（如装夹铣刀、镗刀、铰刀、钻头和丝锥等）系列化、标准化就发展成为不同结构的镗铣类工具系统。镗铣类工具系统一般分为整体式结构和模块式结构两大类。

① 镗铣类整体式工具系统：镗铣类整体式工具系统把工具柄部和装夹刀具的工作部分做成一体。不同品种和规格的工作部分都必须带有与机床主轴相连接的柄部。其优点是：结构简单，使用方便、可靠，更换迅速等。缺点是所用的刀柄规格品种和数量较多。表 3-8 所示为 TSG 工具系统的代码和含义，图 3-25 所示为 TSG 工具系统示意图。

表 3-8　TSG 工具系统的代码和含义

代码	代码的含义	代码	代码的含义	代码	代码的含义
J	装接长刀杆用锥柄	KJ	用于装扩、铰刀	TF	浮动镗刀
Q	弹簧夹头	BS	倍速夹头	TK	可调镗刀
KH	7∶24 锥柄快换夹头	H	倒锪端面刀	X	用于装铣削刀具
Z（J）	用于装钻夹头（莫氏锥度注 J）	T	镗孔具	XS	装三面刃铣刀
MW	装无扁尾莫氏锥柄刀具	TZ	直角镗刀	XM	装面铣刀
M	装有扁尾莫氏锥柄刀具	TQW	倾斜式微调镗刀	XDZ	装直角端铣刀

续表

代码	代码的含义	代码	代码的含义	代码	代码的含义
G	攻螺纹夹头	TQC	倾斜式粗镗刀	XD	装端铣刀
C	切内槽刀具	TZC	直角形粗镗刀		

注：用数字表示工具的规格，其含义随工具不同而异。对于有些工具，该数字为轮廓尺寸；对另一些工具，该数字表示应用范围。还有表示其他参数值的，如锥度号等。

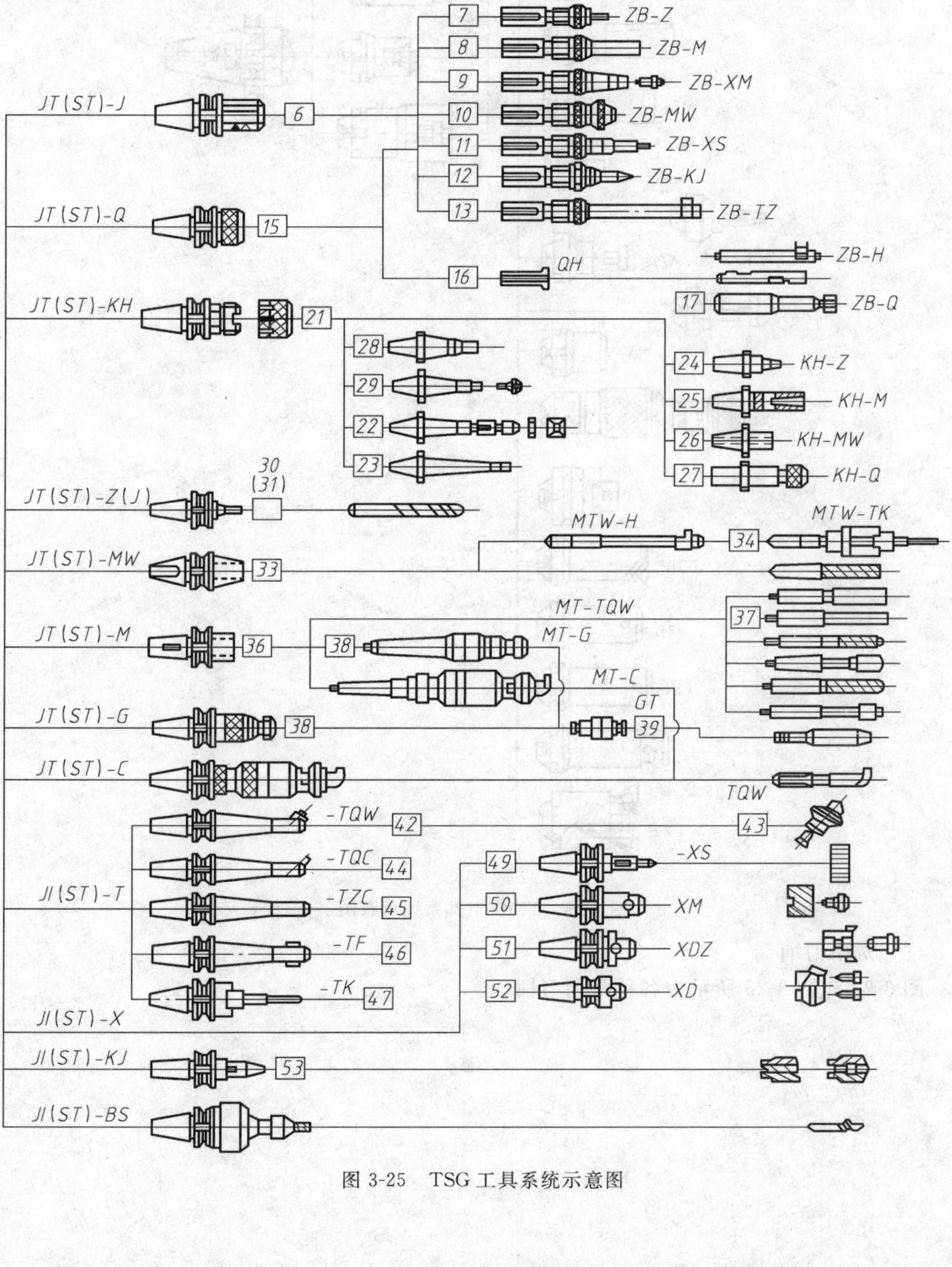

图 3-25 TSG 工具系统示意图

② 镗铣类模块式工具系统：把工具的柄部和工作部分分开，制成系统化的主柄模块、中间模块和工作模块，每类模块中又分为若干小类和规格，然后用不同规格的中间模块，组装成不同用途、不同规格的模块式工具。这样既方便了制造，也方便了使用和保管，大大减少了用户的工具储备。目前，模块式工具系统已成为数控加工刀具发展的方向。图 3-26所示为 TMG 工具系统示意图。

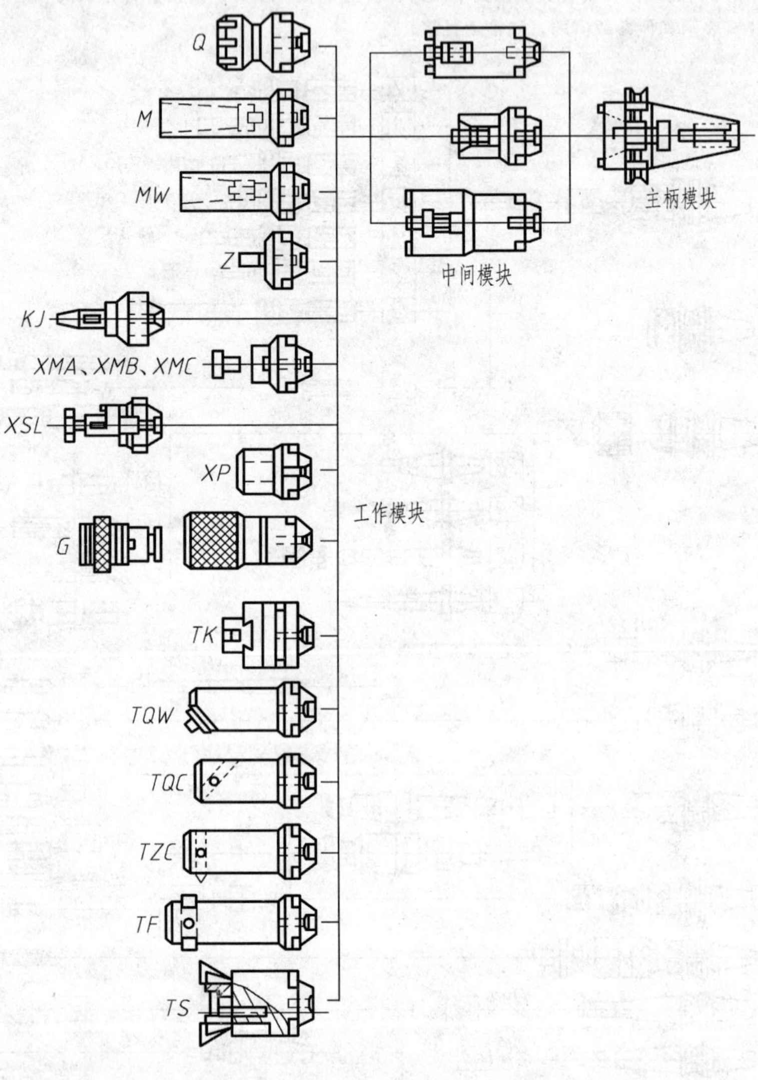

图 3-26 TMG 工具系统示意图

(3) 常用刀柄

图 3-27 和图 3-28 所示为各种常用刀柄。

面铣刀刀柄

整体钻夹头刀柄

侧固式刀柄

镗刀刀柄

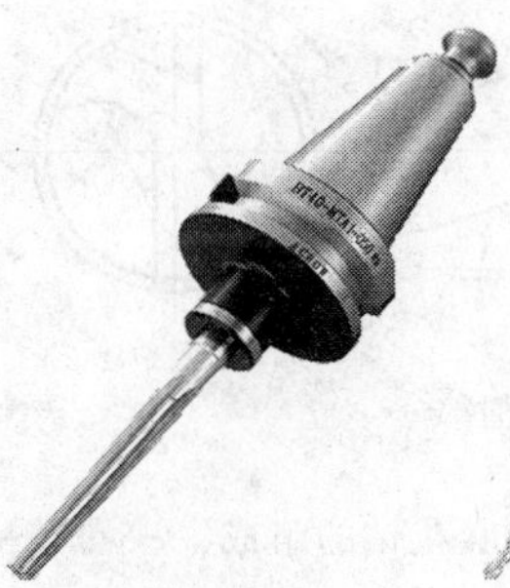

莫式锥度刀柄

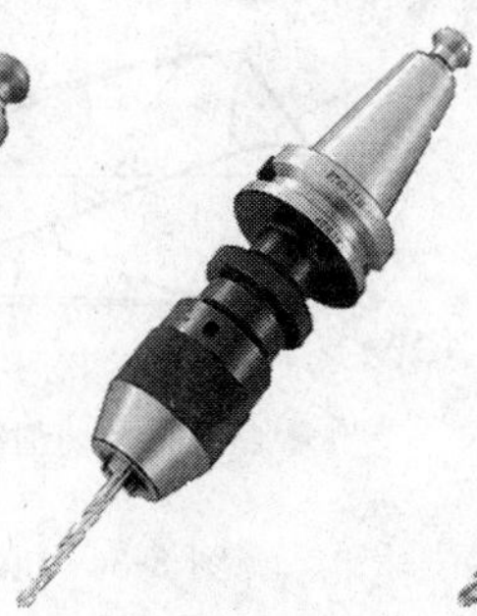

钻夹头刀柄

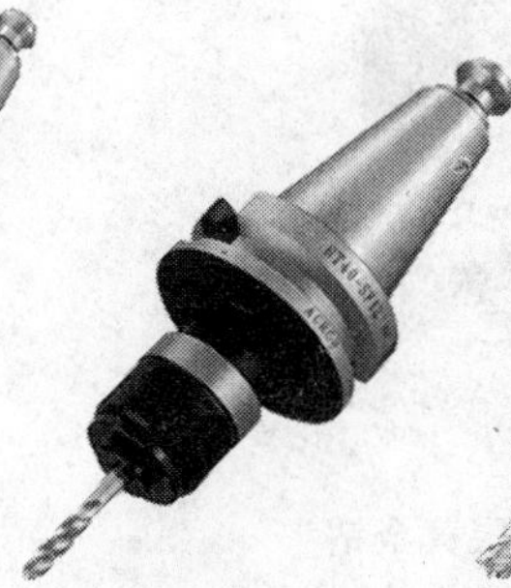

快换丝锥夹头刀柄

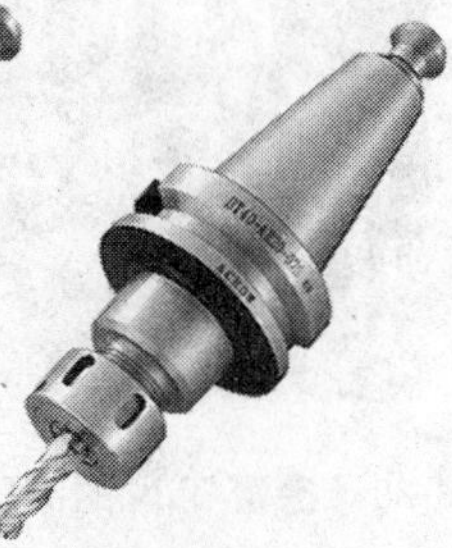

ER弹簧夹头刀柄

图 3-27　常用刀柄

图 3-28　常用刀柄

3. 孔加工刀具及其选择

（1）钻孔刀具及其选择

钻孔刀具较多，有中心钻、普通麻花钻、可转位浅孔钻及扁钻等，应根据工件材料、加工尺寸及加工质量要求等合理选用。在加工中心上钻孔，大多是采用普通麻花钻，在麻花钻上涂覆 TiN 涂层，钻头成金黄色，常被称为黄金钻头，如图 3-29 所示。麻花钻有高速钢和硬质合金两种，它主要由工作部分和柄部组成，如图 3-30 所示。

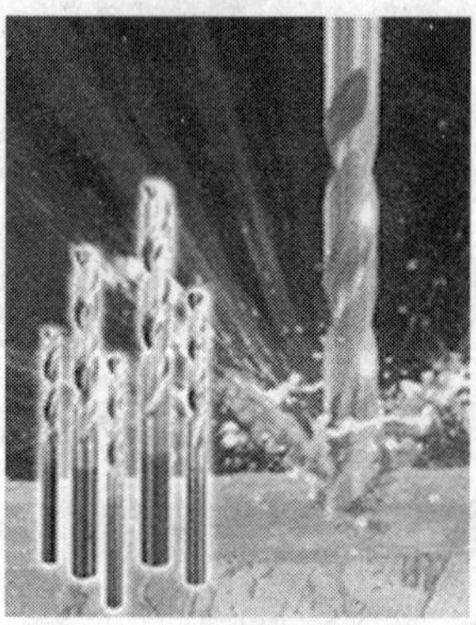

图 3-29　涂覆 TiN 的涂层黄金钻头

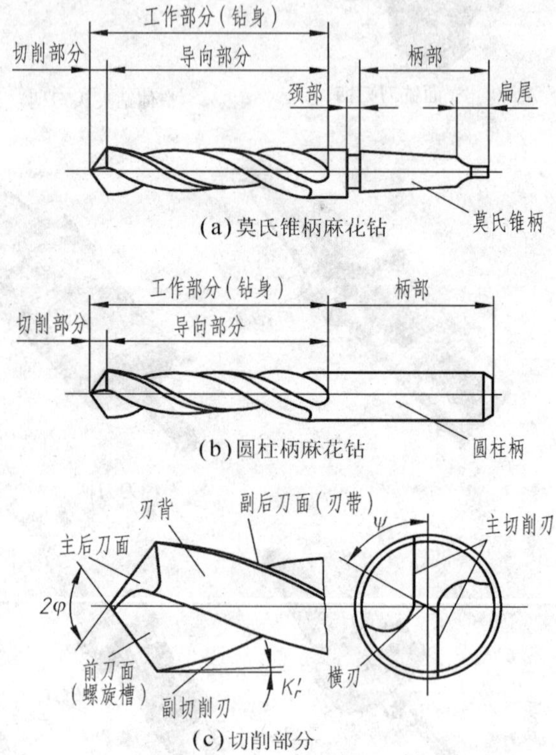

图 3-30　麻花钻的组成

麻花钻工作部分包括切削和导向。麻花钻的切削部分有两个主切削刃、两个副切削刃和一个横刃。两个螺旋槽是切屑流经的表面，为前刀面；与工件过渡表面（即孔底）相对的端部两曲面为主后刀面；与工件已加工表面（即孔壁）相对的两条刃带为副后刀面。前刀面与主后刀面的交线为主切削刃，前刀面与副后刀面的交线为副切削刃，两个主后刀面的交线为横刃。主切削刃上各点的前角、后角是变化的，钻心处前角接近 0°，甚至是负值；两条主切削刃在与其平行的平面内的投影之间的夹角为顶角，标准麻花钻的顶角 $2\varphi=118°$。麻花钻导向部分起导向、修光、排屑和输送切削液作用，也是切削部分的后备。

根据柄部不同，麻花钻有莫氏锥柄和圆柱柄两种。直径为ϕ8～80 的麻花钻多为莫氏锥柄，可直接装在带有莫氏锥孔的刀柄内，刀具长度不能调节。直径为ϕ0.1～20 的麻花钻多为圆柱柄，可装在钻夹头刀柄上。ϕ8～20 麻花钻两种形式均可选用。

麻花钻有标准型和加长型，为了提高钻头刚性，应尽量选用较短的钻头，但麻花钻的工作部分应大于孔深，以便排屑和输送切削液。

在加工中心上钻孔，因无夹具钻模导向，受两切削刃上切削力不对称的影响，容易引起钻头偏斜，故要求钻头的两切削刃必须有较高的刃磨精度（两刃长度一致，顶角 2φ 对称于钻头中心线）。

钻削直径在φ20～60、孔的深径比≤3 的中等浅孔时，可选用可转位浅孔钻，如图 3-31 所示的可转位浅孔钻。可转位浅孔钻结构是在带排屑槽及内冷却通道钻体的头部装有一组刀片（多为凸多边形、菱形和四边形），多采用硬质合金刀片。靠近钻心的刀片用韧性较好的材料，靠近钻头外径的刀片选用较为耐磨的材料，这种钻头具有切削效率高、加工质量好的特点，最适用于箱体零件的钻孔加工。为了提高刀具的使用寿命，在刀片上涂覆 TiC 涂层。使用这种钻头钻箱体孔，比普通麻花钻提高效率 4～6 倍。

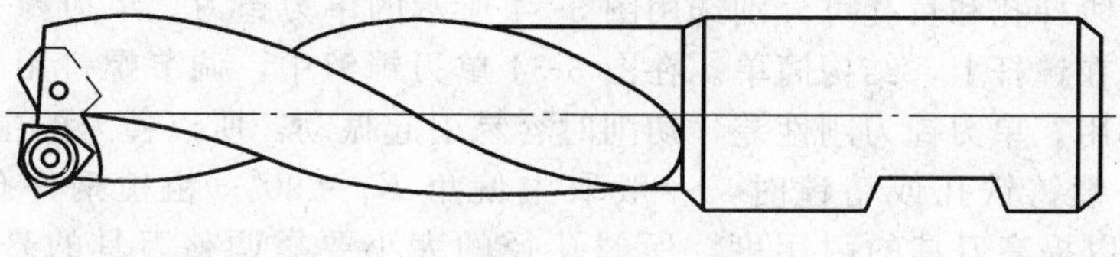

图 3-31　可转位浅孔钻

对 5＜深径＞100 的深孔，因其加工中散热差，排屑困难，钻杆刚性差，易使刀具损坏和引起孔的轴线偏斜，影响加工精度和生产率，故应选用深孔刀具加工，如喷吸钻。

钻削大直径孔时，可采用刚性较好的硬质合金扁钻。

（2）扩孔刀具及其选择

扩孔多采用扩孔钻，也有采用镗刀扩孔的。

标准扩孔钻一般有 3～4 条主切削刃，切削部分的材料为高速钢或硬质合金，结构形式有直柄式、锥柄式和套式等。图 3-32 所示分别为锥柄式高速钢扩孔钻、套式高速钢扩孔钻和套式硬质合金扩孔钻。在小批生产时，常用麻花钻代替。

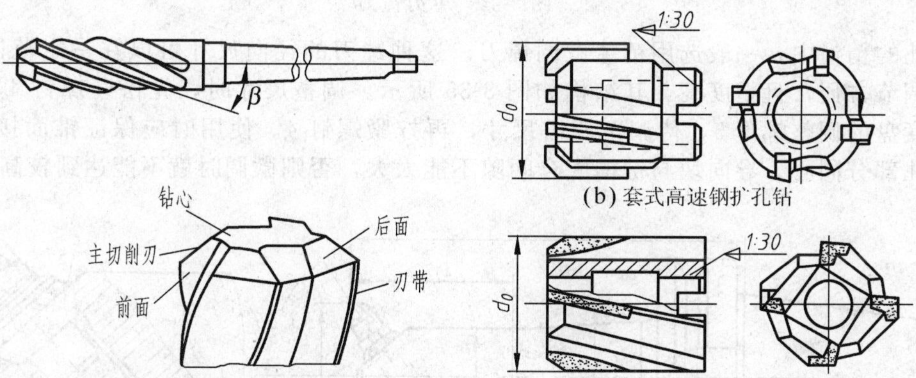

(a) 锥柄式高速钢扩孔钻　(b) 套式高速钢扩孔钻　(c) 套式硬质合金扩孔钻

图 3-32　扩孔钻

扩孔直径较小时，可选用直柄式扩孔钻，扩孔直径中等时，可选用锥柄式扩孔钻，扩孔直径较大时，可选用套式扩孔钻。

扩孔钻的加工余量较小，主切削刃较短，因而容屑槽浅、刀体的强度和刚度较好。它无麻花钻的横刃，加之刀齿多，所以导向性好，切削平稳，加工质量和生产率都比麻花钻高。

钻直径在φ20～60 之间时，且机床刚性好、功率大，可选用下图 3-33 所示的可转位扩孔钻。这种扩孔钻的两个可转位刀片的外刃位于同一个外圆直径上，并且刀片径向可做微量（±0.1 mm）调整，以控制扩孔直径。

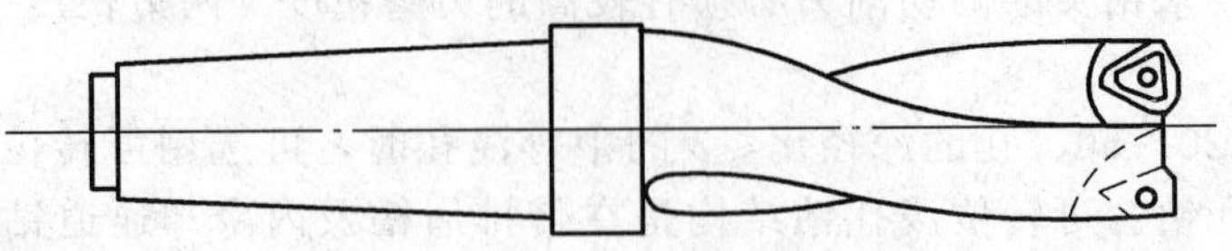

图 3-33　可转位扩孔钻

(3) 镗孔刀具及其选择

镗孔所用刀具为镗刀。镗刀种类很多，按切削刃数量可分为单刃镗刀和双刃镗刀。

镗削通孔、阶梯孔和盲孔可分别选用图 3-34 所示的单刃镗刀。单刃镗刀头结构类似车刀，用螺钉装夹在镗杆上，结构简单。在图 3-34 单刃镗刀中，调节螺钉用于调整尺寸，紧固螺钉起锁紧作用。单刃镗刀刚性差，切削时容易引起振动，所以镗刀的主偏角选得较大，以减小径向力。镗铸铁孔或精镗时，一般取主偏角 $K_r=90°$；粗镗钢件孔时，取主偏角 $K_r=60°\sim75°$，以提高刀具的耐用度。所镗孔径的大小要靠调整刀具的悬伸长度来保证，调整麻烦，效率低，一般用于粗镗或单件小批生产零件的粗、精镗。

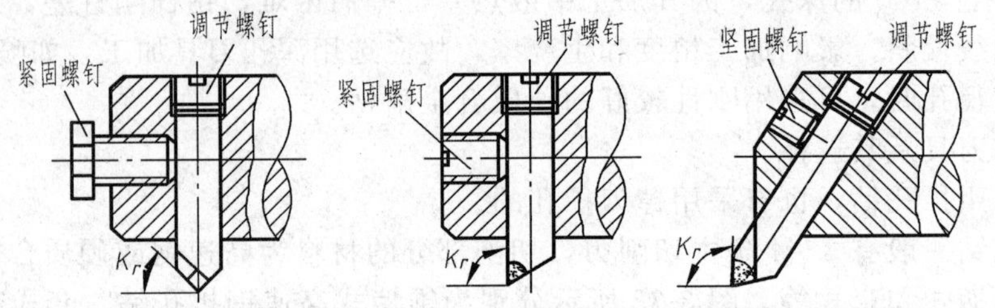

(a) 通孔镗刀　(b) 阶梯孔镗刀　(c) 盲孔镗刀

图 3-34　单刃镗刀

在孔的精镗中，一般选用精镗微调镗刀。这种镗刀的径向尺寸可以在一定范围内进行微调，调节方便，且精度高，其结构如图 3-35 所示。调整尺寸时，先松开螺钉 4，然后转动带刻度盘的调整螺母 5，待调至所需尺寸，再拧紧螺钉 4。使用时应保证锥面接触面积，且与直孔部分同心。导向块与键槽配合间隙不能太大，否则微调时就不能达到较高的精度。

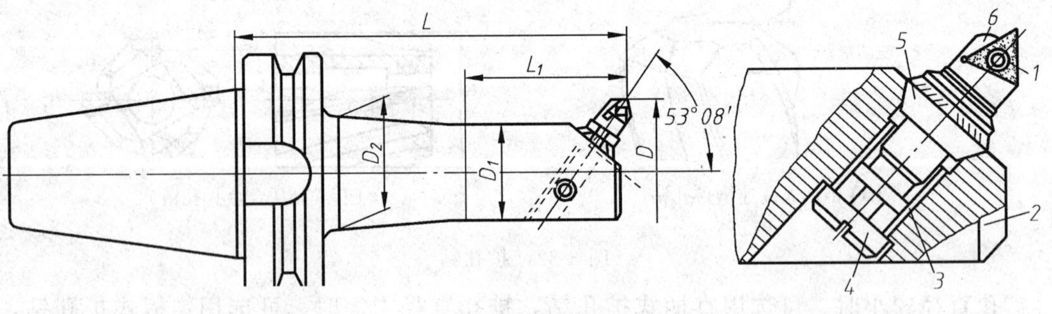

图 3-35　微调镗刀

1—刀片；2—镗刀杆；3—导向块；4—螺钉；5—螺母；6—刀块

镗削大直径的孔可选用图 3-36 所示的双刃镗刀。这种镗刀头部可以在较大范围内进行调整，且调整方便。双刃镗刀的两端有一对称的切削刃同时参加切削，与单刃镗刀相比，镗刀每转进给量可提高一倍左右，生产效率高，同时可消除切削力对镗杆的影响。

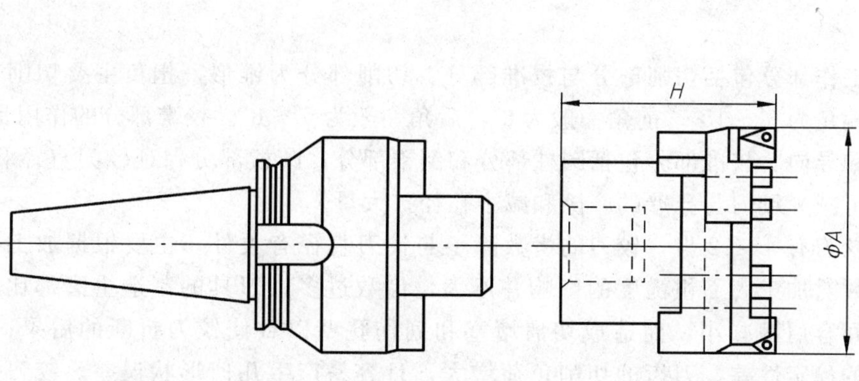

图 3-36 双刃镗刀

(4) 铰孔刀具及其选择

加工中心上使用的铰刀多是通用标准铰刀。此外，还有机夹硬质合金刀片单刃铰刀和浮动铰刀等。通用标准铰刀各部分名称如图 3-37 所示。

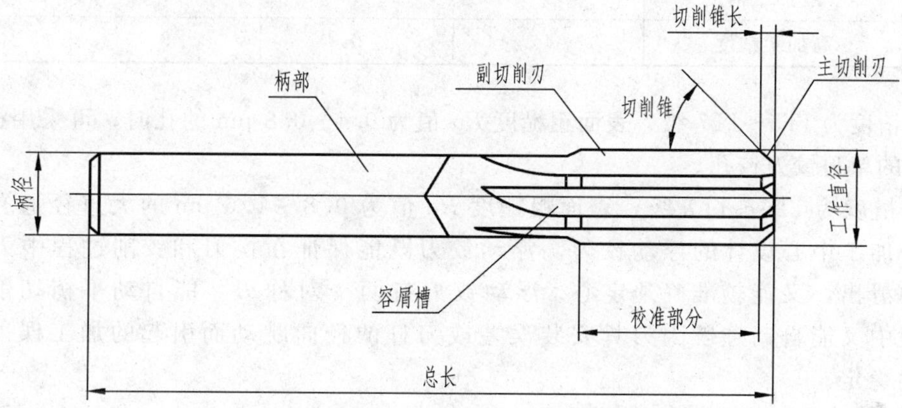

图 3-37 铰刀的组成

通用标准铰刀有直柄、锥柄和套式三种，如图 3-38 所示。锥柄铰刀直径为φ10～32，直柄铰刀直径为φ6～20，小孔直柄铰刀直径为φ1～6，套式铰刀直径为φ25～80。加工精度为 IT8～IT9 级，表面粗糙度 Ra 值为 0.8～1.6 μm 的孔时，多选用通用标准铰刀。

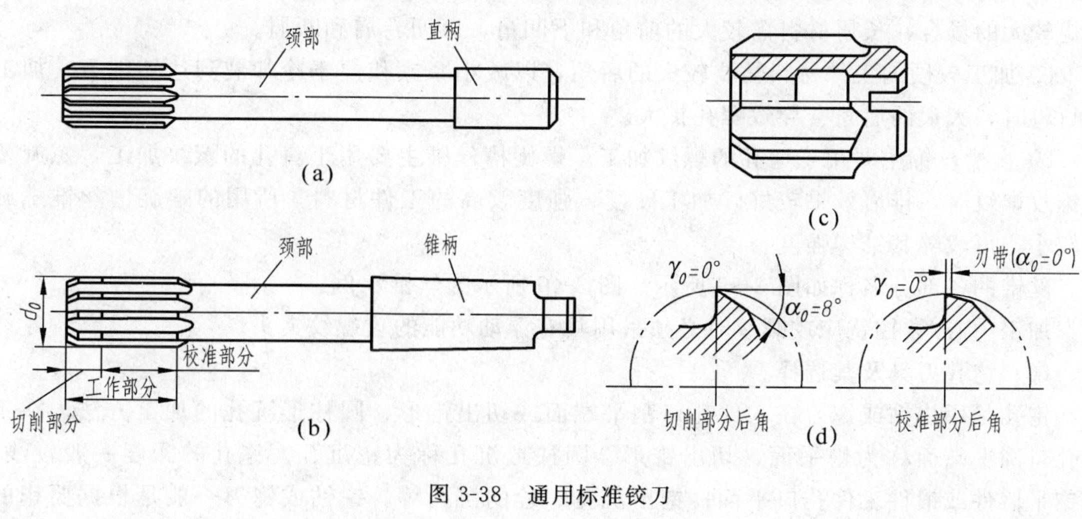

图 3-38 通用标准铰刀

铰刀工作部分包括切削部分与校准部分。切削部分为锥形，担负主要切削工作。切削部分的主偏角为5°～15°，前角一般为0°，后角一般为5°～8°。校准部分的作用是校正孔径、修光孔壁和导向。校准部分包括圆柱部分和倒锥部分，圆柱部分保证铰刀直径和便于测量，倒锥部分可减少铰刀与孔壁的摩擦和减小孔径扩大量。

标准铰刀有4～12齿，铰刀的齿数除了与铰刀直径有关外，主要根据加工精度的要求选择。齿数对加工表面粗糙度的影响并不大，齿数过多，刀具的制造重磨都比较麻烦，而且会因齿间容屑槽减小，而造成切屑堵塞和划伤孔壁以致使铰刀折断的后果；齿数过少，则铰削时的稳定性差，刀齿的切削负荷增大，且容易产生几何形状误差。铰刀齿数可参照表3-9选择。

表3-9　铰刀齿数的选择

铰刀直径（mm）		1.5～3	3～14	14～40	>40
齿数	一般加工精度	4	4	6	8
	高加工精度	4	6	8	10～12

铰削精度为IT5～IT7级、表面粗糙度 Ra 值为0.4～0.8 μm的孔时，可采用机夹硬质合金刀片的单刃铰刀铰孔。

铰削精度为IT6～IT7级，表面粗糙度 Ra 值为0.8～1.6 μm的大直径通孔时，可选用专为加工中心设计的浮动铰刀。浮动铰刀既能保证在换刀和铰削过程中刀片不会从刀杆中滑出，又能较准确地定心。浮动铰刀有两个对称刃，能自动平衡切削力，在铰削过程中又能自动补偿因刀具安装误差或刀杆的径向跳动而引起的加工误差，因而加工精度稳定。

（5）小孔径螺纹加工刀具及其选择

丝锥用于加工直径在M6～M20之间的螺纹孔，一般在加工中心上用攻螺纹的方法加工。丝锥的选择要点如下：

① 工件材料的可加工性是攻螺纹难易的关键，对于高强度的工件材料，丝锥的前角和下凹量（前面的下凹程度）通常较小，以增加切削刃强度。下凹量较大的丝锥则用在切削扭矩较大的场合，长屑材料需较大的前角和下凹量，以便卷屑和断屑。

② 加工较硬的工件材料需要较大的后角，以减小摩擦和便于冷却液到达切削刃，加工软材料时，太大的后角会导致螺孔扩大。

③ 直槽丝锥主要用于通孔的螺纹加工。螺旋槽丝锥主要用于盲孔的螺纹加工，螺旋槽丝锥攻螺纹时，排屑效果较好。加工硬度、强度较高的工件材料，所用的螺旋槽丝锥螺旋角较小，可改善其结构强度。

丝锥的各部分名称如图3-39所示。图3-40所示为丝锥示例。

加工中心/数控铣床攻螺纹时必须采用具有浮动功能的攻螺纹夹头。

（6）锪孔刀具及其选择

锪孔是用锪钻或锪刀在工件孔口刮平端面或切出锥形、圆柱形沉孔的加工方法。在工件孔口刮平端面称为锪平面，切出锥形、圆柱形沉孔称为锪沉孔。锪孔的深度一般较浅，如锪平铸件或锻件工件孔口平面；锪出沉孔螺栓的沉孔等。锪钻或锪刀一般是根据要锪的孔口平面或沉孔形状特殊磨制或订制，但在生产实际中，对于孔口较小平面或沉孔，一般采用立铣刀或端面刃立铣刀锪平面，锪孔一般采用立铣刀、端面刃立铣刀或除钻尖外端面基本为平面的钻头（麻花钻手工刃磨或工具磨刃磨而成）锪沉孔。

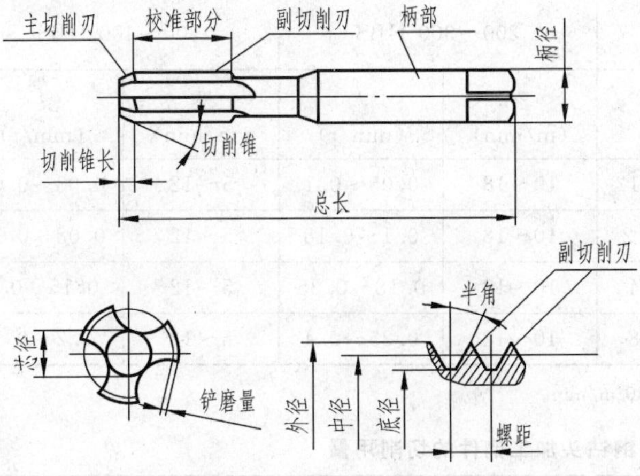

图 3-39　丝锥的组成

图 3-40　丝锥示例

资料六　切削用量选择

切削用量的选择应充分考虑零件的加工精度、表面粗糙度以及刀具的强度、刚度以及加工效率等因素，在机床说明书允许的范围之内，查阅手册并结合经验确定。表 3-10～表 3-14中列出了部分孔加工切削用量，供选择时参考。

1. 主轴转速（刀具转速）的确定

主轴转速（刀具转速）n（r/min）根据选定的切削速度 v_c（m/min）和刀具的加工直径 d（mm）来计算：

$$n = \frac{1000v_c}{\pi d}$$

式中　d——刀具的加工直径，单位：mm；

v_c——选定的刀具切削速度，单位：m/min；

n——主轴转速（刀具转速），单位：r/min。

2. 进给速度的计算

进给速度 F 包括纵向进给速度和横向进给速度，其计算公式如下；

$$F=nf$$

式中　F——进给速度，单位：mm/min；

n——主轴转速（刀具转速），单位：r/min；

f——每转进给量，单位：mm/r。

攻螺纹时进给量的选择决定于螺纹的导程，由于使用了带有浮动功能的攻螺纹夹头，因而攻螺纹时工作进给速度 F（mm/min）可略小于理论计算值，即

$$F\leqslant Pn$$

式中　F——丝锥攻螺纹的进给速度，单位：mm/min；

P——加工螺孔的导程，单位：mm；

n——攻螺纹时主轴转速（刀具转速），单位：r/min。

表 3-10　高速钢钻头加工铸铁的切削用量

材料硬度 / 切削用量 / 钻头直径（mm）	160～200 HBS		200～300 HBS		300～400 HBS	
	v_c (m/min)	f (mm/r)	v_c (m/min)	f (mm/r)	v_c (m/min)	f (mm/r)
1～6	16～24	0.07～0.12	10～18	0.05～0.1	5～12	0.03～0.08
6～12	16～24	0.12～0.2	10～18	0.1～0.18	5～12	0.08～0.15
12～22	16～24	0.2～0.4	10～18	0.18～0.25	5～12	0.15～0.2
22～50	16～24	0.4～0.8	10～18	0.25～0.4	5～12	0.2～0.3

注：采用硬质合金钻头加工铸铁时取 v_c＝20～30 m/min。

表 3-11　高速钢钻头加工钢件的切削用量

材料硬度 / 切削用量 / 钻头直径（mm）	σ_b＝520～700 MPa（35、45 钢）		σ_b＝700～900 MPa（15Cr、20Cr 钢）		σ_b＝1 000～1 100 MPa（合金钢）	
	v_c (m/min)	f (mm/r)	v_c (m/min)	f (mm/r)	v_c (m/min)	f (mm/r)
1～6	8～25	0.05～0.1	12～30	0.05～0.1	8～15	0.03～0.08
6～12	8～25	0.1～0.2	12～30	0.1～0.2	8～15	0.08～0.15
12～22	8～25	0.2～0.3	12～30	0.2～0.3	8～15	0.15～0.25
22～50	8～25	0.3～0.45	12～30	0.3～0.45	8～15	0.25～0.35

表 3-12　高速钢铰刀铰孔的切削用量

工件材料 / 切削用量 / 钻头直径（mm）	铸铁		钢及合金钢		铝铜及其合金	
	v_c (m/min)	f (mm/r)	v_c (m/min)	f (mm/r)	v_c (m/min)	f (mm/r)
6～10	2～6	0.3～0.5	1.2～5	0.3～0.4	8～12	0.3～0.5
10～15	2～6	0.5～1	1.2～5	0.4～0.5	8～12	0.5～1
15～25	2～6	0.8～1.5	1.2～5	0.5～0.6	8～12	0.8～1.5
25～40	2～6	0.8～1.5	1.2～5	0.4～0.6	8～12	0.8～1.5
40～60	2～6	1.2～1.8	1.2～5	0.5～0.6	8～12	1.5～2

注：采用硬质合金铰刀加工铸铁时取 v_c＝8～10 m/min，铰铝时 v_c＝12～15 m/min。

表 3-13　镗孔切削用量

工件材料 / 切削用量 / 工序　刀具材料		铸铁		钢及合金钢		铝铜及其合金	
		v_c (m/min)	f (mm/r)	v_c (m/min)	f (mm/r)	v_c (m/min)	f (mm/r)
粗镗	高速钢 硬质合金	20～25 35～50	0.4～1.5	15～30 50～70	0.35～0.7	100～150 100～250	0.5～1.5
半精镗	高速钢 硬质合金	20～35 50～70	0.15～0.45	15～50 95～135	0.15～0.45	100～200	0.2～0.5
精镗	高速钢 硬质合金	70～90	＜0.8 0.12～0.15	100～135	0.12～0.15	150～400	0.06～0.1

注：当采用高精度镗头镗孔时，由于余量较小，直径余量不大于 0.2 mm，切削速度可提高一些，加工铸铁时为 100～150 m/min，钢件为 150～200 m/min，铝合金为 200～400 m/min。进给量可在 0.03～0.1 mm/r 范围内。

表 3-14　攻螺纹切削用量

加工材料	铸铁	钢及合金钢	铝铜及其合金
v_c（m/min）	2.5～5	1.5～5	5～15

资料七　填写数控加工工序卡和数控加工刀具卡

编写数控加工工艺文件是数控加工工艺制订的内容之一，数控加工工艺文件既是数控加工、产品验收的依据，也是需要操作者遵守、执行的作业指导书。数控加工工艺文件是对数控加工的具体说明，目的是让操作者更明确加工程序的内容、装夹方式、加工顺序、走刀路线、切削用量和各个加工部位所选用的刀具等。最主要的数控加工工艺技术文件有数控加工刀具卡和数控加工工序卡。

项目实施

任务一　编制数控镗铣孔加工零件（含螺纹孔）加工工艺

【任务描述】

现要完成如图 3-41 所示盖板类零件的孔系加工，具体设计该盖板零件的孔系加工工艺。

① 查阅数控加工工艺书和工艺手册，获取设计图 3-41 所示盖板零件的孔系加工工艺知识及数据。

② 识别数控镗铣孔加工工艺术语。

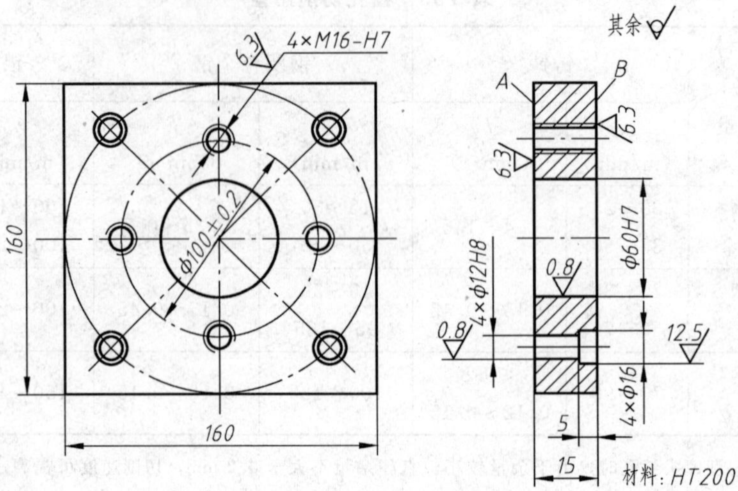

图 3-41　盖板加工案例

【任务分析】

该盖板加工案例零件材料为 HT200，除孔系外，*A*、*B* 两侧面均已按图样技术要求加工好，ϕ60H7 孔已铸出ϕ50 预制孔。如何设计该盖板零件的数控孔加工工艺？

【任务实施】

1. 零件图样工艺分析

零件图样工艺分析主要引导学生审查图样、分析零件的结构工艺性、尺寸精度、几何精度和表面粗糙度等图样技术要求。

该零件图样尺寸标注完整，很适合数控加工，零件结构简单，主要加工的孔系包括 4 个 M16 螺纹孔、4 个阶梯孔及 1 个ϕ60H7 孔。尺寸精度要求一般，最高为 IT7。4×ϕ12H8、ϕ60H7 孔的表面粗糙度要求较高，达到 *Ra* 0.8 μm，其余加工表面的表面粗糙度要求一般。

2. 加工工艺路线设计

加工工艺路线设计主要引导学生选择加工方法、划分加工阶段、划分工序、加工顺序安排和确定进给加工路线。

该零件ϕ60H7 孔为已铸出毛坯孔，因而选择粗镗→半精镗→精镗方案；4×ϕ12H8 孔宜采用钻孔→铰孔方案，以满足表面粗糙度要求。

按照先面后孔、先粗后精的原则确定加工顺序。总体顺序为粗镗、半精镗、精镗ϕ60H7孔→钻各中心孔→钻、锪、铰 4×ϕ12H8 和 4×ϕ16 孔→钻 4×M16 螺纹底孔→攻螺纹。

由图 3-41 可知，孔的位置精度要求不高，因此所有孔加工的进给路线按最短路线确定。图 3-42～图 3-46 所示为孔加工各工步的进给路线。

3. 机床的选择

机床的选择主要引导学生如何根据加工零件规格大小和加工精度、加工表面质量等技术要求，正确合理地选择机床型号及规格。

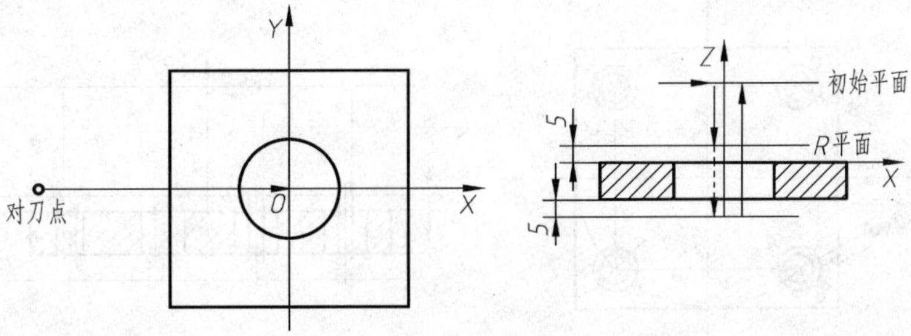

图 3-42　镗ϕ60H7 孔的进给路线

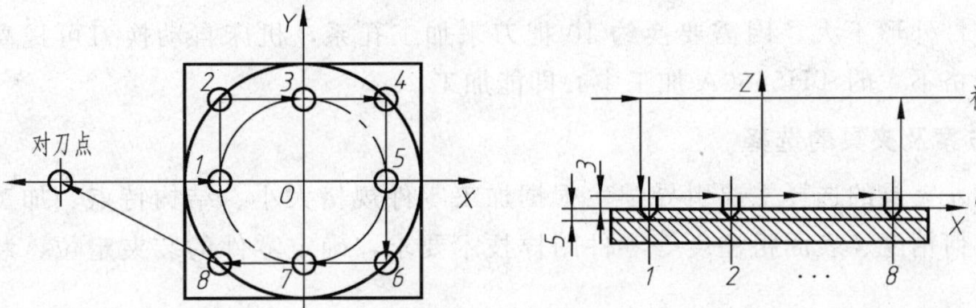

图 3-43　钻中心孔的进给路线

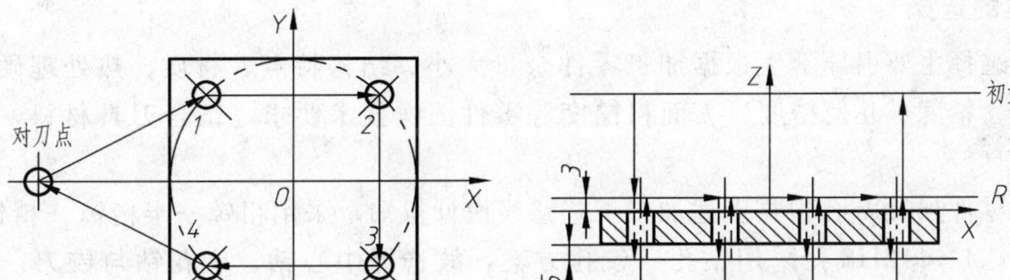

图 3-44　钻、铰 4×ϕ12H8 孔的进给路线

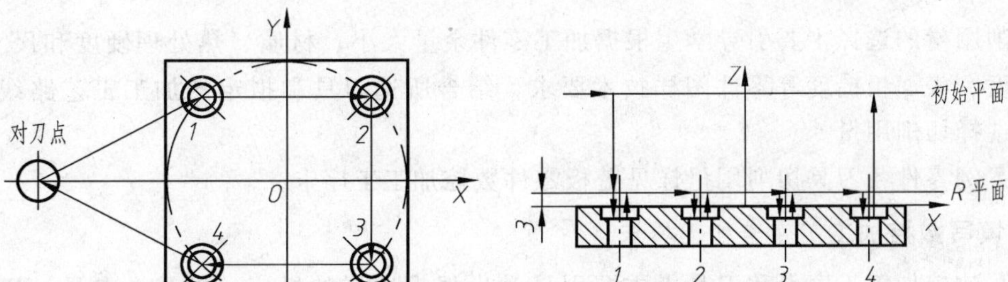

图 3-45　锪 4×ϕ16 孔的进给路线

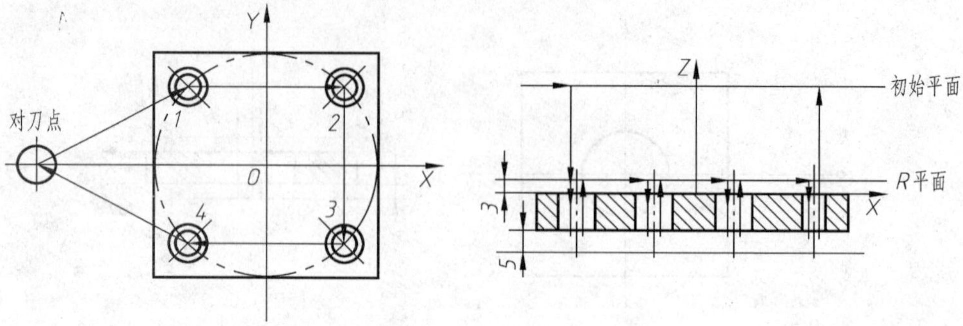

图 3-46　钻螺纹底孔、攻螺纹的进给路线

该案例零件外形不大，因需要换约 10 把刀来加工孔系，机床自动换刀可提高加工效率，故选用规格不大的 TH5660A 加工中心即能加工。

4. 装夹方案及夹具的选择

装夹方案及夹具的选择主要引导学生根据加工零件规格大小、结构特点、加工部位和尺寸精度、几何精度、表面粗糙度等零件图样技术要求，确定零件的装夹定位、装夹方案及夹具。

该案例零件形状比较规则、简单，加工孔系的位置精度要求不高，可采用台虎钳夹紧，找正虎钳后，以 *A* 面（主要定位基准面）和两个侧面定位，用台虎钳从侧面夹紧。

5. 刀具的选择

刀具的选择主要引导学生根据加工零件余量大小、结构特点、材质、热处理硬度、加工部位和尺寸精度、几何精度、表面粗糙度等零件图样技术要求，结合刀具材料，正确合理地选择刀具。

该案例零件ϕ60H7 孔根据上述加工工艺路线设计得知，采用粗镗→半精镗→精镗方案，故选择镗刀；4×ϕ12H8 孔采用钻孔→铰孔方案，故选择中心钻、麻花钻与铰刀；4×ϕ16 孔采用锪孔方案，故选择阶梯铣刀；4×M16 螺纹采用钻螺纹底孔→攻螺纹方案，故选择麻花钻与机用丝锥。具体刀具规格和种类详见盖板零件数控加工刀具卡。

6. 切削用量的选择

切削用量的选择主要引导学生根据加工零件余量大小、材质、热处理硬度和尺寸精度、几何精度、表面粗糙度等零件图样技术要求，结合所选刀具和拟定的加工工艺路线，正确合理地选择切削用量。

该案例零件各刀具切削用量详见盖板零件数控加工工序卡。

7. 填写数控加工工序卡和刀具卡

填写数控加工工序卡和刀具卡主要引导学生根据选择的机床、刀具、夹具、切削用量和拟定的加工工艺路线，正确填写数控加工工序卡和刀具卡。

（1）盖板加工案例数控加工工序卡

盖板加工案例数控加工工序卡如表 3-15 所示。

表 3-15　盖板加工案例数控加工工序卡

单位名称		×××	产品名称或代号		零件名称		零件图号	
			×××		盖板		×××	
工序号		程序编号	夹具名称		加工设备		车间	
×××		×××	台虎钳		TH5660A（加工中心）		数控中心	
工步号	工步内容		刀具号	刀具规格（mm）	主轴转速（r/min）	进给速度（mm/min）	检测工具	备注
1	钻各光孔和螺纹孔的中心孔		T01	$\phi3$	1 000	40	游标卡尺	自动换刀
2	粗镗$\phi60$H7 孔至 58 mm		T02	$\phi58$	400	60	游标卡尺	自动换刀
3	半精镗$\phi60$H7 孔至$\phi59.9$		T03	$\phi59.9$	460	50	游标卡尺	自动换刀
4	精镗$\phi60$H7 孔		T04	$\phi60$H7	520	30	内径百分表	自动换刀
5	钻 4×$\phi12$H8 底孔至$\phi11.9$		T05	$\phi11.9$	500	60	游标卡尺	自动换刀
6	锪 4×$\phi16$ 阶梯孔		T06	$\phi16$	200	30	游标卡尺	自动换刀
7	铰 4×$\phi12$H8 孔		T07	$\phi12$H8	100	30	专用检具	自动换刀
8	钻 4× M16 螺纹底孔至$\phi14$		T08	$\phi14$	350	50	游标卡尺	自动换刀
9	4× M16 螺纹孔口倒角		T09	$\phi18$	300	40	游标卡尺	自动换刀
10	攻 4× M16 螺纹孔		T10	M16	100	200	螺纹通止规	自动换刀
编制	×××	审核 ×××	批准	×××		年　月　日	共　页	第　页

（2）盖板加工案例数控加工刀具卡

盖板加工案例数控加工刀具卡如表 3-16 所示。

表 3-16　盖板加工案例数控加工刀具卡

产品名称或代号		×××	零件名称	盖板	零件图号	×××
序号	刀具号	刀具 规格名称	数量	刀长（mm）	加工表面	备注
1	T01	$\phi3$ 中心钻	1	实测	钻中心孔	
2	T02	$\phi58$ 镗刀	1	实测	粗镗$\phi60$H7 孔	
3	T03	$\phi59.9$ 镗刀	1	实测	半精镗$\phi60$H7 孔	
4	T04	$\phi60$H7 镗刀	1	实测	精镗$\phi60$H7 孔	
5	T05	$\phi11.9$ 麻花钻	1	实测	钻 4×$\phi12$H8 底孔	
6	T06	$\phi16$ 阶梯铣刀	1	实测	锪 4×$\phi16$ 阶梯孔	
7	T07	$\phi12$H8 铰刀	1	实测	铰 4×$\phi12$H8 孔	
8	T08	$\phi14$ 麻花钻	1	实测	钻 4×M16 螺纹底孔	
9	T09	90°$\phi18$ 麻花钻	1	实测	4×M16 螺纹孔口倒角	
10	T10	机用丝锥 M16	1	实测	攻 4×M16 螺纹孔	
编制	×××	审核 ×××	批准	×××	年　月　日　共　页	第　页

【任务评价】

能力评价方式如表 3-17 所示。

表 3-17　能力评价表

评价等级	等 级 要 求
优秀	能高质量、高效率完成图 3-41 所示盖板加工案例零件孔系数控加工工艺设计，并完成任务巩固提高的盖板零件数控加工工艺设计
良好	能在无教师的指导下完成图 3-41 所示盖板加工案例零件孔系数控加工工艺设计
中等	能在教师的偶尔指导下完成图 3-41 所示盖板加工案例零件孔系数控加工工艺设计
合格	能在教师的指导下完成图 3-41 所示盖板加工案例零件孔系数控加工工艺设计

任务二　编制箱盖类零件加工中心综合加工工艺

【任务描述】

现要完成如图 3-47 所示泵盖加工案例零件的数控加工。

① 分析图 3-47 所示泵盖零件加工案例图样，进行相应的工艺处理。

② 制订图 3-47 所示泵盖零件加工案例加工中心加工工艺。

③ 编制图 3-47 所示泵盖零件加工案例加工中心加工工序卡、刀具卡等工艺文件。

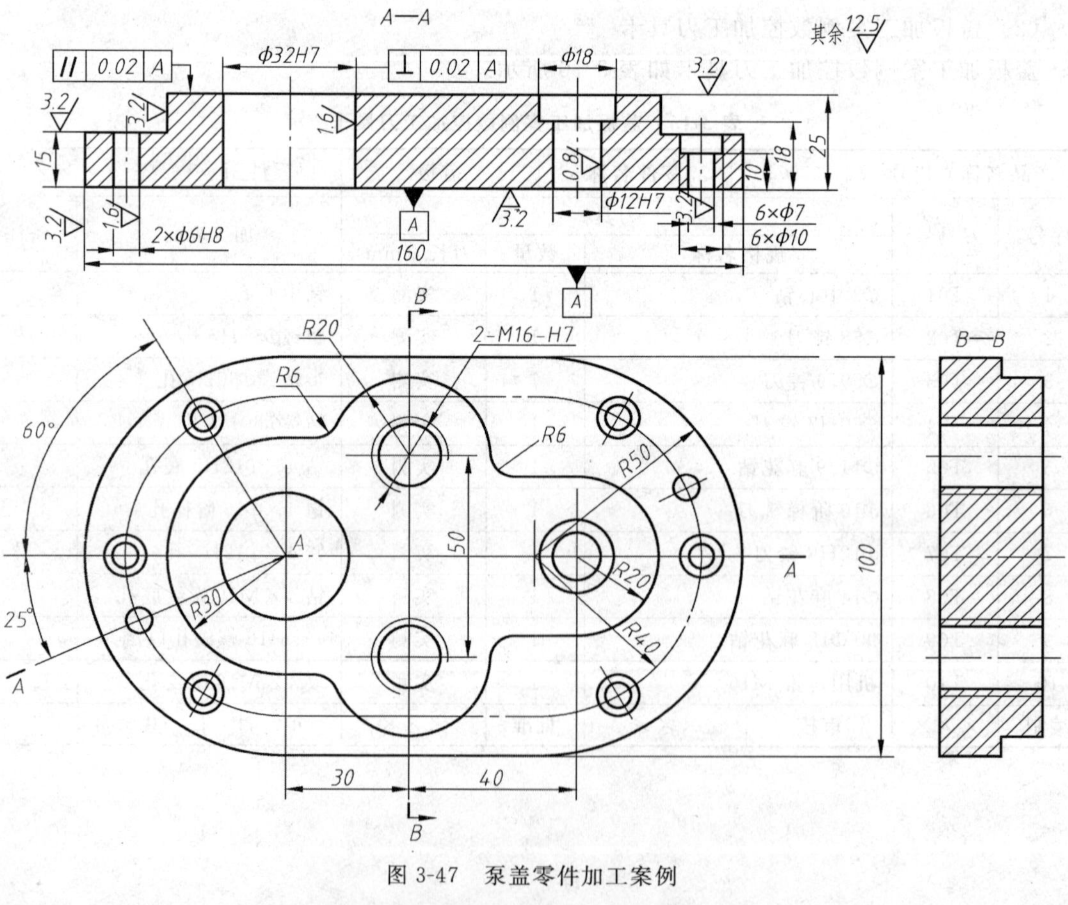

图 3-47　泵盖零件加工案例

【任务分析】

该泵盖零件为小批试制，零件材料为 HT200，毛坯尺寸（长×宽×高）为 170 mm×110 mm×30 mm。因该泵盖零件加工工序多，为加快该泵盖零件的新产品试制，要求采用数控加工。如何设计该泵盖零件加工案例的数控加工工艺？

现有该泵盖零件加工案例数控加工工艺规程如表 3-18 所示。

表 3-18 泵盖零件加工案例数控加工工艺规程（注：ϕ63 铣刀 6 刃，ϕ20 铣刀 4 刃）

工序号	工序内容	刀具号	刀具名称	主轴转速（r/min）	进给速度（mm/min）	背吃刀量（mm）	机床	夹具
1	粗铣定位基准面 *A*	T01	ϕ63 硬质合金面铣刀	300	80		数控铣床	专用夹具
2	粗铣上表面	T01	ϕ63 硬质合金面铣刀	300	80		数控铣床	专用夹具
3	精铣上表面	T01	ϕ63 硬质合金面铣刀	360	200		数控铣床	专用夹具
4	精铣定位基准面 *A*	T01	ϕ63 硬质合金面铣刀	360	200		数控铣床	专用夹具
5	钻ϕ32H7 底孔至ϕ31	T02	ϕ31 钻头	300	150		数控铣床	专用夹具
6	精镗ϕ32H7	T03	ϕ32 镗刀	300	100		数控铣床	专用夹具
7	钻ϕ12H7 底孔至ϕ11.9	T04	ϕ11.9 钻头	800	160		数控铣床	专用夹具
8	锪ϕ18 孔	T05	ϕ18 钻头	700	200		数控铣床	专用夹具
9	铰ϕ12H7 孔	T06	ϕ12H7 铰刀	400	200		数控铣床	专用夹具
10	钻 2×M16 底孔至ϕ14.3	T07	ϕ14.3 钻头	500	150		数控铣床	专用夹具
11	攻 2×M16 螺纹孔	T08	M16 丝锥	300	400		数控铣床	专用夹具
12	钻 6×ϕ7 底孔至ϕ6.5	T09	ϕ6.5 钻头	500	180		数控铣床	专用夹具
13	锪 6×ϕ10 孔	T10	ϕ10 钻头	400	40		数控铣床	专用夹具
14	铰 6×ϕ7 孔	T11	ϕ7 铰刀	300	300		数控铣床	专用夹具
15	钻 2×ϕ6H8 底孔至ϕ5.8	T12	ϕ5.8 钻头	900	30		数控铣床	专用夹具
16	铰 2×ϕ6H8 孔	T13	ϕ6H8 铰刀	350	180		数控铣床	专用夹具
17	粗铣台阶面及其轮廓	T14	ϕ20 铣刀	260	180		数控铣床	专用夹具
18	精铣台阶面及其轮廓	T14	ϕ20 铣刀	300	200		数控铣床	专用夹具
19	粗铣外轮廓	T14	ϕ20 铣刀	260	180		数控铣床	专用夹具
20	精铣外轮廓	T14	ϕ20 铣刀	300	200		数控铣床	专用夹具

【任务实施】

1. 加工案例工艺分析

① 对图 3-47 所示泵盖零件加工案例进行详细分析，找出该泵盖加工工艺有什么不妥之处：

- 加工方法选择是否得当？
- 夹具选择是否得当？
- 刀具选择是否得当？
- 加工工艺路线是否得当？
- 切削用量是否合适？
- 工序安排是否合适？
- 机床选择是否得当？
- 装夹方案是否得当？

② 对上述问题进行分析后，如果有不当的地方，改正过来，提出正确的工艺措施。

③ 制订正确工艺，并优化工艺。

④ 填写该泵盖零件加工案例加工工序卡、刀具卡，确定装夹方案。

2. 加工案例加工工艺、装夹方案

（1）泵盖零件加工案例数控加工工序卡

泵盖零件加工案例数控加工工序卡如表 3-19 所示。

表 3-19　泵盖零件加工案例数控加工工序卡（注：面铣刀 10 刃、ϕ12 立铣刀 3 刃、ϕ20 立铣刀 4 刃）

单位名称	×××	产品名称或代号	零件名称	零件图号
		×××	泵盖	×××
工序号	程序编号	夹具名称	加工设备	车间
×××	×××	平口钳和一面两销自制夹具	J1VMC40MB（加工中心）	数控中心

工步号	工步内容	刀具号	刀具规格（mm）	主轴转速（r/min）	进给速度（mm/min）	检测工具	备注
1	粗铣定位基准面 *A*	T01	ϕ125	150	180	游标卡尺	自动换刀
2	精铣定位基准面 *A*	T01	ϕ125	180	145	游标卡尺	自动换刀
3	粗铣上表面	T01	ϕ125	150	180	游标卡尺	自动换刀
4	精铣上表面	T01	ϕ125	180	145	游标卡尺	自动换刀
5	粗铣台阶面及其轮廓	T02	ϕ12	1 000	250	游标卡尺	自动换刀
6	精铣台阶面及其轮廓	T02	ϕ12	1 100	190	游标卡尺	自动换刀
7	钻所有孔的中心孔	T03	ϕ3	1 200	100	游标卡尺	自动换刀
8	钻ϕ32H7 底孔至ϕ28	T04	ϕ28	200	60	游标卡尺	自动换刀
9	粗镗ϕ32H7 孔至ϕ31.6	T05	ϕ31.6	550	80	游标卡尺	自动换刀

续表

工步号	工步内容	刀具号	刀具规格（mm）	主轴转速（r/min）	进给速度（mm/min）	检测工具	备注
10	精镗ϕ32H7	T06	ϕ32	700	55	内径百分表	自动换刀
11	钻ϕ12H7 底孔至ϕ11.7	T07	ϕ11.7	380	70	游标卡尺	自动换刀
12	锪ϕ18 孔	T08	ϕ18	450	80	游标卡尺	自动换刀
13	粗铰ϕ12H7 孔至ϕ11.9	T09	ϕ11.9	100	30	游标卡尺	自动换刀
14	精铰ϕ12H7 孔	T10	ϕ12H7	120	35	专用检具	自动换刀
15	钻 2×M16 底孔至ϕ14	T11	ϕ14	450	80	游标卡尺	自动换刀
16	2×M16 孔口倒角	T12	ϕ18	400	80	游标卡尺	自动换刀
17	攻 2×M16 螺纹孔	T13	M16	75	150	螺纹通止规	自动换刀
18	钻 6×ϕ7 底孔至ϕ6.8	T14	ϕ6.8	700	90	游标卡尺	自动换刀
19	锪 6−ϕ10 孔	T15	ϕ10	700	100	游标卡尺	自动换刀
20	铰 6×ϕ7 孔	T16	ϕ7	150	30	专用检具	自动换刀
21	钻 2×ϕ6H8 底孔至ϕ5.8	T17	ϕ5.8	800	105	游标卡尺	自动换刀
22	铰 2×ϕ6H8 孔	T18	ϕ6H8	150	25	专用检具	自动换刀
23	粗铣外轮廓（一面两销定位）	T19	ϕ20	650	250	游标卡尺	自动换刀
24	精铣外轮廓	T19	ϕ20	700	200	专用样板	自动换刀
编制 ×××	审核 ×××	批准	×××		年 月 日	共 页	第 页

（2）泵盖零件加工案例数控加工刀具卡

泵盖零件加工案例数控加工刀具卡如表 3-20 所示。

表 3-20 泵盖零件加工案例数控加工刀具卡

产品名称或代号		×××	零件名称		泵盖	零件图号	×××
序号	刀具号	刀具			加工表面	备注	
		规格名称	数量	刀长（mm）			
1	T01	ϕ125 硬质合金面铣刀	1	实测	铣削上下表面		
2	T02	ϕ12 硬质合金立铣刀	1	实测	铣削台阶面及其轮廓		
3	T03	ϕ3 中心钻	1	实测	钻中心孔		
4	T04	ϕ28 钻头		实测	钻ϕ32H7 底孔		
5	T05	ϕ31.6 镗刀	1	实测	粗镗ϕ32H7 孔		
6	T06	ϕ32 镗刀	1	实测	精镗ϕ32H7 孔		
7	T07	ϕ11.7 钻头	1	实测	钻ϕ12H7 底孔		
8	T08	ϕ18 锪钻	1	实测	锪ϕ18 孔		
9	T09	ϕ11.9 铰刀	1	实测	粗铰ϕ12H7 孔		

续表

产品名称或代号		×××	零件名称	泵盖	零件图号	×××
序号	刀具号	刀具			加工表面	备注
		规格名称	数量	刀长（mm）		
10	T10	ϕ12H7 铰刀	1	实测	精铰ϕ12H7 孔	
11	T11	ϕ14 钻头	1	实测	钻 2×M16 螺纹底孔	
12	T12	ϕ18 钻头	1	实测	2×M16 孔口倒角	
13	T13	M16 机用丝锥	1	实测	攻 2×M16 螺纹孔	
14	T14	ϕ6.8 钻头	1	实测	钻 6×ϕ7 底孔ϕ6.8	
15	T15	ϕ10 锪钻	1	实测	锪 6×ϕ10 孔	
16	T16	ϕ7 铰刀	1	实测	铰 6×ϕ7 孔	
17	T17	ϕ5.8 钻头	1	实测	钻 2×ϕ6H8 底孔	
18	T18	铰ϕ6H8 铰刀	1	实测	铰 2×ϕ6H8 孔	
19	T19	ϕ20 硬质合金立铣刀	1	实测	外轮廓	
编制 ×××	审核 ×××		批准	×××	年 月 日 共 页	第 页

（3）泵盖零件加工案例的装夹方案

该案例零件毛坯的外形比较规则，为小批试制，因此在加工上下表面、台阶面及孔系时，选用平口虎钳装夹。在铣削外轮廓时，采用“一面两销（两孔）”的定位方式，即以底面 A、ϕ32H7 孔和ϕ12H7 孔定位。

【思考与练习】

图 3-48 所示法兰盖零件，该零件的毛坯为 100mm×80mm×27mm 的方形坯料，材料为 45 号钢，小批生产，底面和 4 个轮廓面均已加工好，要求数控加工顶面、孔及沟槽。试设计该法兰盖零件的数控加工工艺，并确定装夹方案。

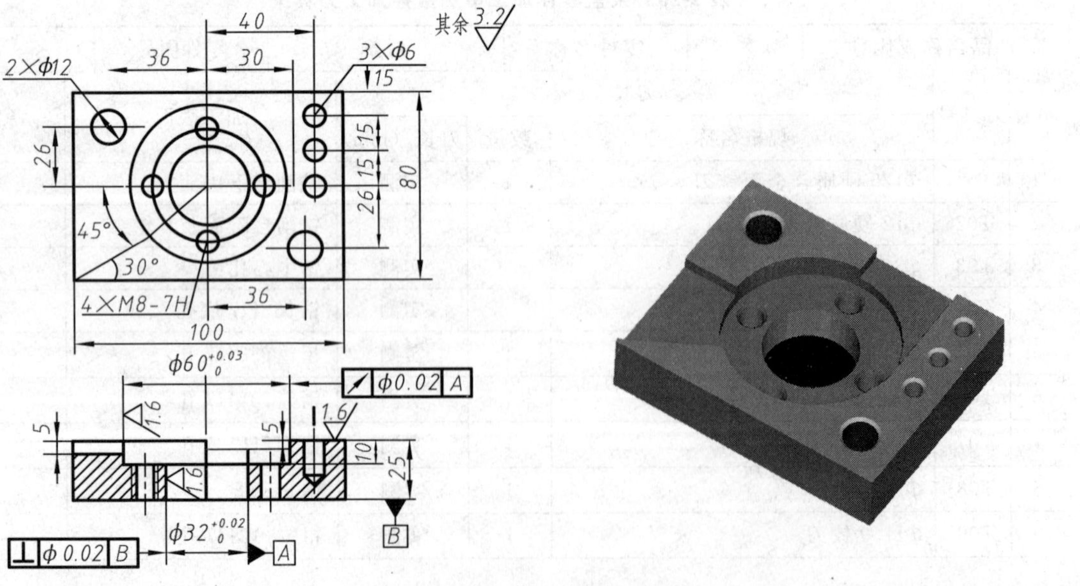

图 3-48 法兰盖

【任务评价】

能力评价方式如表 3-21 所示。

表 3-21 能力评价表

评价等级	等级要求
优秀	能高质量、高效率完成图 3-47 所示泵盖零件加工案例数控加工工艺设计，并正确完成图 3-48 所示法兰盖零件的数控加工工艺设计，确定装夹方案
良好	能在无教师的指导下完成图 3-47 所示泵盖零件加工案例数控加工工艺设计
中等	能在教师的偶尔指导下完成图 3-47 所示泵盖零件加工案例数控加工工艺设计
合格	能在教师的指导下完成图 3-47 所示泵盖零件加工案例数控加工工艺设计

项目四　箱体类零件加工工艺编制

项目引言

箱体类零件加工主要是面和孔的综合加工。小型箱体一般可以在立式加工中心上加工。大型箱体一般在卧式加工中心上加工。

项目目标

- 会对中等复杂程度箱体类零件图样进行加工中心加工工艺性分析（会分析零件图样技术要求，会检查零件图的完整性和正确性，会分析零件的结构工艺性）。
- 会拟定中等复杂程度箱体类零件加工中心加工工艺路线（会选择加工中心孔系、平面加工方法，会划分加工阶段、加工工序及工步，会确定加工顺序、加工路线）。
- 会选择中等复杂程度箱体类零件加工中心孔系、平面用加工刀具。
- 会选择中等复杂程度箱体类零件加工中心的加工夹具，并确定装夹方案。
- 会按中等复杂程度箱体类零件加工中心的加工工艺选择合适的切削用量。
- 会编制中等复杂程度箱体类零件加工中心的加工工艺文件。

项目知识

箱体类零件是机器及其部件的基础零件。它将机器及其部件中的轴、轴承、套和齿轮等零件按一定的相互关系装配成一个整体，并按预定的传动关系协调其运动。因此，箱体加工质量，直接影响着机器的性能，精度和寿命。

一、箱体类零件的结构特点和技术要求

1. 箱体类零件的结构特点

箱体的种类很多，图 4-1 所示为几种常见箱体零件简图。由该图 4-1 可见，各种箱体零件尽管形状各异，尺寸不一，但它们均有空腔、结构复杂、厚度不均等共同特点。在箱壁上有许多精度较高的轴承支承孔和平面，外表面上有许多基准面和支承面以及一些精度要求不高的紧固孔等。

因此，箱体零件的加工不仅加工部位多，而且加工难度大。

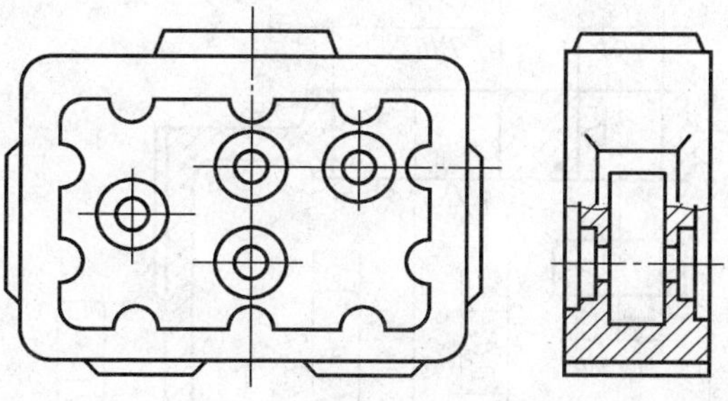

(a) 组合机床主轴箱

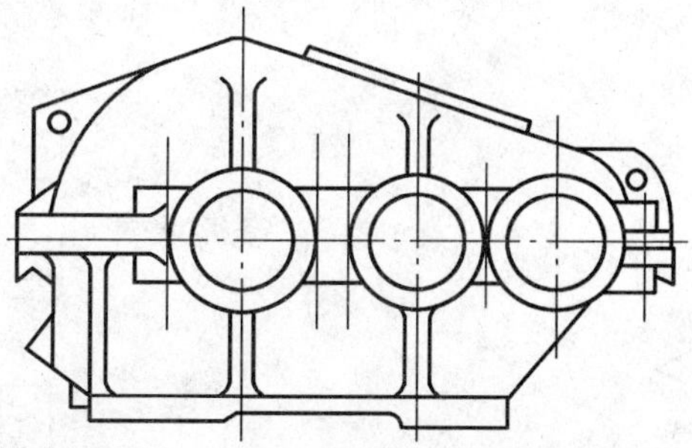

(b) 分离式减速箱

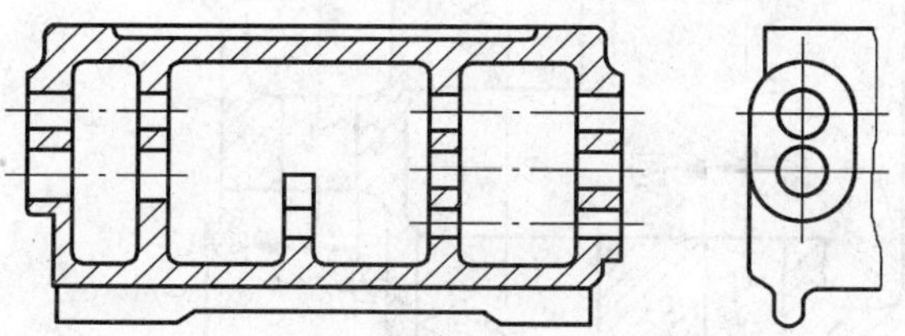

(c) 车床进给箱

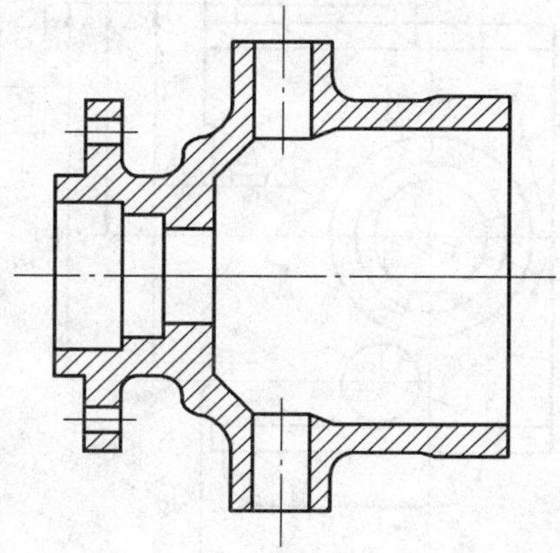

(d) 泵壳

图 4-1　几种常见箱体零件简图

2. 箱体类零件的主要技术要求

箱体类零件以机床主轴箱精度要求最高，现以图 4-2 所示某车床主轴箱为例，可归纳为以下几项精度要求：

（1）孔径精度

孔径的尺寸误差和几何形状误差会使轴承与孔配合不良。孔径过大，配合过松，使旋转部件出现不稳定，并降低了支承刚度，易产生振动和噪声；孔径过小，使配合过紧，轴承将因外环变形而不能正常运转，缩短寿命。装轴承的孔不圆，也使轴承外环变形而引起旋转部件不稳定。

从以上分析可知，对孔的精度要求较高，主轴孔的尺寸精度为 IT6 级，其余孔为 IT6～IT7级。孔的几何形状误差控制在尺寸公差范围之内。

（2）孔与孔及平面的位置精度

同一轴线上各孔的同轴度误差和孔端面对轴线的垂直度误差，会使轴和轴承装配到箱体上后产生歪斜，致使主轴产生径向圆跳动和轴向窜动，同时也使温升增高，加剧轴承磨损。孔系之间的平行度误差会影响齿轮的啮合质量。一般同轴上各孔的同轴度约为最小孔尺寸公差的一半。主轴孔和主轴箱安装基面之间应规定平行度要求，它们决定了主轴与床身导轨的相互位置关系。一般都要规定主轴轴线对安装基面的平行度公差。在垂直和水平两个方向上允许主轴前端向上向前偏。

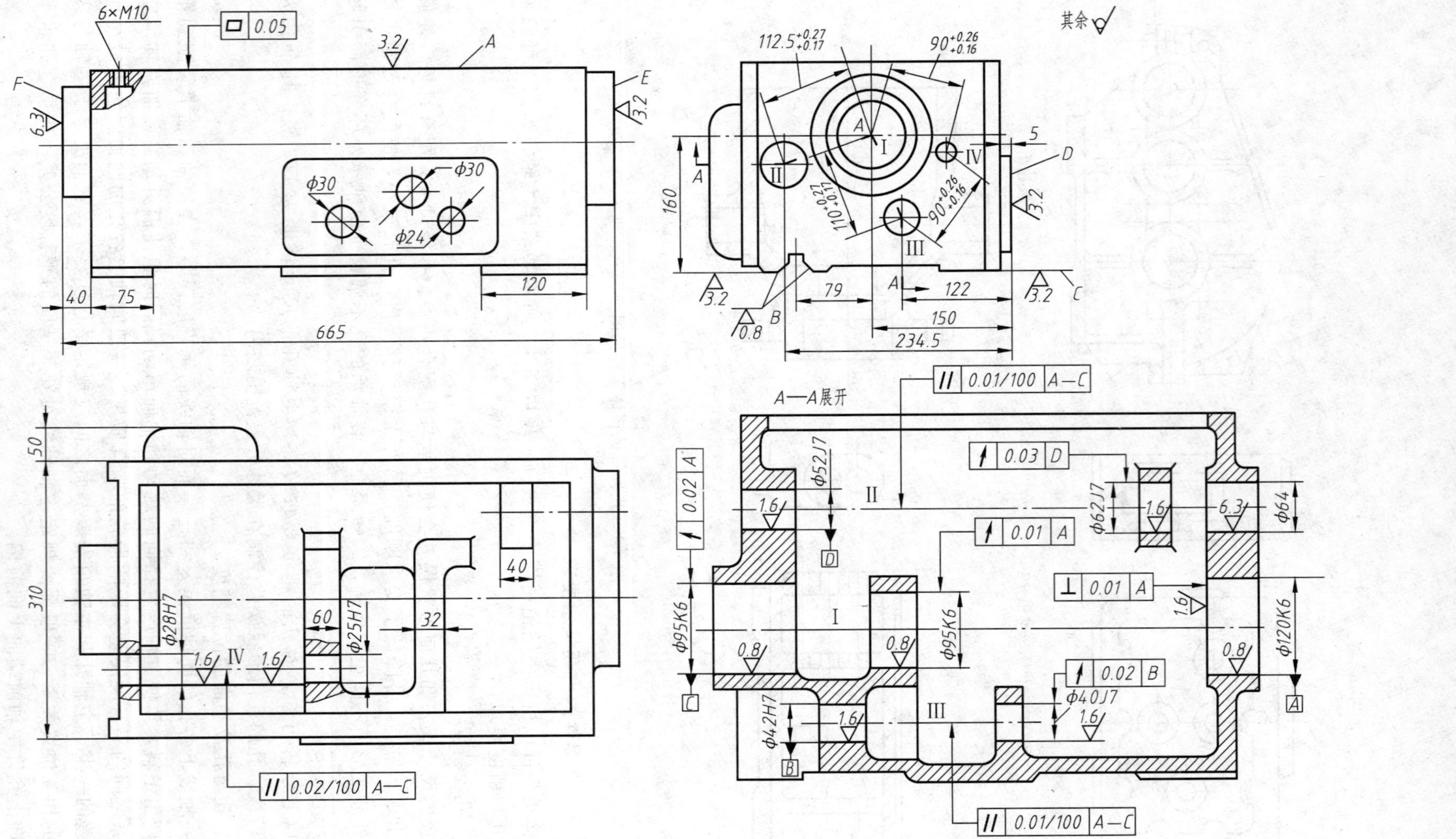

图4-2　某车床主轴箱简图

（3）主要平面的精度

装配基面的平面度误差影响主轴箱与床身连接时的接触刚度。若在加工过程中作为定位基准时，还会影响轴孔的加工精度。因此规定底面和导向面必须平直和相互垂直。其平面度、垂直度公差等级为5级。顶面的平面度要求是为了保证箱盖的密封性，防止工作时润滑油泄出。当大批大量生产将其顶面用做定位基面加工孔时，对它的平面度要求还要提高。

（4）表面粗糙度

重要孔和主要表面的表面粗糙度会影响连接面的配合性质或接触刚度，其具体要求一般用 Ra 值来评价。一般重要配合孔为 Ra 0.4 μm，其他各纵向孔为 Ra 1.6 μm，孔的内端面为 Ra 3.2 μm，装配基准面和定位基准面为 Ra 0.63～2.5 μm，其他平面为 Ra 2.5～10 μm。

二、箱体类零件的材料和毛坯

箱体类零件的材料一般用灰铸铁，常用的牌号为HT200。这是因为灰铸铁不仅成本低，而且具有较好的耐磨性、可铸性、可切削性和阻尼特性。精度要求较高的箱体可选用耐磨铸铁，负荷大的箱体也可采用铸钢件。对单件生产或某些简易的箱体，为了缩短生产周期和降低生产成本，也采用钢材焊接结构。

铸件毛坯的加工余量视生产批量而定。单件小批生产多用木模手工造型，毛坯精度低，加工余量大；大批大量生产时，通常采用金属模机器造型，毛坯精度高，加工余量小。单件小批生产直径大于50 mm的孔，成批生产大于30 mm的孔，一般都在毛坯上铸出预孔，以减少加工余量。

三、箱体零件的加工工艺分析

箱体加工工艺过程随其结构、精度要求和生产批量不同而有较大区别，但由于其加工内容主要是平面和孔系，所以加工方法上有共同点。下面结合实例来分析一般箱体加工中的共性问题。

1. 箱体零件主要表面加工方法的选择

箱体的主要加工表面为平面和轴承支承面。

（1）箱体平面的加工

箱体平面的粗加工和半精加工，主要采用刨削和铣削。刨削的刀具结构简单，机床调整方便，但在加工较大平面时，生产效率低，适用于单件小批生产。铣削的生产效率一般比刨削高，在成批和大量生产中，多采用铣削。当生产批量较大时，为提高生产率，可采用专用的组合铣床对箱体各平面进行多刀、多面同时铣削；尺寸较大的箱体，可在龙门铣床上进行组合铣削。组合铣削方法如图4-3（a）所示。箱体平面的精加工，单件小批生产时，除一些高精度的箱体仍需采用手工刮研外，一般多以精刨代替传统的手工刮研；当生产批量大而精度又较高时，多采用磨削。当磨削的平面较多时，也采用图4-3（b）所示的组合磨削方法，以提高磨削效率和平面间的相互位置精度。

（2）箱体轴承支承孔的加工

箱体上精度为IT7级的轴承孔一般需经3～4次加工。可采用镗（扩）—粗铰—精铰或粗镗（扩）—半精镗—精镗加工方案（若未铸预孔则应先钻孔）。以上两种方案均能使孔的加工精度达IT7级，表面粗糙度达 Ra 0.63～2.5 μm。当孔的精度高于IT6级、表面粗糙

度值小于 Ra 0.63 时，还应增加一道超精加工（常用精细镗、珩磨等）工序作为终加工；单件小批生产时，也可采用浮动铰孔。

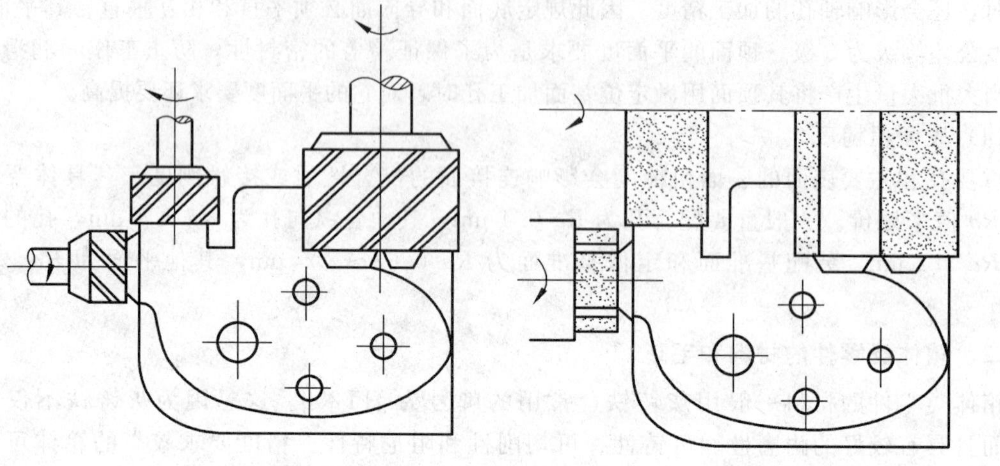

(a)　　　　(b)

图 4-3　箱体平面的组合铣削和磨削

2. 箱体零件定位基准的选择

（1）粗基准的选择

箱体零件通常选择箱体上重要孔作为粗基准，如车床主轴箱的主轴孔。由于铸造毛坯时，形成主轴孔和其他支承孔及箱体同壁的泥芯是装成一个整体放入砂箱的，各铸孔之间及孔与内壁之间的相互位置精度较高，因此选择主轴孔作为粗基准可以较好地保证主轴孔及其他支承孔的加工余量均匀，利于各孔的加工，还有助于保证各孔轴线与箱体不加工内壁之间的相互位置，避免装入箱体内的旋转零件运转时与箱体内壁相碰撞。以主轴孔为粗基准只能限制工件的四个自由度，一般还需选一个与主轴孔相距较远的孔为粗基准，以限制围绕主轴孔回转的自由度。

（2）精基准的选择

箱体加工精基准的选择取决于生产批量，有两种方案。

① 单件小批生产时以装配面为精基准。加工图 4-2 所示的主轴箱，可选择箱体装配基准的导向面 B、底面 C 作为精基准加工孔系和其他平面。因为 B、C 面既是主轴孔的设计基准，又与箱体的主要纵向孔系、端面、侧面有直接的相互位置关系，以它作为统一的定位基准加工上述表面时，不仅消除了基准不重合误差，还有利于保证各表面的相互位置精度，而且在加工各孔时，箱口朝上，便于安装调整刀具、测量孔径尺寸、观察加工情况和加注切削液等。

这种定位方式适用于单件小批量生产所用的机床和加工中心、刀具系统刚性好及箱体中间壁上的孔距端面较近的情况。当刀具系统刚性较差，箱体中间壁上的孔距端面较远时，为提高孔的加工精度，需要在箱体内部设置刀杆的导向支承。但由于箱口朝上，中间导向支承需装在图 4-4 所示吊架装置上，这种悬挂的吊架刚性差，安装误差大，影响箱体孔系的加工精度。并且，工件与吊架的装卸也很不方便。因此，这种定位不适用于大批大量生产。

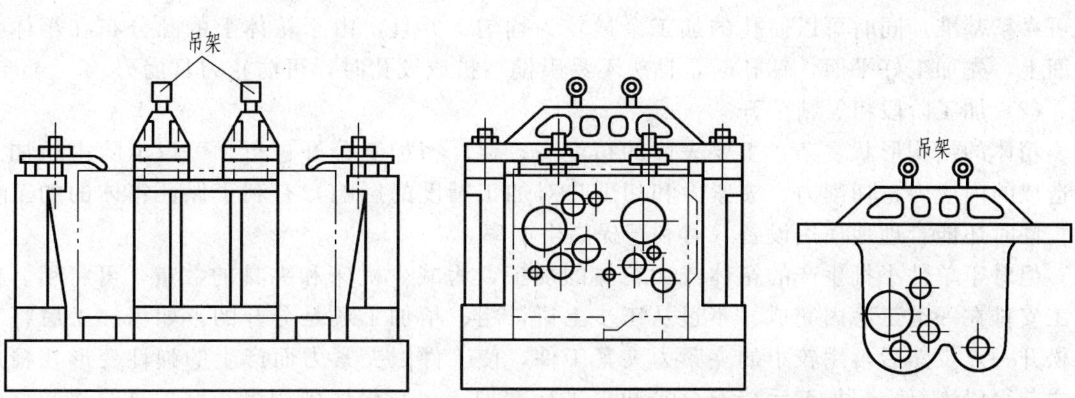

图 4-4　吊架式镗模夹具

② 大批大量生产时以一面两孔作为精基准。车床主轴通常以顶面和两定位销孔为精基准，如图 4-5 所示。此时，箱口朝下，中间导向支架可固定在夹具体上，由于简化了夹具结构，提高了夹具的刚度，同时工件的装卸也比较方便，因而提高了孔系的加工质量和生产率。

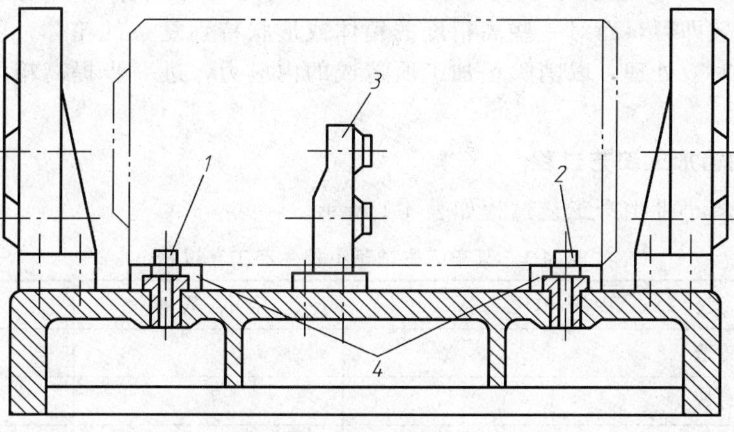

图 4-5　箱体以一面两孔定位

1、2—定位销；3—导向支承架；4—定位支承板

但是，主轴箱的这一定位方式也有不足之处，例如由于定位基准与设计基准不重合，产生了基准不重合误差。为了保证箱体的加工精度，必须提高作为定位基准的箱体顶面和两个定位销孔的加工精度。因此，在主轴箱的工艺过程中安排了磨顶面 A 和在顶面 A 上钻、扩、铰两个定位工艺工序，所以这种定位不适合中小批及单件生产。而在大批生产中，由于广泛采用了自动循环组合机床、定尺寸刀具以及在线检测和误差补偿装置，因此加工过程比较稳定。

3. 拟定箱体工艺过程的共性原则

(1) 加工顺序为先面后孔

箱体类零件的加工顺序均为先加工平面，后加工孔。因为箱体的孔比平面加工要困难得多，先以孔为粗基准加工平面，再以平面为精基准加工孔，不仅为孔的加工提高了稳定的可靠精基准，同时可以使孔的加工余量较为均匀；并且，由于箱体上的孔分布在箱体各平面上，先加工好平面，钻孔时，钻头不易引偏，扩或铰孔时，可防止刀具崩刃。

(2) 加工阶段粗、精分开

箱体的结构形状复杂，主要表面的精度高，粗、精加工分开进行，可以消除由粗加工所造成的内应力、切削力、夹紧力和切削热对加工精度的影响，有利于保证箱体的加工精度；同时还能合理地使用设备，有利于提高生产率。

但对于单件小批生产的箱体或大箱体的加工，为减少机床和夹具的数量，可将粗、精加工安排在一道工序内完成。不过从工步上讲，粗、精加工还是分开的。如粗加工后将工件松开一点，然后再用较小的夹紧力夹紧工件，使工件因夹紧力而产生的弹性变形在精加工之前得以恢复；粗加工后待充分冷却再进行精加工；减少切削用量，增加进给次数，以减少切削力和切削热的影响。

(3) 工序间合理安排热处理

箱体的结构比较复杂，壁厚不均匀，铸造残余应力较大。

为了消除残余应力，减少加工后的变形，保证加工后精度的稳定性，毛坯铸造后应安排人工时效处理。人工时效的工艺规范为：加热到 500～550 ℃，保温 4～6 h，冷却速度小于或等于 30 ℃/h，出炉温度小于或等于 200 ℃。对普通精度的箱体，一般在毛坯铸造之后安排一次人工时效即可，而对一些高精度的箱体或形状特别复杂的箱体，应在粗加工之后再安排一次人工时效处理，以消除粗加工所造成的内应力，进一步提高箱体加工精度的稳定性。

4. 车床主轴箱加工工艺过程

某车床主轴箱小批生产工艺过程如表 4-1 所示。

表 4-1　某车床主轴箱小批生产工艺过程

序　号	工序内容	定位基准	设　备
1	铸造		
2	时效		
3	喷底漆		
4	划线：保证主轴孔均匀的加工余量，划 C、A 及 E、D 加工线		
5	粗、精加工顶面 A	安线校正	龙门刨床
6	粗、精加工 B、C 面及侧面 D	顶面 A，并校正主轴线	龙门刨床
7	粗、精加工两端面 E、F	B、C 面	龙门刨床
8	粗加工各纵、横向孔	B、C 面	卧式镗床
9	半精加工、精加工各纵、横向孔	B、C 面	卧式加工中心
10	加工顶面螺纹孔	B、C 面	钻床
11	清洗、去毛刺		
12	检验		

5. 箱体加工的主要工序分析

箱体上一系列具有相互位置精度要求的孔，称为孔系。

孔系中孔的本身精度、孔距精度和相互位置精度要求都很高，因此，孔系加工是箱体加工的主要工序。根据生产规模和孔的精度要求可采用不同的加工方法。

(1) 保证平行孔系孔距精度的方法

① 找正法：单件小批生产和用通用机床加工时，孔系加工常用的定位方法为划线找正。划线找正加工精底低，孔距误差较大，一般在±0.3～±0.5 mm。为提高加工精度，可用心轴量规、样板或定心套等进行校正。图 4-6 所示为心轴量规找正，将精密心轴插入镗床主轴孔内（或直接利用镗床主轴），然后根据孔和定位基面的距离用量规、塞尺校正主轴位置，镗第一排孔。镗第二排孔时，分别在第一排孔和主轴中插入心轴，然后采用同样方法确定镗第二排时的主轴位置。采用这种方法孔距精度可达±0.03～±0.05 mm。

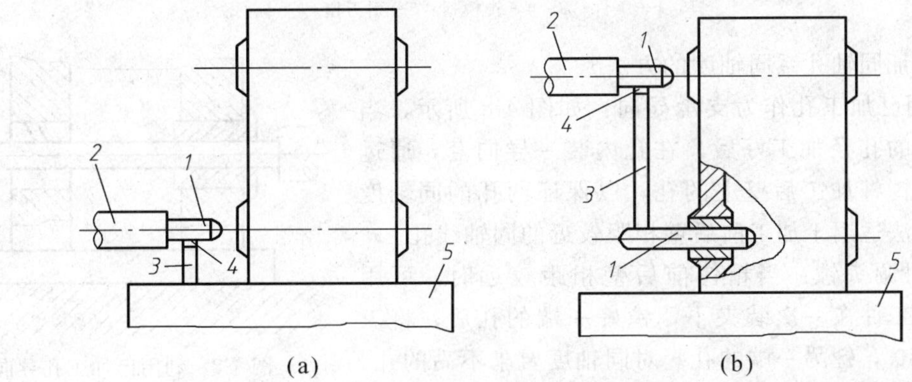

图 4-6　心轴和量规找正

1—心轴；2—镗床主轴；3—量规；4—塞尺；5—工作台

②坐标法：此方法在单件小批和生产中有广泛的应用。将被加工孔系间的孔距尺寸换算为两个互相垂直的坐标尺寸，然后在普通卧式镗床、坐标镗床、数控镗床及加工中心等设备上，按此坐标尺寸精确地调整机床主轴与工件在水平和垂直方向的相对位置，通过控制机床的坐标位移量来间接保证孔距的尺寸精度。坐标法镗孔的孔距精度主要取决于坐标的移动精度。

采用坐标法加工孔系时，要特别注意选择原始孔和镗孔顺序。否则，坐标尺寸的累积误差会影响孔距精度。把有孔距精度要求的两孔的加工顺序紧紧地连在一起，以减少坐标尺寸的累积误差对孔距精度的影响；原始孔应位于箱壁的一侧，这样依次加工各孔时，工作台朝一个方向移动，以避免因工作台往返移动由间隙造成的误差；原始孔应尽量选择本身尺寸精度高、表面粗糙度小的孔，这样在加工过程中，便于校验其坐标尺寸。

③ 镗模法：此方法在中批以上生产中使用，可用于普通机床、专用机床和组合机床上。如图 4-7 所示，工件装在带有镗模板的夹具内，镗杆支承在镗模板的支架导向套里，机床主轴与镗杆之间采用浮动连接。孔系的加工精度不受主轴回转误差的影响，孔系间相互位置精度完全由镗模来保证。孔距精度一般可达±0.05 mm，孔径精度可达 IT7 级，孔的同轴度和平行度从一端加工可达 0.02～0.03 mm，从两端加工可达 0.04～0.05 mm。

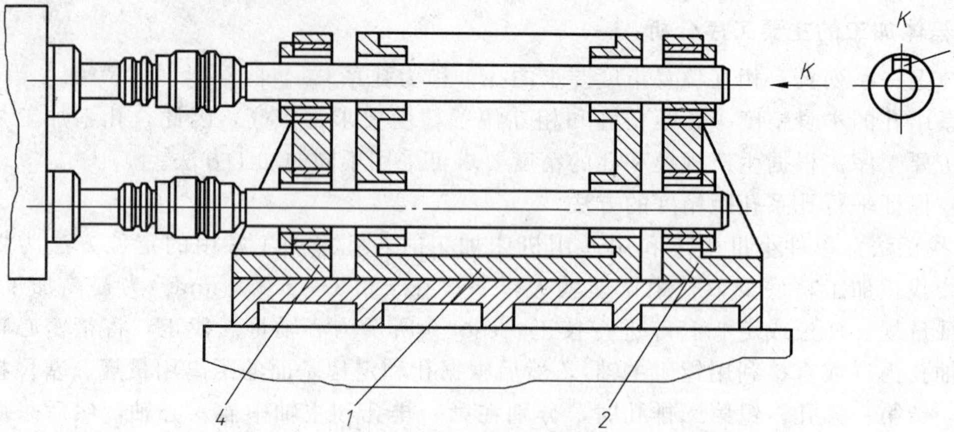

图 4-7 用镗模加工孔系

1—工件；2、4—镗模板；3—引刀槽

(2) 保证同轴孔系同轴度的方法

① 利用已加工孔作为支承导向：如图 4-8 所示，当箱体前壁上的孔径加工好后，在孔内装一导向套，通过导向套支承镗杆加工后壁上的孔，以保证两孔的同轴度要求。此方法适用于加工前后壁相距较近的同轴线孔。

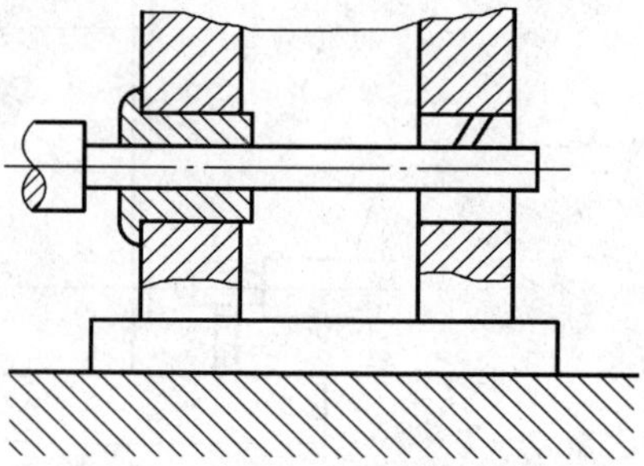

图 4-8 利用已加工孔导向

② 采用调头镗：当箱体前后壁相距较远时，可用"调头镗"。工件在一次装夹下，镗好一端的孔后，将工作台回转 180°，镗另一端的孔。对同轴度要求不高的孔，可选择普通镗床镗削；对同轴度要求较高的孔，可选择卧式加工中心镗削。

项目实施

任务一 编制柴油机机体加工工艺

【任务描述】

现要完成如图 4-9 所示 SL2100 柴油机机体的数控加工，具体设计该 SL2100 柴油机机体的数控加工工艺。

① 分析图 4-9 所示 SL2100 柴油机机体加工案例的零件图样，进行相应的工艺处理。

② 制订图 4-9 所示 SL2100 柴油机机体加工案例的零件加工中心的加工工艺。

③ 编制图 4-9 所示 SL2100 柴油机机体加工案例的零件加工中心加工工序卡、刀具卡等工艺文件。

【任务分析】

SL2100 柴油机机体零件说明：该 SL2100 柴油机机体零件为半成品，零件材料为 HT200，批量生产。该零件除缸套孔、缸盖面摘丝孔（即 10×M12-5H 螺孔）和顶面留余

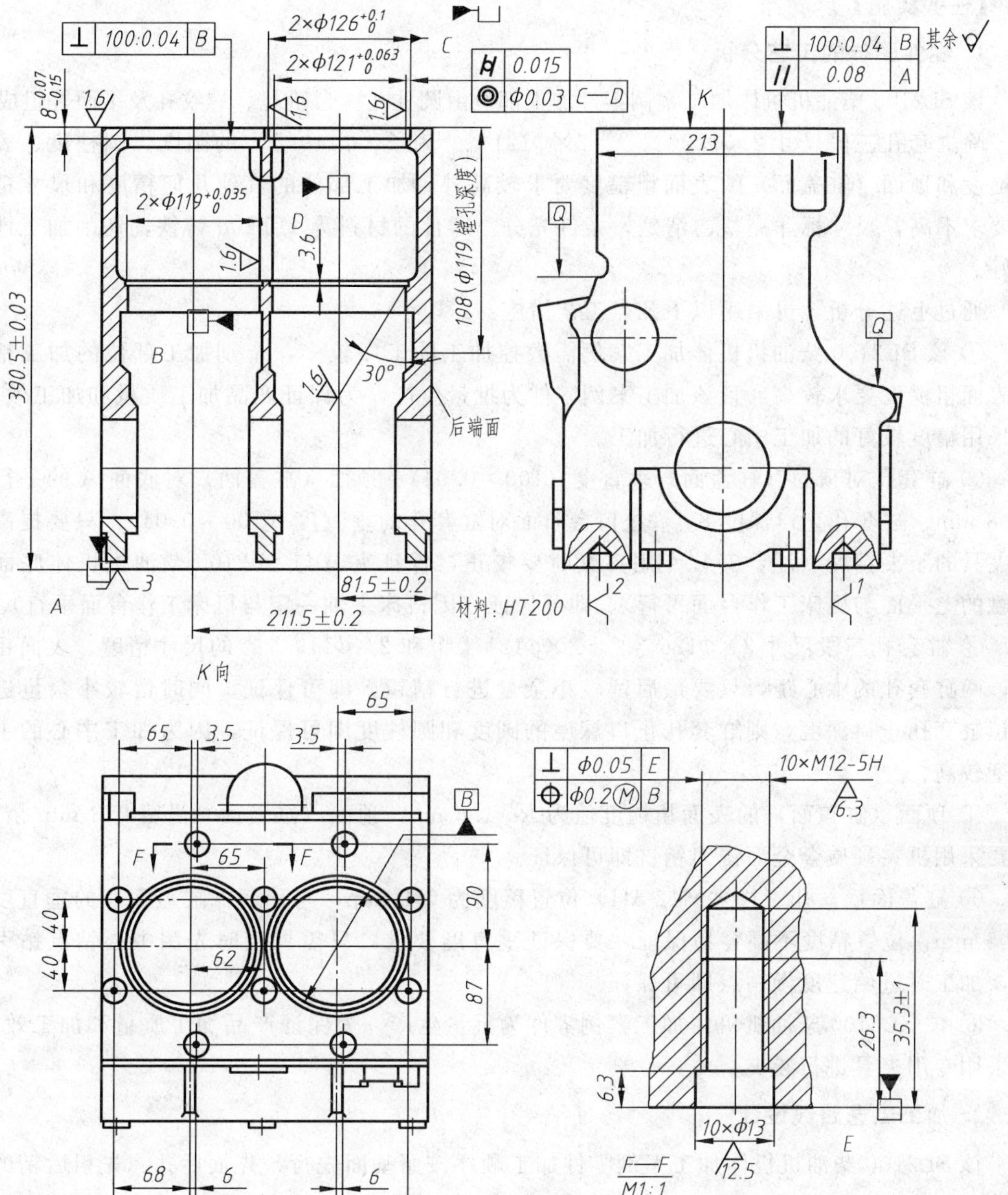

图 4-9　SL2100 柴油机机体加工案例

量待加工之外，其他工序均已按图样技术要求加工好。因缸套孔尺寸精度（$2\times\phi126^{+0.1}_{0}$、$2\times\phi121^{+0.063}_{0}$ 和 $2\times\phi119^{+0.035}_{0}$）、几何精度和缸套孔止口深度 $8^{-0.07}_{-0.15}$ 镗孔专机加工尺寸精度不稳定，缸盖面摘丝孔（10×M12-5H）钻攻专机垂直度达不到图样技术要求，要求采用数控加工。缸套孔经镗孔专机粗镗后，缸套孔三段尺寸直径余量留有 5 mm，止口深度粗镗至深度 6 mm，缸盖面摘丝孔均尚未加工，缸盖面留 0.3 mm 余量。如何设计该 SL2100 柴油机机体加工案例的数控加工工艺？

【任务实施】

1. 零件图样的工艺分析

该 SL2100 柴油机机体加工案例零件加工部位由圆柱孔、台阶孔、螺纹孔及平面等组成。

除缸套孔三段尺寸 $2\times\phi126^{+0.10}_{0}$、$2\times\phi121^{+0.063}_{0}$ 和 $2\times\phi119^{+0.035}_{0}$ 的圆度、圆柱度、表面粗糙度和顶面（缸盖面）的表面粗糙度要求较高外，加工部位的其他几何精度和尺寸精度均要求不高，尺寸标注完整、清楚，条件充分。零件的材料为 HT200 铸铁，切削加工性能较好。

通过上述分析，可采用以下几点工艺措施：

① 该 SL2100 柴油机机体加工案例需数控加工的工序较多，个别加工部位的加工精度和表面粗糙度要求较高，且该加工案例零件为批量生产，为保证产品加工质量和加工效率，应采用精度较好的加工中心进行加工。

② 缸套孔对顶面（缸盖面）垂直度（100∶0.04）、顶面（缸盖面）对底面 A 的平行度 0.08 mm、缸套孔止口深度 $8^{-0.07}_{-0.15}$止口台阶面对缸套孔的垂直度（100∶0.04），只要提高专用夹具的装夹精度（注：安装专用夹具时要校正，保证夹具与 SL2100 柴油机机体底面 A 接触的上平面与机床工作台面平行），即可保证（因机床主轴一定与机床工作台面垂直）。

③ 缸套孔三段尺寸 $2\times\phi126^{+0.10}_{0}$、$2\times\phi121^{+0.063}_{0}$ 和 $2\times\phi119^{+0.035}_{0}$ 的尺寸精度、表面粗糙度，两缸套孔的中心距，只要最后留较小余量进行精镗，即可保证。同时留较小余量进行精镗缸套孔止口深度，则缸套孔止口深度的圆度和圆柱度即可保证，因为加工中心的主轴精度较高。

④ 顶面（缸盖面）的表面粗糙度值为 Ra 1.6 μm，顶面（缸盖面）尚留 0.3 mm 余量，只要采用机夹硬质合金面铣刀精铣即可保证。

⑤ 缸盖面摘丝孔（10×M12-5H）位置精度为 0.2 mm，与顶面（缸盖面）的垂直度为 0.05 mm，位置精度不高容易保证，要保证垂直度要求，只需加工时先用中心钻点钻引导孔，加工时进给速度慢一点即可保证。

⑥ 该 SL2100 柴油机机体加工案例零件为批量生产，为保证产品加工质量和加工效率，需采用专用夹具进行装夹。

2. 加工工艺路线设计

该 SL2100 柴油机机体加工案例零件加工顺序按照基面先行、先面后孔、先粗后精的原则确定。因案例零件装夹后，缸套孔与缸盖面摘丝孔加工工序没有相互影响，先顶面（缸盖面）精铣后，可先加工缸套孔，也可先钻缸盖面摘丝孔，两个缸套孔在同一轴线上，先加工哪个都可以；缸盖面摘丝孔位置精度为 0.2 mm，要求不高容易保证，但垂直度要求较高为 0.05 mm，只要先用中心钻点钻引导孔再钻孔，按照最短路径加工即可，以提高加工效率。为保证缸套孔和缸套孔止口深度的尺寸精度和几何精度要求，因该案例零件的缸套孔已经镗孔专机粗镗，缸套孔三段尺寸直径余量留有 5 mm，止口深度已粗镗至深度为 6 mm，须采用半精镗和精镗才能保证。再因 10 个 M12-5H 缸盖面摘丝孔攻螺纹时切削力较大，为担心夹紧力不够大攻螺纹时引起工件轻微移位，影响零件的加工精度，故 10 个 M12-5H 缸盖面摘丝孔攻螺纹工序放在最后加工。

3. 机床选择

该 SL2100 柴油机机体加工案例零件规格不大，重量不重，批量生产，需数控加工的工序较多，个别加工部位的加工精度和表面粗糙度要求较高，为保证产品加工质量和加工效率，应采用精度较好的加工中心进行加工。因零件高度尺寸较高，加上专用夹具的夹具体高度，零件安装固定在夹具上之后，顶面（缸盖面）距机床工作台面的距离达 500 mm 以上，应选择机床主轴端面至工作台面距离达 850 mm 左右，才能保证加工中心换刀时，机械手不会与工件干涉。故选择机床时要重点考虑此项因素。

4. 装夹方案及夹具选择

由于该 SL2100 柴油机机体加工案例零件底面 *A* 及底面两个工艺孔已在前面工序加工完成。因此，该案例零件的定位可采用“一面两销（两孔）”定位，即用底面 *A* 和两个工艺孔（图 4-9 中的$\wedge_1$、$\wedge_2$两个工艺孔和$\wedge_3$底面）作为定位基准（注：$\wedge$为工厂实际加工工序图中的装夹定位符号），以$\wedge_1$、$\wedge_2$工艺孔和$\wedge_3$机体底面定位。因该 SL2100 柴油机机体加工案例零件为批量生产，为保证产品加工质量和加工效率，需采用专用夹具进行装夹。该案例零件左右两面是加工面，无法夹压，前后两面外形不规则，夹压面必须为平面，只好选择在图 4-9 中气动夹压符号 Q 的机油泵孔上方小平面和机体前面的圆弧形下方小平面，采用气动专用夹具夹紧。

5. 刀具选择

① 精铣顶面（缸盖面）时，因顶面宽度较宽为 213 mm，为减少来回铣削减少接刀痕，采用标准的ϕ150 mm 硬质合金面铣刀。

② 缸套孔三段尺寸采用镗刀，其中半精镗采用倾斜型镗刀，精镗采用微调镗刀。

③ 缸盖面摘丝孔先采用ϕ3 中心钻点钻后，用ϕ10.2 mm 高速钢麻花钻钻螺纹底孔，再用ϕ13 mm 高速钢平底钻头锪沉孔，最后用 M12-5H 机用丝锥攻螺纹。

具体选择的刀具详见 SL2100 柴油机机体加工案例数控加工刀具卡。

6. 切削用量选择

根据被加工表面质量要求、刀具材料和工件材料，参考切削用量手册或刀具生产厂家推荐的切削用量，选取切削速度与每转进给量，然后根据有关公式计算出主轴转速与进给速度，将计算结果填入数控加工工序卡中。具体切削用量详见 SL2100 柴油机机体加工案例数控加工工序卡。

7. 填写数控加工工序卡和刀具卡

（1）SL2100 柴油机机体加工案例数控加工工序卡

SL2100 柴油机机体加工案例数控加工工序卡如表 4-2 所示。

表 4-2　柴油机机体加工案例数控加工工序卡

单位名称	×××	产品名称或代号	零件名称	零件图号
		×××	SL2100 柴油机机体	×××
工序号	程序编号	夹具名称	加工设备	车间
×××	×××	SL2100 机体专用夹具	V-140（加工中心）	数控中心

工步号	工步内容	刀具号	刀具规格（mm）	主轴转速（r/min）	进给速度（mm/min）	检测工具	备注
1	精铣缸盖面，保证机体高度 390.5±0.03	T01	ϕ150	140	210	高度卡尺	自动换刀
2	钻 10×M12-5H 中心孔	T02	ϕ3	650	80	游标卡尺	自动换刀
3	钻 10×M12-5H 螺纹底孔 ϕ10.2，深 35.3±1 mm	T03	ϕ10.2	460	65	游标卡尺	自动换刀
4	锪 10×ϕ13，深 6.3 mm	T04	ϕ13	350	53	游标卡尺	自动换刀
5	半精镗 2×$\phi126^{+0.10}_{0}$ 至 ϕ125.6 深度 7.6 mm	T05	ϕ125.6	150	50	内径百分尺	自动换刀
6	半精镗 2×$\phi121^{+0.063}_{0}$ 至 ϕ120.6	T06	ϕ120.6	160	55	内径百分尺	自动换刀
7	半精镗 2×$\phi119^{+0.035}_{0}$ 至 ϕ118.6	T07	ϕ118.6	165	58	内径百分尺	自动换刀
8	精镗 2×$\phi126^{+0.10}_{0}$ 至尺寸，深度为 $8^{-0.07}_{-0.015}$ mm	T08	$\phi126^{+0.10}_{0}$	195	25	内径百分尺 专用检具	自动换刀
9	精镗 2×$\phi121^{+0.063}_{0}$ 至尺寸	T09	$\phi121^{+0.10}_{0}$	205	27	内径百分尺	自动换刀
10	精镗 2×$\phi119^{+0.035}_{0}$ 至尺寸	T10	$\phi119^{+0.035}_{0}$	215	30	内径百分尺	自动换刀
11	攻 10 × M12-5H 螺纹，深 26.3 mm	T11	M12	80	140	螺纹通止规	自动换刀

编制	×××	审核	×××	批准	×××	年　月　日	共　页	第　页

（2）SL2100 柴油机机体加工案例数控加工刀具卡

SL2100 柴油机机体加工案例数控加工刀具卡如表 4-3 所示。

表 4-3　SL2100 柴油机机体加工案例数控加工刀具卡

产品名称或代号	×××	零件名称	SL2100 柴油机机体	零件图号	×××
序号	刀具号	刀具		加工表面	备注
		规格名称	数量	刀长（mm）		

序号	刀具号	刀具：规格名称	刀具：数量	刀具：刀长（mm）	加工表面	备注
1	T01	ϕ150 硬质合金面铣刀	1	实测	顶面	
2	T02	ϕ3 中心钻	1	实测	摘丝孔	
3	T03	ϕ10.2 高速钢麻花钻	1	实测	摘丝孔	

续表

产品名称或代号	×××	零件名称	SL2100 柴油机机体	零件图号	×××	
4	T04	ϕ13 高速钢平底钻头（钻头刃磨成平底）	1	实测	摘丝孔孔口	
5	T05	ϕ125.6 倾斜型镗刀（刀片硬质合金）	1	实测	缸套孔	
6	T06	ϕ120.6 倾斜型镗刀（刀片硬质合金）	1	实测	缸套孔	
7	T07	ϕ118.6 倾斜型镗刀（刀片硬质合金）	1	实测	缸套孔	
8	T08	$\phi126^{+0.10}_{0}$ 微调镗刀（刀片硬质合金）	1	实测	缸套孔	
9	T09	$\phi121^{+0.063}_{0}$ 微调镗刀（刀片硬质合金）	1	实测	缸套孔	
10	T10	$\phi119^{+0.035}_{0}$ 微调镗刀（刀片硬质合金）	1	实测	缸套孔	
11	T11	M12-5H 机用丝锥	1	实测	摘丝孔	
编制 ×××	审核 ×××	批准	×××	年 月 日	共 页	第 页

【任务评价】

能力评价方式如表 4-4 所示。

表 4-4 能力评价表

评价等级	等 级 要 求
优秀	能高质量、高效率完成图 4-9 所示 SL2100 柴油机机体加工案例零件数控加工工艺设计，并正确完成任务巩固提高的 SL2105 柴油机机体数控加工工艺设计，确定装夹方案
良好	能在无教师的指导下完成图 4-9 所示 SL2100 柴油机机体加工案例零件数控加工工艺设计
中等	能在教师的偶尔指导下完成图 4-9 所示 SL2100 柴油机机体加工案例零件数控加工工艺设计
合格	能在教师的指导下完成图 4-9 所示 SL2100 柴油机机体加工案例零件数控加工工艺设计

任务二　编制柴油机缸盖加工中心综合加工工艺

【任务描述】

现要完成如图 4-10 所示 SL2100 柴油机缸盖加工案例零件的数控加工，具体设计该

SL2100 柴油机缸盖的数控加工工艺。

① 分析图 4-10 所示 SL2100 柴油机缸盖加工案例的零件图样，进行相应的工艺处理。

② 制订图 4-10 所示 SL2100 柴油机缸盖加工案例的零件加工中心加工工艺。

③ 编制图 4-10 所示 SL2100 柴油机缸盖加工案例的零件加工中心加工工序卡、刀具卡等工艺文件。

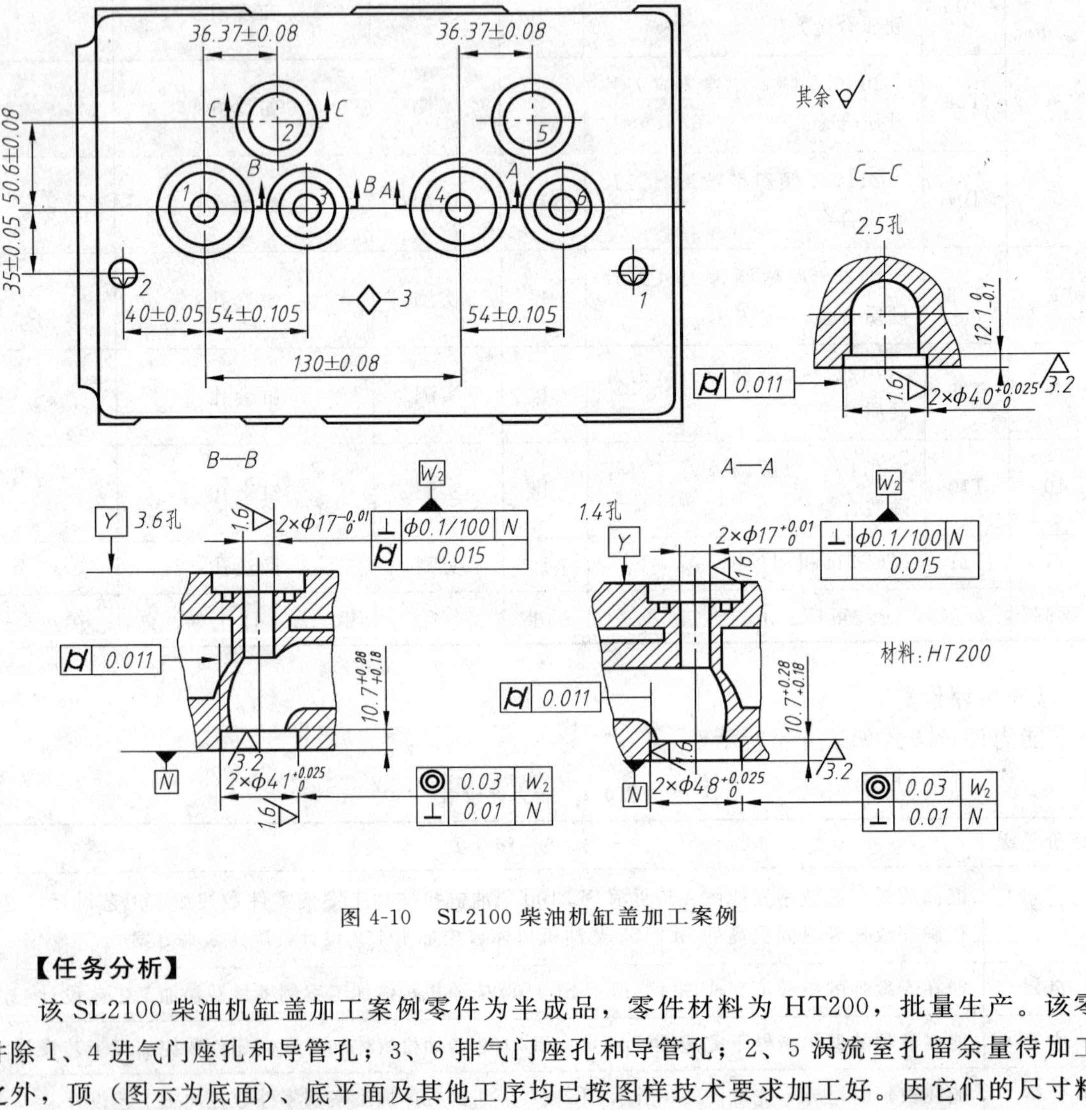

图 4-10 SL2100 柴油机缸盖加工案例

【任务分析】

该 SL2100 柴油机缸盖加工案例零件为半成品，零件材料为 HT200，批量生产。该零件除 1、4 进气门座孔和导管孔；3、6 排气门座孔和导管孔；2、5 涡流室孔留余量待加工之外，顶（图示为底面）、底平面及其他工序均已按图样技术要求加工好。因它们的尺寸精度、几何精度和粗糙度要求较高，普通镗床或专机无法加工，或加工的尺寸精度、几何精度达不到要求，所以采用数控加工。1、4 进气门座孔和导管孔经专机加工到尺寸ϕ45.5 和ϕ15.75，1、4 进气门座孔经专机加工到深度 9 mm；3、6 排气门座孔和导管孔经专机加工到尺寸ϕ38.5 和ϕ15.75，3、6 排气门座孔经专机加工到深度 9 mm；2、5 涡流室孔经专机加工到尺寸ϕ38，深度 10 mm。如何设计该 SL2100 柴油机缸盖加工案例的数控加工工艺？

现有该 SL2100 柴油机缸盖加工案例数控加工工艺规程如表 4-5 所示。

表 4-5　SL2100 柴油机缸盖加工案例数控加工工艺规程（注：铰刀 4 刃）

工序号	工 序 内 容	刀具号	刀具名称	主轴转速 (r/min)	进给速度 (mm/min)	背吃刀量 (mm)	机床	夹具
1	半精镗 1、4 进气门座孔至ϕ47.2，深度为 10.4 mm	T01	ϕ47.2 镗刀	800	150	0.85	数控铣床	成组夹具
2	半精镗 3、6 排气门座孔至ϕ40.2，深度为 10.4 mm	T02	ϕ40.2 镗刀	500	120	0.85	数控铣床	成组夹具
3	半精镗 2、5 涡流室孔至ϕ39.3，深度为 11.7 mm	T03	ϕ39.3 镗刀	250	100	0.65	数控铣床	成组夹具
4	半精铰 1、4、3、6 孔的导管孔至ϕ16.5	T04	ϕ16.5 高速钢铰刀	200	180	0.375	数控铣床	成组夹具
5	精镗 1、4 进气门座孔至尺寸	T05	$\phi48^{+0.025}_{0}$ 镗刀	250	100	0.4	数控铣床	成组夹具
6	精镗 3、6 排气门座孔至尺寸	T06	$\phi41^{+0.025}_{0}$ 镗刀	220	120	0.4	数控铣床	成组夹具
7	精镗 2、5 涡流室孔至尺寸	T07	$\phi40^{+0.025}_{0}$ 镗刀	300	150	0.35	数控铣床	成组夹具
8	精铰 1、4、3、6 孔的导管孔至尺寸	T08	$\phi17^{+0.01}_{0}$ 高速钢铰刀	300	150	0.25	数控铣床	成组夹具

【任务实施】

1. 加工案例工艺分析

① 对图 4-10 所示 SL2100 柴油机缸盖加工案例进行详尽分析，找出该 SL2100 柴油机缸盖加工工艺有什么不妥之处？

- 加工方法选择是否得当？
- 夹具选择是否得当？
- 刀具选择是否得当？
- 加工工艺路线是否得当？
- 切削用量是否合适？
- 工序安排是否合适？
- 机床选择是否得当？
- 装夹方案是否得当？

② 对上述问题进行分析后，如果有不当的地方，改正过来，提出正确的工艺措施；

③ 制订正确的工艺，并优化工艺。

④ 填写该 SL2100 柴油机缸盖加工案例的加工工序卡、刀具卡，确定装夹方案。

2. 加工案例的加工工艺、装夹方案

（1）SL2100 柴油机缸盖加工案例数控加工工序卡

SL2100 柴油机缸盖加工案例数控加工工序卡如表 4-6 所示。

表 4-6 SL2100 柴油机缸盖加工案例数控加工工序卡（注：铰刀 6 刃）

单位名称	×××	产品名称或代号	零件名称	零件图号
		×××	SL2100 柴油机缸盖	×××
工序号	程序编号	夹具名称	加工设备	车间
×××	×××	SL2100 缸盖专用夹具	V-80（加工中心）	数控中心

工步号	工步内容	刀具号	刀具规格（mm）	主轴转速（r/min）	进给速度（mm/min）	检测工具	备注
1	扩 1、4、3、6 孔的导管孔至$\phi16.3$	T01	$\phi16.3$	480	50	游标卡尺	自动换刀
2	半精镗 1、4 进气门座孔至$\phi47.65$，深度 10.5 mm	T02	$\phi47.65$	380	55	游标卡尺	自动换刀
3	半精镗 3、6 排气门座孔至$\phi40.65$，深度 10.5 mm	T03	$\phi40.65$	420	60	游标卡尺	自动换刀
4	半精镗 2、5 涡流室孔至$\phi39.65$，深度 11.9 mm	T04	$\phi39.65$	420	60	游标卡尺	自动换刀
5	半精铰 1、4、3、6 孔的导管孔至$\phi16.8$	T05	$\phi16.8$	80	50	游标卡尺	自动换刀
6	精镗至 1、4 进气门座孔至尺寸	T06	$\phi48^{+0.025}_{0}$	500	50	内径百分尺	自动换刀
7	精镗 3、6 排气门座孔至尺寸	T07	$\phi41^{+0.025}_{0}$	550	55	内径百分尺	自动换刀
8	精镗 2、5 涡流室孔至尺寸	T08	$\phi40^{+0.025}_{0}$	550	55	内径百分尺	自动换刀
9	精铰 1、4、3、6 孔的导管孔至尺寸	T09	$\phi17^{+0.01}_{0}$	70	35	专用检具	自动换刀
编制 ×××	审核 ×××	批准	×××	年 月 日		共 页	第 页

（2）SL2100 柴油机缸盖加工案例数控加工刀具卡

SL2100 柴油机缸盖加工案例数控加工刀具卡如表 4-7 所示。

表 4-7 SL2100 柴油机缸盖加工案例数控加工刀具卡

产品名称或代号	×××	零件名称	SL2100 柴油机缸盖	零件图号	×××	
序号	刀具号	刀具			加工表面	备注
		规格名称	数量	刀长（mm）		
1	T01	$\phi16.3$ 硬质合金扩孔钻	1	实测	1、4、3、6 孔的导管孔	

续表

序号	刀具号	刀具 规格名称	数量	刀长（mm）	加工表面	备注
2	T02	ϕ47.65 倾斜型镗刀（刀片硬质合金）	1	实测	1、4 进气门座孔	
3	T03	ϕ40.65 倾斜型镗刀（刀片硬质合金）	1	实测	3、6 排气门座孔	
4	T04	ϕ39.65 倾斜型镗刀（刀片硬质合金）		实测	2、5 涡流室孔	
5	T05	ϕ16.8 硬质合金铰刀	1	实测	1、4、3、6 孔的导管孔	
6	T06	$\phi48^{+0.025}_{0}$ 微调镗刀（刀片硬质合金）	1	实测	1、4 进气门座孔	
7	T07	$\phi41^{+0.025}_{0}$ 微调镗刀（刀片硬质合金）	1	实测	3、6 排气门座孔	
8	T08	$\phi40^{+0.025}_{0}$ 微调镗刀（刀片硬质合金）	1	实测	2、5 涡流室孔	
9	T09	$\phi17^{+0.01}_{0}$ 硬质合金铰刀	1	实测	1、4、3、6 孔的导管孔	

编制	×××	审核	×××	批准	×××	年 月 日	共 页	第 页

（3）SL2100 柴油机缸盖加工案例装夹方案

根据 SL2100 柴油机缸盖加工案例零件说明，该加工案例零件除进、排气门座孔、导管孔和涡流室孔外，零件顶面、底面（注：图示为底面）及图示标 $_1$ 和 $_2$ 符号的两工艺孔已加工好。该案例零件为批量生产，为保证产品加工质量和加工效率，可采用一面两销的专用夹具定位，以图 4-9 标 $_1$ 和 $_2$ 符号的两工艺孔和标 3 符号的零件底面定位（注： 和 为工厂实际加工工序图中的装夹定位符号）。因该零件顶底两面是加工面，前后左右四面外形未加工不平整，夹压面必须为平面，只好选择在图示液压夹压符号 Y 的顶面，采用液压专用夹具夹紧。

【任务拓展】

将图 4-10 所示 SL2100 柴油机缸盖进、排气门座孔和涡流室孔直径尺寸均增加 1 mm，深度尺寸不变，进、排气导管孔直径增加 0.3 mm，把 SL2100 柴油机缸盖改为 SL2105 柴油机缸盖。缸盖进、排气门座孔和涡流室孔普通机床分别只加工至ϕ42、ϕ35.5 和ϕ35，其他不变。试设计该半成品状态 SL2105 柴油机缸盖的数控加工工艺，并确定装夹方案。

【任务评价】

能力评价方式如表 4-8 所示。

表 4-8 能力评价表

评价等级	等 级 要 求
优秀	能高质量、高效率完成图 4-10 所示 SL2100 柴油机缸盖加工案例零件数控加工工艺设计，并正确完成任务巩固提高的 SL2105 柴油机缸盖数控加工工艺设计，确定装夹方案
良好	能在无教师的指导下完成图 4-10 所示 SL2100 柴油机缸盖加工案例零件数控加工工艺设计
中等	能在教师的偶尔指导下完成图 4-10 所示 SL2100 柴油机缸盖加工案例零件数控加工工艺设计
合格	能在教师的指导下完成图 4-10 所示 SL2100 柴油机缸盖加工案例零件数控加工工艺设计

项目五　异形类零件加工工艺编制

项目引言

异形类零件结构不规则，装夹刚性差，需要多次装夹才能完成，是数控铣床加工中比较难加工的一类零件。

项目目标

- 会异形类零件的工艺特点及其定位与装夹。
- 会对中等复杂程度异形类零件图进行数控加工工艺性分析（会分析零件图样技术要求，会检查零件图的完整性和正确性，会分析零件的结构工艺性）。
- 会拟定中等复杂程度异形类零件数控加工工艺路线（会选择孔系、平面加工方法，会划分加工阶段，会划分加工工序及工步，会确定加工顺序，会确定加工路线）。
- 会选择数控加工中等复杂程度异形类零件孔系、平面的数控加工刀具。
- 会选择数控加工中等复杂程度异形类零件夹具，并确定装夹方案。
- 会按中等复杂程度异形类零件数控加工工艺，选择合适的切削用量与机床。
- 会编制中等复杂程度异形类零件数控加工工艺文件。

项目知识

异形类零件数控加工工艺设计步骤也包括：机床选择、零件图样工艺分析、加工工艺路线设计、装夹方案及夹具选择、刀具选择、切削用量选择和填写数控加工工序卡和刀具卡等。

下面主要介绍异形类零件的工艺特点及其定位与装夹。

资料一　异形类零件的工艺特点

异形类零件即外形特异的零件，如图 5-1 所示的异形支架、图 5-2 所示的支架等都是外形不规则的零件，这类零件大都需要采用点、线、面多工位混合加工。异形类零件的总体刚性一般较差，在装夹过程中易变形，在普通机床上只能采取工序分散的原则加工，需用工装较多，周期较长，而且难以保证加工精度。而数控机床特别是加工中心具有多工位点、线、面混合加工的特点，能够完成大部分甚至全部工序内容。实践证明，异形件的形状越复杂、加工精度要求越高，使用加工中心加工便越能显示其优越性。

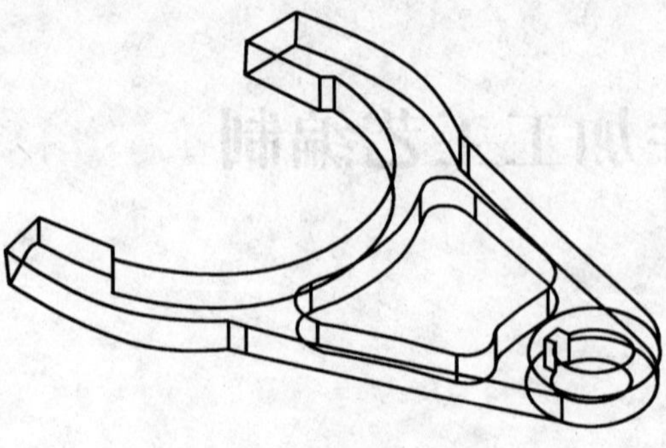

图 5-1　异形支架

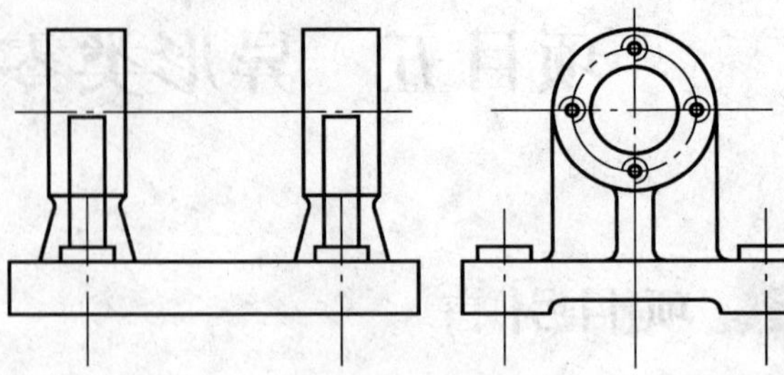

图 5-2　支架

资料二　异形类零件的定位与装夹

对于不便装夹的异形类零件，在进行零件图样结构工艺性审查时，可考虑在毛坯上另外增加装夹余量或工艺凸台、工艺凸耳等辅助基准。如图 5-3 所示，该异形类零件缺少合适的定位基准，在毛坯上铸出三个工艺凸耳，再在工艺凸耳上加工出定位基准孔，这样该异形类零件就便于装夹，适合批量生产。

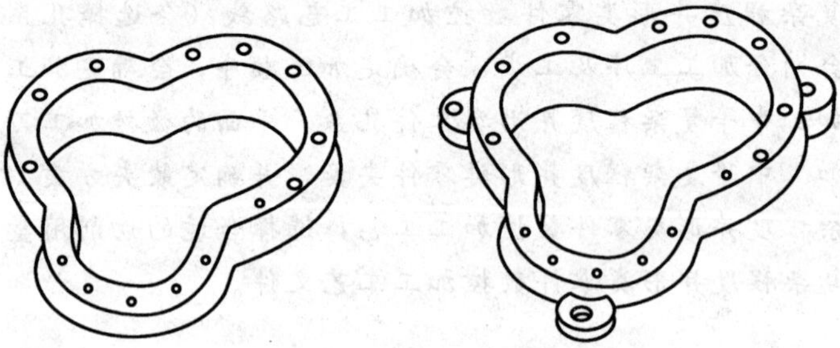

图 5-3　增加毛坯工艺凸耳辅助基准

若零件毛坯无制出辅助工艺定位装夹基准，可考虑在不影响零件强度、刚度、使用功能的部位特制工艺孔作为定位基准。如图 5-4 所示样板零件数控铣削外轮廓，因该零件轮廓外形不规则，单件生产可以$\phi\ 15^{+0.070}_{0}$孔作为定位基准，配以带螺纹的定位销进行定位和压紧，在加工过程中，要注意及时更换压紧部位及装夹的位置，以保证加工过程稳定进行。若为批量生产，可以采用专用夹具，即仍以$\phi\ 15^{+0.070}_{0}$孔定位兼压紧，在零件下方选择不影响样板强度、刚度、使用功能的适当位置钻一个工艺孔（如图 5-5 所示的虚线孔），并将该工艺孔作为第二个定位基准孔，以满足一面两销准确而可靠的定位。

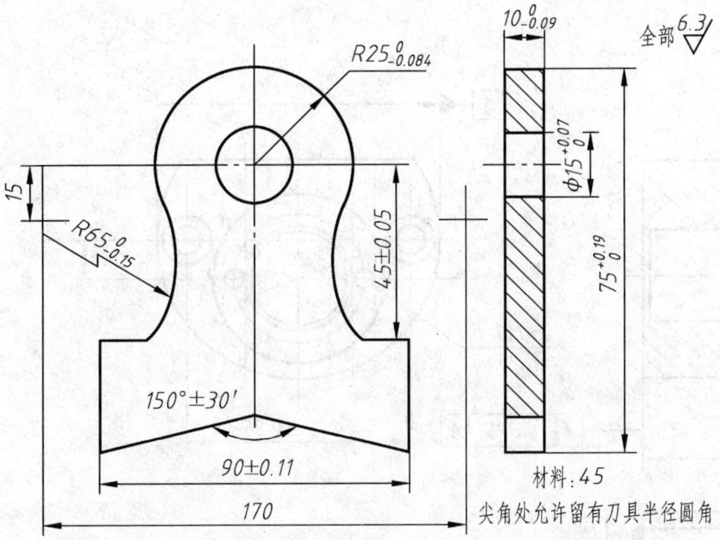

图 5-4　样板零件

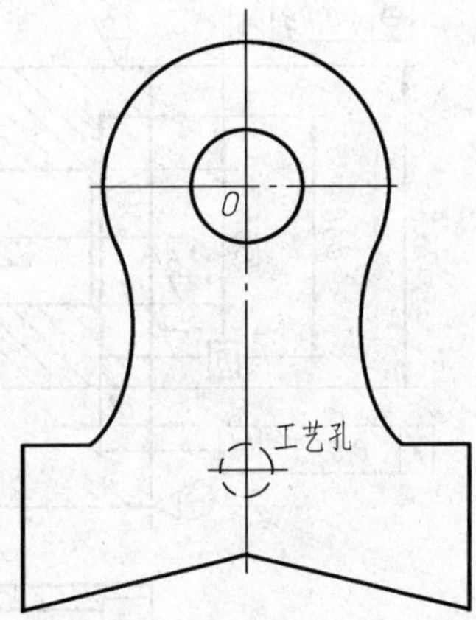

图 5-5　增加工艺孔

查阅学习完异形类零件的工艺特点及其定位与装夹资料后，现要完成图 5-6 所示支承套的数控加工工艺编制。

项目实施

任务一　编制支承套零件数控综合加工工艺

【任务描述】

现要完成如图 5-6 所示支承套加工案例零件的数控加工，具体设计该支承套零件的数控加工工艺。

① 查阅数控加工工艺书和工艺手册，获取设计图 5-6 所示支承套零件的数控加工工艺知识及数据。

② 分析图 5-6 所示支承套加工案例的零件图样，进行相应的工艺处理。

③ 制订图 5-6 所示支承套加工案例零件的数控加工工艺。

④ 编制图 5-6 所示支承套加工案例零件的数控加工工序卡、刀具卡等工艺文件。

【任务分析】

该支承套加工案例零件为卧式升降台铣床的支承套，零件材料为 45 号钢，维修配件小批生产。零件毛坯为棒料ϕ 110 mm×90 mm，长度为 $80^{+0.5}_{0}$ mm、外径ϕ 100f9 及尺寸为 $38^{-0.5}_{0}$ mm在前面工序均已按图样技术要求加工好。因加工工序较多，若采用普通机床加工需多次装夹，加工精度难于保证，要求采用数控加工。如何设计该支承套加工案例的数控加工工艺？

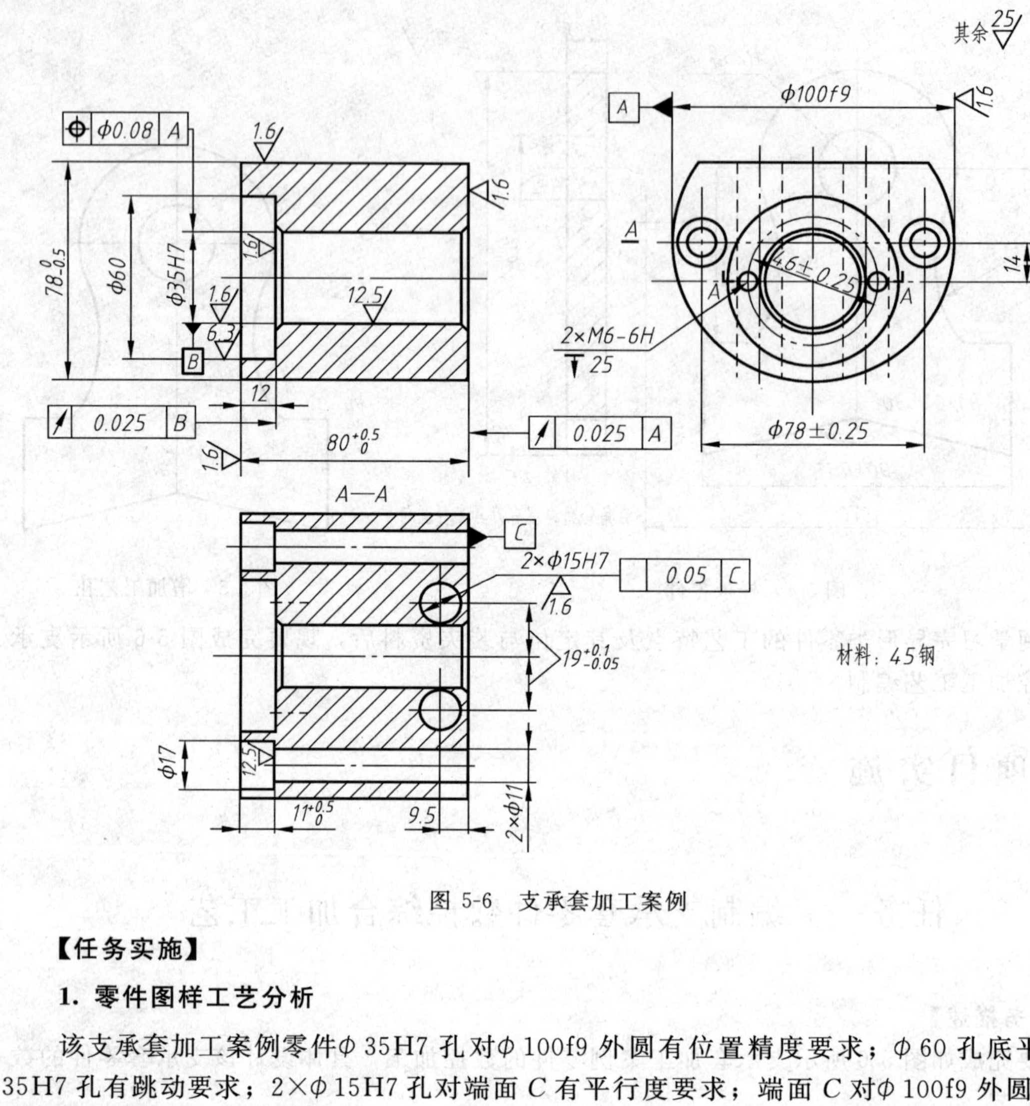

图 5-6　支承套加工案例

【任务实施】

1. 零件图样工艺分析

该支承套加工案例零件φ35H7 孔对φ100f9 外圆有位置精度要求；φ60 孔底平面对φ35H7 孔有跳动要求；2×φ15H7 孔对端面 C 有平行度要求；端面 C 对φ100f9 外圆有跳动要求。该案例零件有互相垂直的两个方向上的孔系，且φ35H7 孔对外圆有 14 mm 的偏心距要求，若在普通机床上加工，由于各加工部位在不同方向上，需多次装夹才能完成，这些位置精度要求不能保证且加工效率低；采用立式加工中心加工两个互相垂直的部位，需要两次装夹才能完成；采用带回转工作台的卧式加工中心加工，只需一次装夹即可完成全部工序加工。升降台铣床的支承套，在两个互相垂直的方向上有多个孔要加工，在加工中心上加工，只需一次安装即可完成。

2. 加工工艺路线设计

(1) 选择加工方法

该支承套加工案例零件毛坯为棒料，因此所有孔都是在实体上加工，为防止钻头钻偏，需先用中心钻钻导向孔，然后再钻孔。为保证φ35H7 及 2×φ15H7 孔的精度，根据其尺寸，选择铰孔为其最终加工方法，故需钻中心孔→钻孔→扩（或粗镗）孔→铰（或精镗）孔。对φ60 的孔，根据孔径精度、孔深尺寸和孔底平面要求，用粗铣→精铣的方法同时完成孔壁和孔底平面的加工。其余各孔因无精度要求，用钻中心孔→钻孔→锪孔即可达到加工要求。各加工部位选择的加工方案如下：

ϕ35H7 孔：钻中心孔→钻孔→粗镗→半精镗→铰孔；

ϕ15H7 孔：钻中心孔→钻孔→扩孔→铰孔；

ϕ60 孔：粗铣→精铣；

ϕ11 孔：钻中心孔→钻孔；

ϕ17 孔：锪孔（在ϕ11 底孔上）；

M6-6H 螺孔：钻中心孔→钻底孔→孔端倒角→攻螺纹。

（2）确定加工顺序

该支承套加工案例零件加工按先主后次、先粗后精的原则确定。为减少变换加工工位的辅助时间和工作台分度误差的影响，各个加工工位上的加工部位在工作台一次分度下按先主后次、先粗后精的原则加工完毕。具体的加工顺序是：

第一工位（B0°）：

钻ϕ35H7、2×ϕ11 中心孔→钻ϕ35H7 孔→钻 2×ϕ11 孔→锪 2×ϕ17 孔→粗镗ϕ35H7 孔→粗铣、精铣ϕ60×12 孔→半精镗ϕ35H7 孔→钻 2×M6-6H 螺纹中心孔→钻 2×M6-6H 螺纹底孔→2×M6-6H 螺纹孔端倒角→ 攻 2×M6-6H 螺纹→铰ϕ35H7 孔。

第二工位（B90°）：

钻 2×ϕ15H7 中心孔→钻 2×ϕ15H7 孔→扩 2×ϕ15H7 孔→铰 2×ϕ15H7 孔。

3. 机床选择

该案例零件有互相垂直的两个方向上的孔系需要加工，采用立式加工中心加工两个互相垂直的孔系，需要两次装夹才能完成；采用带回转工作台的卧式加工中心加工，只需一次装夹即可完成全部工序加工。加工内容有钻孔、扩孔、镗孔、锪孔、铰孔及攻螺纹等，所需刀具不超过 20 把，国产 XH754 型卧式加工中心工作台尺寸为 400 mm×400 mm，*X* 轴行程为 500 mm，*Z* 轴行程为 400 mm，*Y* 轴行程为 400 mm，主轴中心线至工作台距离为 100～500 mm，主轴端面至工作台中心线距离为 150～550 mm，刀库容量 30 把，定位精度和重复定位精度分别为 0.02 mm 和 0.01 mm，工作台分度精度和重复分度精度分别为 7″和 4″。故选用国产 XH754 型卧式加工中心即可满足上述要求。

4. 装夹方案及夹具选择

首先按照基准重合原则考虑选择定位基准。由于ϕ35H7、ϕ60 mm、2×ϕ11 及 2×ϕ17 孔的设计基准均为ϕ100f9 外圆中心线，所以选择ϕ100f9 外圆中心线为主要定位基准。因ϕ100f9外圆不是整圆，故用 V 形块作为定位元件，限制 4 个自由度，支承套长度方向的定位基准，若选右端面定位，对ϕ17 孔深尺寸存在 $11^{+0.5}_{0}$ 基准不重合误差，加工精度不能保证（因工序尺寸 $80^{+0.5}_{0}$ 的公差为 0.5 mm），故选左端面定位，限制支承套轴向移动的自由度。工件的装夹简图如图 5-7 所示。在装夹时应使工件上平面在夹具中保持垂直，以消除转动自由度。

5. 刀具选择

具体刀具规格和种类详见支承套加工案例数控加工刀具卡。

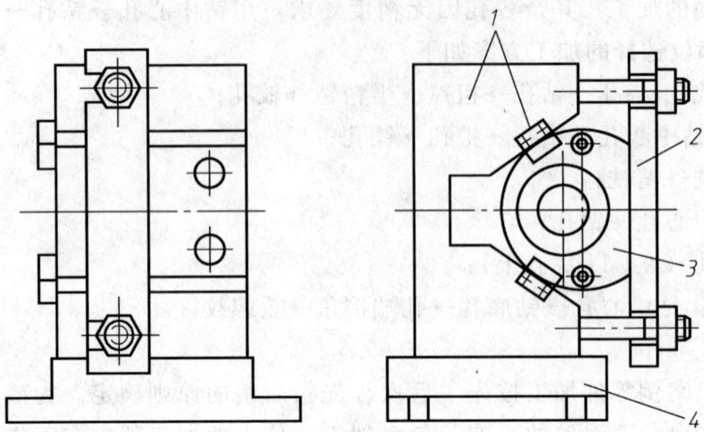

图 5-7　支承套装夹示意图

1—定位元件；2—夹紧机构；3—工件；4—夹具体

6. 切削用量选择

根据被加工表面质量要求、刀具材料和工件材料，参考切削用量手册或刀具生产厂家推荐的切削用量，选取切削速度与每转进给量，然后根据有关公式计算出主轴转速与进给速度，将计算结果填入数控加工工序卡中。具体切削用量详见支承套加工案例数控加工工序卡。

7. 填写数控加工工序卡和刀具卡

(1) 支承套加工案例数控加工工序卡

支承套加工案例数控加工工序卡如表 5-1 所示。

表 5-1　支承套加工案例数控加工工序卡

<table>
<tr><td colspan="2" rowspan="2">单位名称</td><td colspan="2" rowspan="2">×××</td><td colspan="2">产品名称或代号</td><td>零件名称</td><td>零件图号</td></tr>
<tr><td colspan="2">×××</td><td>支承套</td><td>×××</td></tr>
<tr><td colspan="2">工序号</td><td colspan="2">程序编号</td><td colspan="2">夹具名称</td><td>加工设备</td><td>车间</td></tr>
<tr><td colspan="2">×××</td><td colspan="2">×××</td><td colspan="2">专用夹具</td><td>XH754（卧式加工中心）</td><td>数控中心</td></tr>
<tr><td>工步号</td><td>工步内容</td><td>刀具号</td><td>刀具规格（mm）</td><td>主轴转速（r/min）</td><td>进给速度（mm/min）</td><td>检测工具</td><td>备注</td></tr>
<tr><td></td><td>B0°</td><td></td><td></td><td></td><td></td><td></td><td>工作台 0°</td></tr>
<tr><td>1</td><td>钻ϕ35H7 孔、2×ϕ17×11 孔中心孔</td><td>T01</td><td>ϕ3</td><td>1200</td><td>40</td><td>游标卡尺</td><td>自动换刀</td></tr>
<tr><td>2</td><td>钻ϕ35H7 孔至ϕ31</td><td>T02</td><td>ϕ31</td><td>150</td><td>30</td><td>游标卡尺</td><td>自动换刀</td></tr>
<tr><td>3</td><td>钻ϕ11 孔</td><td>T03</td><td>ϕ11</td><td>500</td><td>70</td><td>游标卡尺</td><td>自动换刀</td></tr>
<tr><td>4</td><td>锪 2×ϕ17 沉孔</td><td>T04</td><td>ϕ17</td><td>150</td><td>15</td><td>游标卡尺</td><td>自动换刀</td></tr>
<tr><td>5</td><td>粗镗ϕ35H7 孔至ϕ34</td><td>T05</td><td>ϕ34</td><td>400</td><td>30</td><td>游标卡尺</td><td>自动换刀</td></tr>
</table>

续表

工步号	工步内容	刀具号	刀具规格(mm)	主轴转速(r/min)	进给速度(mm/min)	检测工具	备注
6	粗铣φ60×12 至φ59×11.5	T06	φ32	500	70	游标卡尺	自动换刀
7	精铣φ60×12 至尺寸	T06	φ32	600	45	内径百分表	自动换刀
8	半精镗φ35H7 孔至φ34.85	T07	φ34.85	450	35	游标卡尺	自动换刀
9	钻 2×M6-6H 螺纹中心孔	T01	φ3	1 200	40	游标卡尺	自动换刀
10	钻 2×M6-6H 螺纹底孔至φ5	T08	φ5	650	35	游标卡尺	自动换刀
11	2×M6-6H 螺纹孔口倒角	T03	φ11	500	20	游标卡尺	自动换刀
12	攻 2×M6-6H 螺纹	T09	M6	100	100	螺纹通止规	自动换刀
13	铰φ35H7 孔至尺寸	T10	φ35H7	100	50	内径百分表	自动换刀
	B90°						工作台转 90°
14	钻 2×φ15H7 孔为中心孔	T01	φ3	1 200	40	游标卡尺	自动换刀
15	钻 2×φ15H7 孔至φ14	T11	φ14	450	60	游标卡尺	自动换刀
16	扩 2×φ15H7 孔至φ14.85	T12	φ14.85	200	40	游标卡尺	自动换刀
17	铰 2×φ15H7 孔至尺寸	T13	φ15H7	100	60	专用检具	自动换刀
编制 ×××	审核 ×××	批准 ×××		年 月 日		共 页	第 页

(2) 支承套加工案例数控加工刀具卡

支承套加工案例数控加工刀具卡如表 5-2 所示。

表 5-2 支承套加工案例数控加工刀具卡

产品名称或代号	×××	零件名称		支承套	零件图号	×××
序号	刀具号	刀具 规格名称	刀具 数量	刀具 刀长(mm)	加工表面	备注
1	T01	φ3 中心钻	1	实测	φ35H7、φ17、φ15H7 孔和 M6 螺纹孔	
2	T02	φ31 锥柄麻花钻	1	实测	φ35H7 孔	
3	T03	φ11 锥柄麻花钻	1	实测	φ11 孔	
4	T04	φ17×11 锥柄埋头钻	1	实测	φ17 孔	
5	T05	φ34 粗镗刀	1	实测	φ35H7 孔	
6	T06	φ32 立铣刀	1	实测	φ60 孔	
7	T07	φ34.85 镗刀	1	实测	φ35H7 孔	
8	T08	φ5 直柄麻花钻	1	实测	M6 螺纹孔	
9	T09	M6 机用丝锥	1	实测	M6 螺纹孔	

续表

序号	刀具号	刀具			加工表面		备注
		规格名称	数量	刀长（mm）			
10	T10	ϕ35H7 套式铰刀	1	实测	ϕ35H7 孔		
11	T11	ϕ14 锥柄麻花钻	1	实测	ϕ15H7 孔		
12	T12	ϕ14.85 扩孔钻	1	实测	ϕ15H7 孔		
13	T13	ϕ15H7 铰刀	1	实测	ϕ15H7 孔		
编制	×××	审核 ×××	批准	×××	年 月 日	共 页	第 页

任务二 编制拨动杆零件数控综合加工工艺

【任务描述】

现要完成如图 5-8 所示某机床变速箱体中操纵机构上的拨动杆零件的数控加工，具体设计该拨动杆零件的数控加工工艺。

① 查阅数控加工工艺书和工艺手册，获取设计图 5-8 所示拨动杆零件的数控加工工艺知识及数据。

② 分析图 5-8 所示拨动杆加工案例的零件图样，进行相应的工艺处理。

③ 制订图 5-8 所示拨动杆加工案例零件的数控加工工艺。

④ 编制图 5-8 所示拨动杆加工案例零件的数控加工工序卡、刀具卡等工艺文件。

【任务分析】

该零件材料为 HT200，单件小批生产。该拨动杆加工案例零件材料为 HT200，需要车削的ϕ25h8 外圆和 N 面由数控车床配合加工。因结构复杂，加工精度要求高，要求采用数控加工。如何设计该拨动杆加工案例的数控加工工艺？

【任务实施】

1. 零件图样工艺分析

该零件形状和尺寸较复杂，该零件有三组加工表面，这三组加工表面之间有相互位置要求。第一组，以尺寸ϕ 16H7 为主的加工表面，包括ϕ 25h8 外圆、端面及与之相距 74±0.3的孔ϕ 10H7，其中，ϕ 16H7 孔中心与ϕ 10H7 孔中心的连线是确定其他各表面方位的设计基准，以下简称为两孔中心连线。第二组，粗糙度 Ra 值为 6.3 μm 的平面 M 以及平面 M 上的角度为 130°的槽。第三组，P、Q 两平面及相应的 2×M8 螺纹孔。第一组和第二组为零件上的主要表面。第一组加工表面垂直于第二组加工表面，平面 M 是设计基准。第二组面上槽的位置度公差为 0.5 mm。即槽的位置（槽的中心线）与 B 面轴线垂直且相交，偏离误差不大于 0.5 mm。槽的方向与两孔中心连线的夹角为 22°47′±15′。第三组及其他螺纹孔为次要表面。第三组上的 P、Q 两平面与第一组的 M 面垂直，P 面上的螺纹孔 M8 的轴线与两孔中心连线的夹角 45°。P 面上的螺纹孔 M8 的轴线与两孔中心线平行，而平面 P、Q 位置分别与 M8 的轴线垂直，P、Q 位置也就确定了。

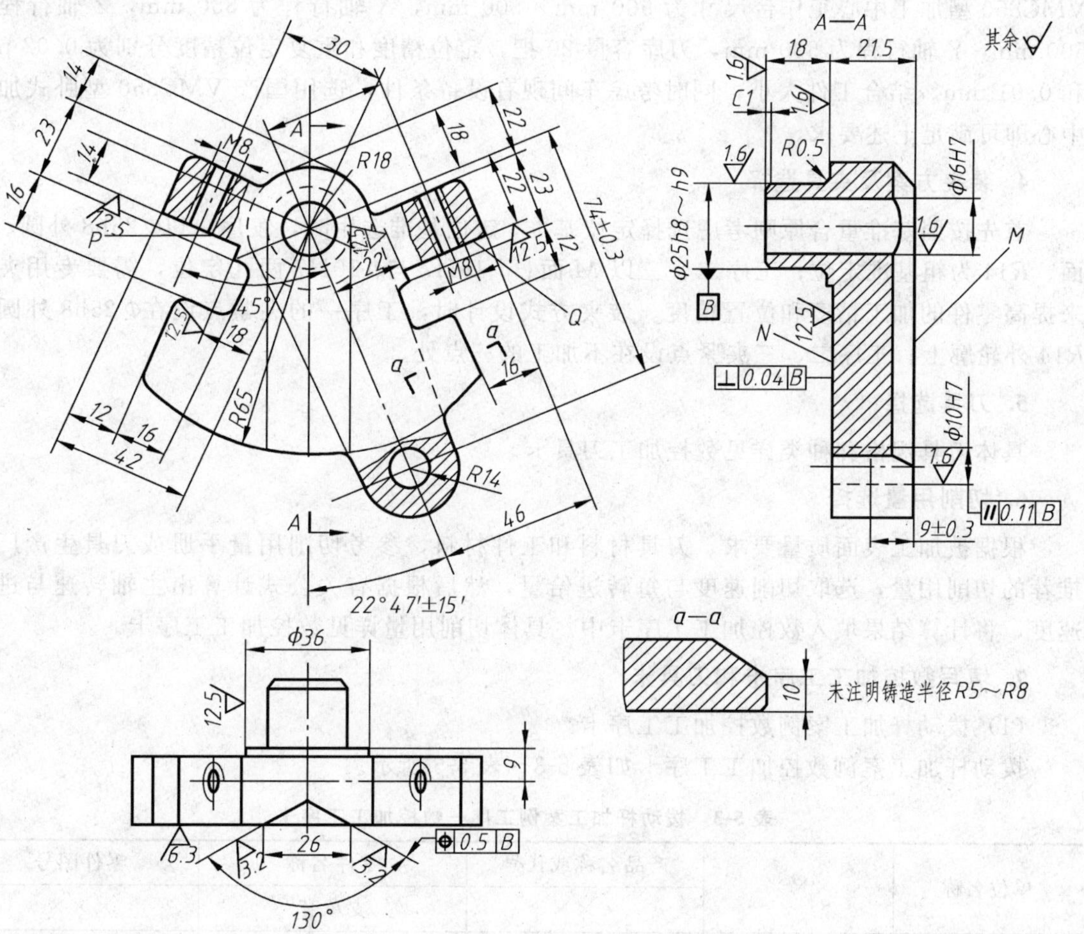

图 5-8 拨动杆

2. 加工工艺路线设计

(1) 选择加工方法

该拨动杆加工案例零件毛坯为 HT200。孔的直径比较小，不在毛坯上铸造出来，因此孔都是在实体上加工，为防止钻头钻偏，仍然需先用中心钻钻导向孔，然后再钻孔。为保证ϕ 16H7 与ϕ 10H7 两孔的精度，选择铰孔为其最终加工方法，故需钻中心孔→钻孔→扩孔→铰孔。其余各孔为螺纹孔，则需查阅标准螺纹螺距手册，准确计算其底孔直径（公称直径－螺距）。采用钻中心孔→钻底孔→孔端倒角→攻螺纹的加工方法。

(2) 确定加工顺序

该拨动杆加工案例零件加工按工序集中、先面后孔的原则确定，以保证孔的加工精度。具体的加工顺序是：

铣 M 面，铣 130°槽，铣 *P*、*Q* 面，加工ϕ 16H7 与ϕ 10H7 两孔；车ϕ 25h8 外圆、*N* 面（数控车配合加工）；加工 2×M8 螺纹孔。

3. 机床选择

该案例零件加工内容有铣平面、钻孔、铰孔及攻螺纹等，所需刀具不超过 20 把，国产

VMC850 型加工中心工作台尺寸为 900 mm×500 mm，X 轴行程为 850 mm，Z 轴行程为 500 mm，Y 轴行程为 500 mm，刀库容量 20 把，定位精度和重复定位精度分别为 0.02 mm 和 0.01 mm。结合工件大小，同时考虑车间现有设备条件，选用国产 VMC850 型卧式加工中心即可满足上述要求。

4. 装夹方案及夹具选择

首先按照基准重合原则考虑选择定位基准。定位基准选用时，工序一以ϕ25h8 外圆、N 面、R14 为粗基准定位；工序二、三以 M 面、ϕ16H7 与ϕ10H7 两孔定位，需要专用夹具来提高零件的加工精度和位置精度。装夹方式设计时，工序一的夹紧点设在ϕ25h8 外圆和 R14 外轮廓上；工序二、三夹紧点设在不加工的三点处。

5. 刀具选择

具体刀具规格和种类详见数控加工刀具卡。

6. 切削用量选择

根据被加工表面质量要求、刀具材料和工件材料，参考切削用量手册或刀具生产厂家推荐的切削用量，选取切削速度与每转进给量，然后根据有关公式计算出主轴转速与进给速度，将计算结果填入数控加工工序卡中。具体切削用量详见数控加工工序卡。

7. 填写数控加工工序卡和刀具卡

(1) 拨动杆加工案例数控加工工序卡

拨动杆加工案例数控加工工序卡如表 5-3～表 5-5 所示。

表 5-3　拨动杆加工案例工序一数控加工工序卡

单位名称	×××	产品名称或代号	零件名称	零件图号
		×××	支承套	×××
工序号	程序编号	夹具名称	加工设备	车间
×××	×××	专用夹具	XH754（卧式加工中心）	数控中心

工步号	工步内容	刀具号	刀具规格(mm)	主轴转速(r/min)	进给速度(mm/min)	检测工具	备注
1	铣 M 面	T01	ϕ50	650	40	游标卡尺	自动换刀
2	粗铣 130°槽，留 0.5 mm 余量	T02	ϕ20	400	30	游标卡尺	自动换刀
3	精铣 130°槽	T03	ϕ18	800	50	游标卡尺	自动换刀
4	钻ϕ16 与ϕ10 两孔的中心孔	T04	ϕ3	1 200	15	游标卡尺	自动换刀
5	钻ϕ16 底孔至ϕ15	T05	ϕ15	600	30	游标卡尺	自动换刀
6	钻ϕ10 底孔至ϕ9	T06	ϕ9	800	20	游标卡尺	自动换刀
7	铣 P、Q 面	T01	ϕ50	650	40	游标卡尺	自动换刀
8	扩ϕ16 孔至ϕ15.8	T07	ϕ15.8	800	20	游标卡尺	自动换刀
9	扩ϕ10 孔至ϕ9.8	T08	ϕ9.8	1000	20		

续表

工步号	工步内容	刀具号	刀具规格(mm)	主轴转速(r/min)	进给速度(mm/min)	检测工具	备注
10	铰ϕ16H7 孔	T09	ϕ16H7	300	50	内径百分表	自动换刀
11	铰ϕ10H7 孔	T10	ϕ10H7	500	50	内径百分表	自动换刀
编制	××× 审核 ×××	批准	×××	年 月 日		共 页	第 页

表 5-4　拨动杆加工案例工序二数控加工工序卡

单位名称	×××	产品名称或代号	零件名称	零件图号
		×××	拨动杆	×××
工序号	程序编号	夹具名称	加工设备	车间
×××	×××	专用夹具	数控车床	数控中心

工步号	工步内容	刀具号	刀具规格(mm)	主轴转速(r/min)	进给速度(mm/r)	检测工具	备注
1	车ϕ25 外圆	T01	外圆车刀	1 200	0.15	千分尺	数控车
2	车 N 面	T02	端面车刀	1 000	0.15	游标卡尺	数控车
编制	××× 审核 ×××	批准	×××	年 月 日		共 页	第 页

表 5-5　拨动杆加工案例工序三数控加工工序卡

单位名称	×××	产品名称或代号	零件名称	零件图号
		×××	拨动杆	×××
工序号	程序编号	夹具名称	加工设备	车间
×××	×××	专用夹具	台钻	数控中心

工步号	工步内容	刀具号	刀具规格(mm)	主轴转速(r/min)	进给速度(mm/min)	检测工具	备注
1	钻 M8 螺纹底孔	T01	ϕ6.7			游标卡尺	钳工
2	加工 2×M8 螺纹	T02	M8			螺纹塞规	钳工
编制	××× 审核 ×××	批准	×××	年 月 日		共 页	第 页

(2) 拨动杆加工案例数控加工刀具卡

拨动杆加工案例数控铣加工刀具卡如表 5-6 所示。

表 5-6　拨动杆加工案例数控铣加工刀具卡

产品名称或代号		×××		零件名称	拨动杆	零件图号	×××
序号	刀具号	刀具			加工表面		备注
		规格名称	数量	刀长/mm			
1	T01	ϕ50 面铣刀	1	实测	铣 M 面		
2	T02	ϕ20 立铣刀	1	实测	粗铣 130°槽		
3	T03	ϕ18 立铣刀	1	实测	精铣 130°槽		
4	T04	ϕ3 中心钻	1	实测	钻ϕ16 与ϕ10 两孔的中心孔		
5	T05	ϕ15 钻头	1	实测	预钻ϕ16 孔		
6	T06	ϕ9 钻头	1	实测	预钻ϕ10 孔		
7	T07	ϕ15.8 钻头	1	实测	钻ϕ16 孔底孔		
8	T08	ϕ9.8 钻头	1	实测	钻ϕ10 孔底孔		
9	T09	ϕ16H7 铰刀	1	实测	铰ϕ16H7 孔		
10	T10	ϕ10H7 铰刀	1	实测	铰ϕ10H7 孔		
编制	×××	审核 ×××	批准	×××	年　月　日	共　页	第　页

【任务评价】

能力评价方式如表 5-7 所示。

表 5-7　能力评价表

评价等级	等 级 要 求
优秀	能高质量、高效率完成图 5-8 所示拨动杆加工案例零件数控加工工艺设计，确定装夹方案
良好	能在无教师的指导下完成图 5-8 所示拨动杆加工案例零件数控加工工艺设
中等	能在教师的偶尔指导下完成图 5-8 所示拨动杆加工案例零件数控加工工艺设计
合格	能在教师的指导下完成图 5-8 所示拨动杆加工案例零件数控加工工艺设计

项目六　高速加工零件加工工艺编制

项目引言

高速加工零件结构复杂，细小部位多，同时要求精度高，寿命长，使用较高硬度的材料，是数控铣床加工中比较难加工的一类零件。

项目目标

• 了解高速加工零件的工艺特点及其定位与装夹。

• 会对中等复杂程度高速加工零件图进行数控加工工艺性分析（会分析零件图样技术要求，会检查零件图的完整性和正确性，会分析零件的结构工艺性）。

• 会使用 CAM 软件对中等复杂程度高速加工零件造型、工艺设计和编程。

• 会选择数控加工中等复杂程度高速加工零件的数控加工刀具。

• 会按中等复杂程度高速加工零件数控加工工艺选择合适的切削用量与机床。

• 会编制中等复杂程度高速加工零件数控加工工艺文件。

项目知识

资料一　高速加工的概念及特点

1. 高速加工的概念

高速加工也称为高速切削（High Speed Cutting，HSC 或 High Speed Machining，HSM)，是近年来迅速崛起的先进制造技术。1931 年 4 月，德国切削物理学家 Carl Salomon 博士提出了高速切削假设：在高速区，当切削速度超过切削温度最高的区域，继续提高切削速度将会使切削温度明显下降，单位切削力也随之降低。高速加工是指在高的主轴旋转速度和高的进给速度下的切削加工。合理而科学地应用高速加工技术，已经成为提高加工效率和质量、缩短加工时间的重要途径之一。目前，在模具制造、航空航天制造业、精密零件加工等领域中已开始应用高速加工技术，并且处于快速发展状态。

高速加工是一个相对概念，到目前为止对高速加工的速度范围尚未做出明确的定义，通常把切削速度、进给速度比常规值高 5～10 倍以上的加工方法称为高速加工。不同的工件材料高速加工的切削速度范围也不同。常用材料中，铝合金的切削速度为 1 000～7 000 m/min，铜的切削速度为 900～5 000 m/min，钢的切削速度为 500～2 000 m/min，灰铸铁的切削速度为 800～3 000 m/min，钛合金的切削速度为 100～1 000 m/min，镍基合金的切削速度为

50～500 m/min。图 6-1 所示为是不同工件材料大致的切削速度范围。

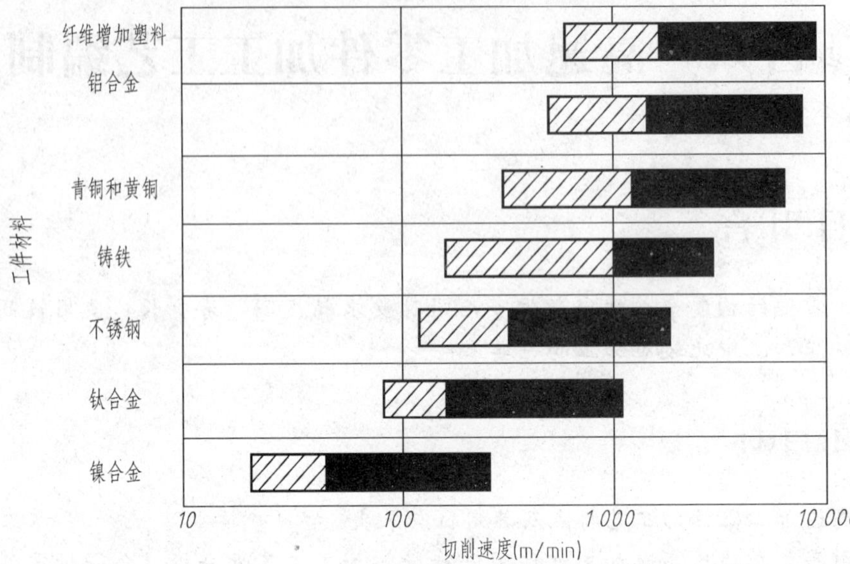

图 6-1　不同工件材料大致的切削速度范围

目前，高速加工技术还在进一步发展中，预计铣削加工铝的切削速度可达到 10 000 m/min，加工铸铁的切削速度可达到 5 000 m/min，加工普通钢的切削速度也将达到 2 500 m/min；钻削加工铝的切削速度可达到 30 000 m/min，加工铸铁的切削速度可达到 20 000 m/min，加工普通钢的切削速度可达到 10 000 m/min。

高速加工最突出的特点是高的主轴转速以及高的进给速度。在切削加工中，通常以相对较小的背吃刀量以及切削步距来实现低负荷、高效率的加工。相对于普通切削而言，采用高速切削技术，可使单位时间内的材料切除率提高 3～5 倍或更高，同时加工成本可降低 20%～50%，加工精度和加工表面质量可提高 1～2 级。这就是世界各国或地区竞相研究高速切削技术的重要原因。此外，应用高速切削技术还可以改变对某些难加工材料的切削加工方式，如直接对淬硬材料工件进行车削或铣削加工，实现“以切代磨”等。

2. 高速加工技术的特点

切削速度大幅度地提高，采用高速切削技术，能使整体加工效率提高几倍乃至几十倍，而且高速加工不只是提升加工速度，同时还有其他优势。和常规切削相比，高速切削有以下主要特点：

（1）能获得很高的加工效率

切削时间的长短取决于进给速度或进给量的大小。很显然，若保持进给速度与切削速度的比值不变，随切削速度的提高切削时间将迅速缩短。高速加工虽然背吃刀量和切削厚度小，但由于主轴转速高，进给速度快，因此使单位时间内的金属切除量反而增加了，因此加工效率也提高了。通常使用高速加工中心进行铣削加工时，其主轴转速在 10 000 r/min 以上，进给率在 2 000 mm/min 以上，是普通铣削转速的几十倍，加工效率自然远远高于普通铣削加工。

（2）能获得较高的加工精度

由于切削速度高，背吃刀量很小，剪切变形区窄，变形系数减小，切削力降低。在加工过程中，切削力的降低对减小振动和偏差非常重要。这使工件在切削过程的受力变形显著减小，有利于提高加工精度，而且加工时可将粗加工、半精加工、精加工合为一体，全部在一台机床上完成，减少了机床台数，避免由于多次装夹使精度产生误差。特别对于大型框架件、薄板件、薄壁槽形件的高精度、高效加工，高速铣削是很有效的方法。当前使用的高速加工机床以及高速加工刀具都具有相当高的精度。

（3）能获得较高的加工表面完整性

高速切削使传入工件的切削热大幅度降低，加工表面受热时间短、切削温度低，因此热影响区和热影响程度都较小，有利于获得低损伤的表面结构状态和保持良好的表面物理性能及力学性能。例如，常用电火花加工模具型腔，在电火花加工后，型腔内表面处于拉应力状态；而使用高速铣加工后，零件表面是压应力状态。

（4）加工能耗低及节省制造资源

高速切削时，单位功率所切削的切削层材料体积显著增大。以美国洛克希德（Lockheed）飞机公司的铝合金高速铣削为例，主轴转速从 4 000 r/min 提高到 20 000 r/min 时，切削力下降 30%，而材料切除率增加 3 倍。由于切除率高、能耗低，工件在制的时间短，提高了能源和设备的利用率，降低了切削加工在制造系统资源总量中的比例。由于采用小的背吃刀量和切削厚度，刀具每刃的切削量很小，因而机床主轴、导轨的受力小，延长机床保持足够精度的寿命，同时刀具寿命也延长了。因此，高速切削符合可持续发展的要求。高速加工机床振动小、噪声低，少用或不用切削液，符合环境要求。

（5）能有效抑制切削振动的影响，降低加工表面粗糙度

高速切削的力值及其变化幅度小，与主轴转速有关的激振频率也远远高于切削工艺系统的高阶固有频率，因此切削振动对加工质量的影响很小。另外，高速切削即使采用较小的进给量，仍能获得很高的加工效率，表面粗糙度却得以极大的改善。

（6）能够加工一些硬度较高的材料

高速切削在刀具能满足切削条件的情况下，在一定范围内可以对硬表面进行加工，可以加工高硬度、难加工材料（硬度可达 62 HRC 左右）。在同样的加工时间内，它所达到的表面粗糙度比电火花还要好，所以高速加工可以用来加工硬度较高的航空材料和模具型腔。

（7）实现生产管理的简单化

使用高速切削可以将一个零件的大部分工序进行整合，在一台高速切削机床上进行加工，从而简化工艺过程和生产管理。

3. 高速加工的应用

（1）航空工业

航空工业是高速切削加工的主要应用行业。飞机上的一些零件为了提高可靠性和降低成本，采用整体制造法，将原来由多个铆接或焊接而成的部件，改用整体实心材料制造。有的整体构件的材料去除率高达 90%，而其中许多零件为薄壁、细肋结构，厚度甚至不到 1 mm，由于刚度差，不允许有较大的背吃刀量，因此高速切削成为此类零件加工工艺的唯一选择。采用高速切削可大大提高生产效率和产品质量，降低制造成本，这也是高速切削技术在飞机制造业获得广泛应用的主要原因。例如，波音公司在生产波音 F15 战斗机时，

采用“整体制造法”，飞机零件数量减少了42％；用高速铣削代替组装方法得到大型薄壁构件，减少了装配等工艺过程。在高速切削加工时，采用小切削量、高切削速度代替大切削量、低切削速度，提高了加工效率和加工精度，加工时间减少，精度和表面质量都达到了无需补充光整加工的水平。图 6-2 所示为飞机结构件。

图 6-2　飞机结构件

(2) 汽车工业

当前汽车用户对汽车的多样化、个性化的要求，迫使汽车企业的产品换型越来越快，产品品种纷繁多样，原来单一工件的大批量生产变成了多种工件的较小批量叠加成的大批量生产，因此多年来在汽车制造行业占统治地位的组合机床（专机）生产线，已无法满足汽车行业快速更新的现实需要。这是因为专机或专机自动线虽然效率高，但却限制了加工的柔性，使得机床对加工零件品种变化的适应性非常差。以高速加工技术为基础的敏捷柔性自动生产线被越来越多的国内外汽车制造厂家使用。如国内一汽大众捷达轿车自动生产线，由冲压、焊接、涂装、总装、发动机及变速器等高速生产线组成，年产轿车 15 万辆，制造节拍为 1150 辆/min。国外如美国 GM 发动机总成工厂的高速柔性自动生产线、福特汽车公司和 Ingersoll 机床公司合作研制的以 HVM800 卧式加工中心为主的汽车生产线等。大批量生产的汽车行业面临产品快速更新换代而形成的多品种生产线（FTL），代替了组合机床生产线，高速加工中心则将柔性生产的生产速度提升到组合机床生产线水平，如美国 Ingersoll 公司的 HVM800 高速卧式加工中心。图 6-3 所示为高速加工示例。

图 6-3　高速加工示例

(3) 模具工业

在模具行业，高速切削采用的是典型的高转速、高进给、低切削量。这在淬硬钢模具加工方面有惊人效果，可以获得很好的加工精度和表面质量，可以取代传统的磨削、电火花加工及光整加工；可减少加工准备时间，缩短工艺流程、切削时间，对提高生产率具有极大的优势。在模具生产中的主要零件，如型腔、型心、镶块以及电极均可以使用高速加工。在模具行业采用高速切削可以将模具制造周期缩短 30%～80%，加工成本降低 1/3。图 6-4 所示为模具高速加工应用示例。

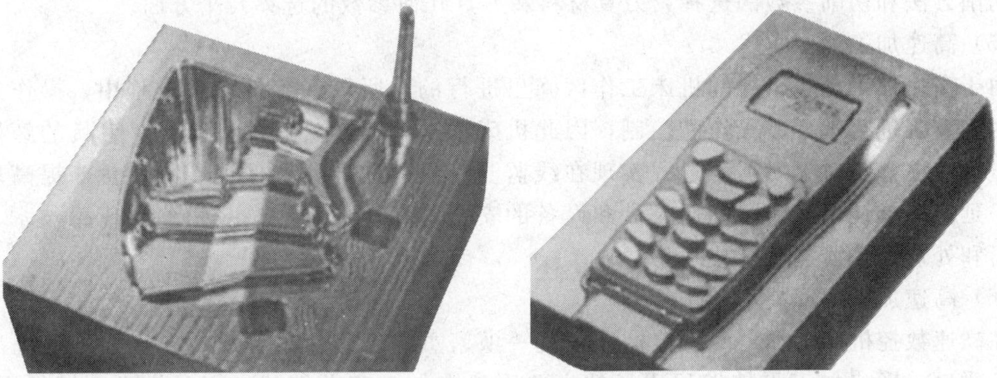

图 6-4　模具高速加工应用示例

(4) 其他产业

军事电子工业也将成为高速切削加工的重点应用行业。据介绍雷达产品微波零件的加工中，如采用小尺寸刀具（ϕ0.3～0.98），主轴转速为 7 500～10 000 r/min，进给速度为 5～10 m/min，不仅可以防止这类薄壁零件在数控设备上加工易产生弯曲和膨胀，而且工效提高了 20 倍以上。另外，在医疗器械产业以及信息产业等涉及精密加工的行业中，应用高速加工将可以完成极精细结构的加工。

4. 数控高速切削加工的关键技术

(1) 高速切削机理

高速切削技术的应用和发展是以高速切削机理为理论基础的。通过对高速加工中切屑形成机理、切削力、切削热、刀具磨损、表面质量等技术的研究，为开发高速机床、高速加工刀具提供了理论指导。高速切削机理的研究主要有高速加工基本规律的研究，高速切削过程和切屑成形机理的研究，各种材料的高速切削机理研究，高速切削虚拟技术研究几个方面。

(2) 高速机床

高速机床是实现高速加工的前提和基本条件。一个国家高速加工技术水平的高低，很大程度反映在高速机床的设计制造技术上，在现代机床制造中，机床的高速化是一个必然的发展趋势。在要求机床高速的同时，还要求机床具有高精度和高静、动刚度。高速机床技术主要包括高速主轴单元，CNC 控制系统，高速进给系统，床身、立柱和工作台，切屑处理和冷却系统几个单元。

(3) 高速切削刀具

高速切削刀具技术是实现高速加工的关键技术之一。切削刀具的性能在很大程度上会制约高速切削技术的应用和推广。目前，高速切削刀具的国产化也是机械制造行业急需解决的问题。高速切削刀具和普通加工的刀具有很大不同。目前在高速切削中使用的刀具有陶瓷、聚晶金刚石（PCD）、涂层硬质合金、聚晶立方氮化硼、钛基硬质合金和超细晶粒硬质合金等材料。在我国，一些高校和研究单位也在进行这些新刀具材料的研究，但规模很小，距实用化还有相当大的距离。

（4）高速切削工艺

高速切削工艺技术也是成功进行高速加工的关键技术之一。它主要研究加工轨迹的优化，切削方法和切削参数的选择，刀具材料和刀具几何参数的选择几个方面。

（5）高速加工测试技术

由于高速加工是在密封的机床工作区间里进行的，所以在零件加工过程中，操作人员很难对其直接进行观察、操作和控制，因此机床本身就有必要对加工情况、刀具的磨损状态等进行监控，实时地对加工过程实现在线监测。只有这样才能保证产品质量，提高加工效率，延长刀具使用寿命，确保人员和设备的安全。高速加工测试技术包括传感技术、信号分析和处理、在线测试等技术。

（6）高速加工编程技术

在高速数控机床上加工时，数控编程是一项繁重的工作，编程质量在很大程度上决定了加工质量。影响加工零件编程质量的主要因素有加工工艺路线、刀具类型、切削用量、转角清根的处理，以及加工精度与过切的检查等。高速加工的工艺路线是影响制造质量的主要因素。使用CAD/CAM软件进行编程时，做出合理的路径规划是非常重要的。

高速切削技术依赖于数控技术、微电子技术、新材料和新颖构件等基础技术的集成。它自身亦存在着等待攻克的一系列技术问题，如刀具磨损严重，高速切削刀具系统安全设计及刀具切入、切出时的破损问题；而且高速切削用刀具寿命较短、刀具材料价格高，铣、镗等回转刀具及主轴需要动平衡，刀具需牢靠夹持，主轴系统昂贵且寿命短，所用高速加工机床及其控制系统价格昂贵，使得高速切削的一次性投入较大，这些问题在一定程度上制约了高速切削技术的应用和推广。

资料二　高速加工机床

1. 高速加工中心的类型

高速加工中心是最典型的高速数控加工设备，可以满足不同结构的零件加工需求，并且相对于普通机床而言，速度更高，精度更高，加工适应性更好。高速加工中心按结构类，分为卧式高速加工中心、立式高速加工中心、龙门高速加工中心与虚拟轴高速加工中心。

（1）卧式高速加工中心

卧式高速加工中心与普通卧式加工中心相同，其刀具主轴水平设置，通常带有回转工作台，具有3～5个运动坐标，适宜加工箱体类零件，一次装夹可对工件的多个面进行加工。卧式高速加工中心除了主轴采用电主轴外，在结构上也需要做多种改变，以适应高速进给和大的加减速度的要求。卧式高速加工中心大多采用新设计的立柱移动式结构，由于立柱移动式加工中心立柱本身是一种悬臂梁结构，切削力产生的颠覆力矩将使立柱产生变形和位移，影响机床的精度，所以立柱一般设计得较重，当驱动立柱移动时，较高的立柱将因头重脚轻而不适合较高的速度和加速度，因此高速移动的立柱一般不宜太高，会影响上下移动的行程。为了减小切削力产生的颠覆力矩，机床设计时常把立柱的后导轨加高，与前导轨不在一个平面上，但是后导轨因空间限制不能提得太高，太高将与主轴电动机相干涉。为使后导轨提到立柱上端的问题得到解决，从而产生了框架式结构，原来的立柱变成了有着上下导轨的滑架。加上前面支撑主轴滑枕的框架合在一起形成了“箱中箱”结构。其上下两个导轨支撑的滑架就相当于动柱式机床的立柱，这样这个立柱就由悬臂梁结构变成具有两端支撑的简支梁结构。简支梁的最大变形点在中间，同等条件下它的最大变形仅有悬臂梁的十六分之一。滑架就可以在不影响刚性的情况下做得比较轻，为高速度和高加速度提供了条件，这就是“箱中箱”结构得以流行的主要原因。图 6-5 所示为卧式高速加工中心的“箱中箱”式结构。

(2) 立式高速加工中心

立式高速加工中心是传统的数控加工中心最主要的结构形式。图 6-6 所示为一典型的立式高速加工中心的结构。其特点是刀具主轴垂直设置，能完成铣削、镗削、钻削等多工序加工，其加工适应性较好。传统的立式高速加工中心布局是 X、Y 方向工作台移动，Z 方向主轴箱在立柱上移动，刀库在立柱一侧。立式的高速加工中心速度加快后，由于工作台的重量较大，不易实现快速移动，特别是影响提高加速度，因而立式的高速加工中心通常采用的方式是工作台固定不动，所有轴的进给运动均由主轴（立柱）移动来实现，这样就大幅度减轻了运动部件质量。也有的将其中的一个轴保留由工作台移动，而其他两个轴进给集中在立柱上方。另外，立式高速加工中心的刀库和换刀装置因安装在工作台的一侧，由立柱快速移动到换刀位置进行换刀，这样可以减轻移动立柱的总体质量。

图 6-5 卧式高速加工中心“箱中箱”式结构

图 6-6 立式加工中心

(3) 龙门高速加工中心

龙门高速加工中心的形状与龙门铣床相似，如图 6-7 所示。龙门高速加工中心主轴垂直设置，并且安装在可移动的桥式横梁上，由工作台的移动或支撑横梁的移动实现 X 轴方向的移动，而主轴箱在横梁上移动实现 Y 轴方向的移动，主轴在立柱箱内移动实现 Z 轴方向的移动。龙门高速加工中心可以做成大型或者特大型的机床，可以加工重型零件。龙门式结构相比于立柱式结构更容易实现高速运动，并且结构简单，已经成为高速数控加工中心的主流发展方向，不少小型的高速加工中心也采用门形结构。当主轴及横梁的结构较大时，其重量也相当大，支撑柱需要有很高的强度，此时需要整体移动的结构部件很重大，将很难实现高速度与高的加速度。作为改进，可采用双墙式结构支撑横梁，如图 6-8 所示。横梁在墙式支撑上可以进行快速进给运动。

图 6-7　龙门高速加工中心

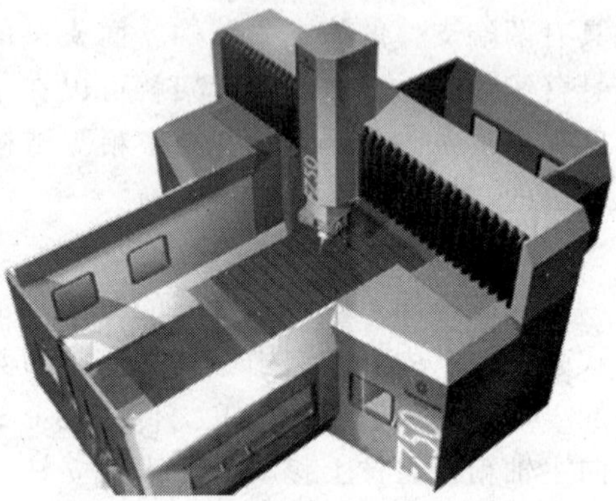

图 6-8　墙式支撑的龙门高速加工中心

(4) 虚拟轴高速加工中心

如同一般加工机床一样，高速加工机床一般都有两个以上，多至 5 个进给运动轴，这些运动轴间的相互结构联系，目前存在着串联，并联和混联三种形式。串联结构是传统机床普遍采用的形式，其特点是各运动轴的布局采用笛卡儿直角坐标系，机床床身、立柱、溜板、工作台/转台和主轴箱等部件分别通过相应的导轨支承面串联在一起，各轴运动均可单独地独立进行。由于是串联，各运动部件的重量往往都较大，且不一致，需特殊调整方可保持各轴加速度特性的一致性；进给系统的结构件不仅受拉、压力，而且受弯、扭力矩的作用，变形复杂，后运动部件受到先运动部件的牵动和加速，加工误差由各轴运动误差线性叠加而成，且受导轨精度的影响等，这些都是串联结构的缺点。然而由于串联结构较传统，有长期设计、制造和应用的经验，技术较成熟，故迄今仍为大多数高速加工机床所采用。但串联结构中还有着不同的各运动轴的相互组合配置方式，其所获得的应用效果是不一样的，设计时应以高速加工的特点及其对机床结构设计的要求来确定。

并联结构的典型代表是 Stewart 平台式的虚拟轴机床，如图 6-9 所示。它的特点是运动部件是一个由伺服电动机分别控制的 6 根可自由伸缩的杆子所支撑的动平台，该平台可同时做 6 个自由度的运动，但没有像串联结构那样的物理上固定的 X、Y、Z 轴和相应的运动支承导轨，而且任何一轴运动都必须由 6 根可伸缩杆的协同运动来完成。一般刀具/主轴头就安装在该动平台上，工件则固定在机床的机架上，此外就不再有溜板、导轨等支承件了。

与传统串联结构的机床相比，并联结构形式的机床主要有如下优点：

① 运动部件重量轻，转动惯量小，更有利于实现进给运动高的速度和加速度。

② 刀具主轴头可同时实现 5 轴联动，结构简单，且主要的 6 根伸缩杆具有相同的结构和驱动方式，便于模块化、标准化和系列化。

③ 伸缩杆的两端分别由球铰和胡克铰链与相关件连接，使杆子只受拉、压力，不受弯

图 6-9　Stewart 平台式并联结构机床

扭力作用，刚度高，并易于通过预加载荷来提高整个进给系统的综合刚度。

④ 理论精度高。因为它不像串联结构那样，各轴运动误差有可能被累积和放大，故并联结构的进给运动的综合误差一般不会大于 6 根伸缩杆运动误差的平均值。

并联结构的缺点是：

① 在同一台机床上，其进给的行程随着各伸缩杆的伸出长度和动平台的位姿角变化而变化，故由行程所决定的可加工空间是非规则形，不方便应用。

② 因受球铰和胡克铰转角的限制，带主轴头的动平台所能倾斜的角度较小（一般只有±40。），从而影响了机床的可加工范围。

③ 运动编程较复杂，而且在任一轴向上的简单直线运动，也要有 6 根杆的协调伸缩运动才能完成。

由于有这些问题的存在，目前并联结构的应用尚不十分广泛，还有待于进一步研究和发展。

2. 电主轴

(1) 电主轴系统

高速数控机床主轴高速工作时，要求尽量扩大主轴恒功率的工作范围，缩短主轴的加/减速和定位时间，实现高速、高精度控制。另外，高速数控机床要求主轴的刚度要高，转速波动要小，发热量要小，定位精度要高，稳定性要好。为了达到上述要求，理论上电动机与主轴之间的连接不能有任何机械传动机构（如齿轮传动、带传动等），只能采用电动机与主轴直接连接驱动的方式，从而把机床主传动链的长度缩短为零，实现机床的“零传动”。这种主轴电动机与机床主轴“合二为一”的传动结构形式，通常简称为“电主轴”。

图 6-10 所示为电主轴结构示意图，电主轴采用无壳电动机，由内装变频电动机直接驱动，将其空心转子用压配合的形式直接装在机床主轴上，内置有脉冲编码器，以实现准确的相位控制。电动机定子带有冷却套，主轴轴承带有冷却和润滑装置。

电主轴最早用在磨床上，后来才发展到加工中心。现在的机械加工工艺要求的主轴转速越来越高，高转速也越来越成为衡量一个产品水平的标志，成为商家竞争的焦点，谁先采用了更高转速的主轴，谁便在激烈的竞争中拥有了一张硬牌。各机床厂家通常选择由专业厂家生产的高质量的电主轴取代自己生产的传统主轴，主要有瑞士的 Fisher、IBAG，德国的 GMN 等。图 6-11 所示为各种类型的电主轴。

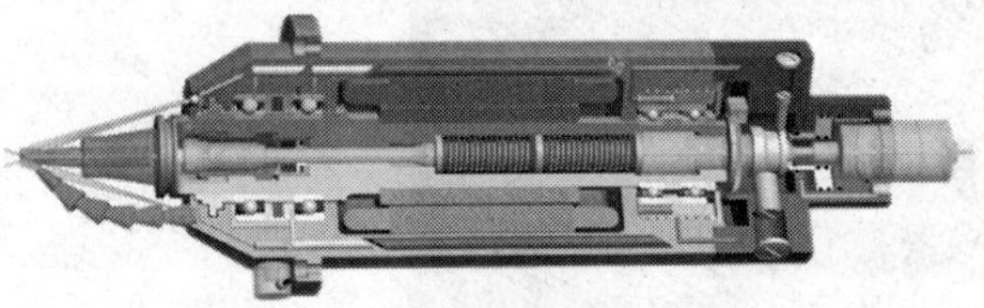

图 6-10　电主轴结构示意图

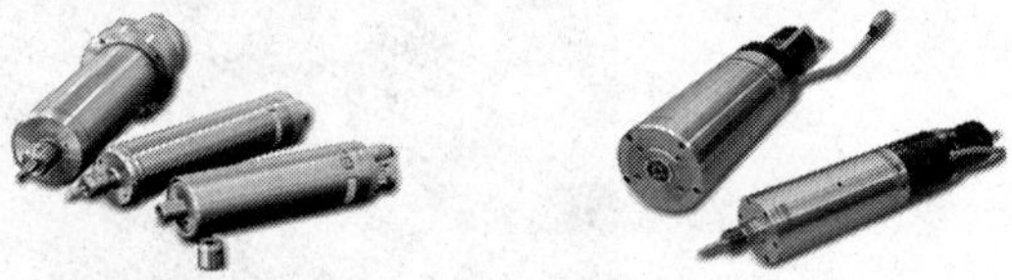

(a) 小型电主轴　　(b) 中型电主轴

图 6-11　瑞士的 IBAG 电主轴

电主轴不能简单理解为只是一根光主轴套筒，它是高速加工的核心部件，是一个完整的系统，主要由主轴、轴承、内装式电动机、刀具夹持装置、传感器及反馈装置、冷却和润滑装置等部分组成。

图 6-12 所示为电主轴结构和系统组成示意图。电主轴所融合的技术包括以下几个部分：

① 高速轴承技术：电主轴通常采用复合陶瓷轴承，耐磨耐热，寿命是传统轴承的几倍；有时也采用电磁悬浮轴承或静压轴承，内外圈不接触，理论上寿命无限长。

② 高速电动机技术：电主轴是电动机与主轴融合在一起的产物，电动机的转子即为主轴的旋转部分，理论上可以把电主轴看做一台高速电动机，其关键技术是高速度下的动平衡。

③ 润滑：电主轴的润滑一般采用定时定量油气润滑，也可以采用脂润滑，但相应的速度要打折扣，定时就是每隔一定的时间间隔注一次油；定量就是通过一个称为定量阀的器件，精确地控制每次润滑油的注油量。油气润滑指的是润滑油在压缩空气的携带下，被吹入陶瓷轴承。油量控制很重要，太少起不到润滑作用，太多在轴承高速旋转时会因油的阻力而发热。

④ 冷却装置：为了尽快给高速运行的电主轴散热，通常对电主轴的外壁通以循环冷却剂，用以保持冷却剂的温度。

⑤ 内置脉冲编码器：为了实现自动换刀以及刚性攻螺纹，脉冲编码器，以实现准确的相位控制以及与进给的配合。

⑥ 自动换刀装置：为了适用于加工中心，电主轴配备了能进行自动换刀的装置，包括碟形簧、拉刀液压缸。

⑦ 高速刀具的装夹方式：广为熟悉的 BT、ISO 刀具，已被实践证明不适合于高速加工。在这种情况下，出现了 HSK、KM 等高速刀柄。

⑧ 高频变频装置：要实现电主轴每分钟几万甚至十几万转的转速，必须用高频变频装置来驱动电主轴的内置高速电动机，变频器的输出频率甚至需要达到几千赫兹。

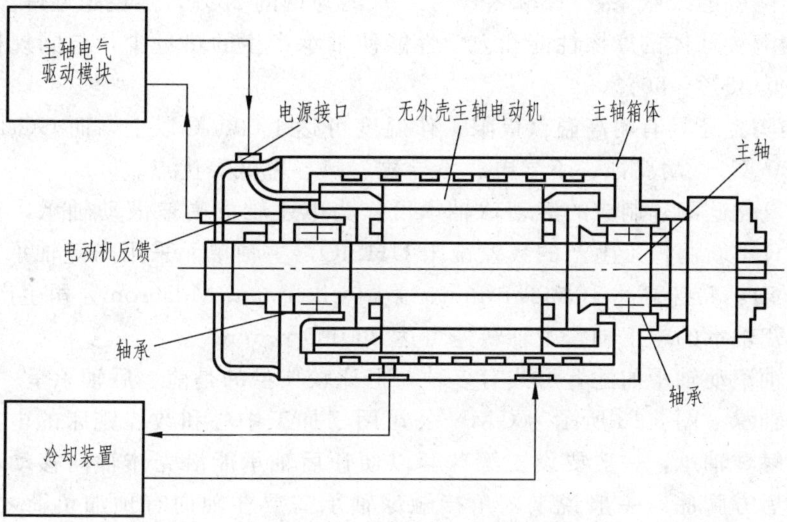

图 6-12 电主轴结构和系统组成示意图

电主轴与传统的带传动和齿轮传动机构相比，具有结构紧凑、重量轻、惯性小、响应性能好，并可避免振动和噪声的干扰，精度高（径向圆跳动 2 μm，端面圆跳动 1 μm）等特点，是高速主轴单元的理想结构。

3. 轴承

电主轴轴承有接触式和非接触式两种。接触式有陶瓷球轴承，非接触式有流体静压轴承、磁悬浮轴承和气浮轴承等。

(1) 接触式陶瓷球轴承

机床高速主轴的性能主要取决于主轴轴承及其润滑。滚动轴承由于刚度好，精度可以制造得较高，承载能力强和结构相对简单，不仅是一般切削机床主轴的首选，也受到高速切削机床的青睐。从高速性的角度看，滚动轴承中角接触球轴承最好，圆柱滚子轴承次之，圆锥滚子轴承最差。

角接触球轴承的球（即滚珠）既公转又自转，会产生离心力和陀螺力矩。随着主轴转速的增加，离心力和陀螺力矩也会急剧加大，使轴承产生很大的接触应力，从而导致轴承摩擦加剧、温升增高、精度下降和寿命缩短。因此，要提高这种轴承的高速性能，就应想方设法抑制其离心力和陀螺力矩的增加。从角接触球轴承离心力和陀螺力矩的计算公式得知，减少球材料的密度、球的直径和接触角都有利于减少离心力和陀螺力矩，所以现在高速主轴多使用接触角为 15°或 20°的小球径轴承。但球径不能减小过多，基本上只能是标准系列球径的 70%，以免削弱轴承的刚度，更关键的还是要在球的材料上寻求改进。陶瓷球轴承的滚珠采用氮化硅陶瓷材料，内、外圈的材料采用轴承钢，称为混合陶瓷球轴承。主要优点是：

① 氮化硅陶瓷的密度只有钢的40%（仅为3.218 g/cm³），离心力小，与同规格钢轴承相比，转速可提高60%，高速性能好。

② 氮化硅陶瓷的弹性模量（3.22×10^{7} MPa）为钢的1.5倍，硬度（可达1 600～1 700 HV)为钢的2.3倍，刚度高。

③ 氮化硅陶瓷的线胀系数（3.2×10^{-6}/℃）约为钢的25%，热稳定性好。

④ 氮化硅陶瓷球体的摩擦性能和力学性能使轴承产生的热量少，与同规格的钢轴承相比，温升可降低35%～60%。

⑤ 氮化硅陶瓷还具有耐高温（极限工作温度可达1 000 ℃以上，而GCrl5钢的极限工作温度只有120 ℃）、耐腐蚀、不导电、不导磁、热导率低等优点。

因此，用氮化硅陶瓷制成的滚动球轴承可作为电主轴的高速滚动轴承，很好地保证了主轴的精度。日本新泻铁工生产的数控铣床UHSlO，主轴单元采用陶瓷轴承支撑，其驱动功率为22 kW时，转速高达10 000 r/min；美国Cincinnati-Milacron公司生产的HPMC加工中心采用陶瓷轴承的电主轴，主轴转速可达20 000 r/min。

高速电主轴滚动轴承的配置形式有多种，但比较典型的是前、后轴承呈“O”形布局的两对角接触球轴承。图6-13所示为GMN公司用于加工中心和数控铣床的电主轴。由于后轴承也是角接触球轴承，一般要设置滚珠套以便让后轴承能沿壳体轴向移动，使得主轴受热后可自由向后方膨胀。一般说来，角接触球轴承需要在轴向有预加负荷才能正常工作，预加负荷越大，轴承的刚度越高，但温升也越大。比较简单的办法是，根据电主轴的转速范围和所要承受的负载，选定一个最佳的固定预加负荷值；更好的办法则是预加负荷能随主轴转速改变而调整，在高转速时减小预加负荷，在低转速时增加预加负荷。

图6-13　GMN公司用于加工中心和数控铣床的电主轴

（2）静压轴承

接触式轴承因为存在金属接触，摩擦因数大，其最高转速受到一定限制。高速主轴单元的发展方向是使用非接触式轴承。

流体静压轴承有液体静压轴承和气体静压轴承两种，具有磨损小，寿命长，旋转精度高，振动小等优点。

液体静压轴承刚度高，承载能力强，但结构复杂，使用条件苛刻。油静压轴承在高速回转时，油囊内产生紊流，液体摩擦力也随转速增高而增大，会造成大的功率损失和引起严重的发热。若用油做介质，在高速条件下，液面搅动，消耗功率大，温升较高；若用水

（加入防锈蚀添加剂）替代油，由于水的黏度远低于油，温升高的难题就迎刃而解。瑞士IBAG公司生产的水静压电主轴170HA40最高转速可达40 000 r/min，其最大的特点是回转精度高，径向圆跳动误差小于2 μm。FISCHER公司Hrdro-F的静压轴承电主轴以水为介质，最高转速为36 000 r/min，功率达67 kW。

气体静压轴承电主轴的转速可高达10 000 r/min，优点是高精度（径向圆跳动误差小于0.05 μm）、高转速和低温升，缺点是承载能力低，在机床上一般只限用于小孔磨削和钻孔。如日本东芝机械公司制造的ASV40加工中心采用气浮轴承，主轴转速可达30 000 r/min；瑞士Westwind公司生产的加工中心采用气浮轴承，主轴转速在其驱动功率为9.1 kW时达到55 000 r/min。我国洛阳轴承研究所生产的用于印制电路板钻孔和小孔磨削的气压轴承电主轴62ZDS90Q转速可达90 000 r/min，功率只有0.45 kW。

（3）磁悬浮轴承

磁悬浮轴承是利用电磁力将主轴无机械接触地悬浮起来的一种新型智能化轴承。磁悬浮轴承由转子和定子两部分组成。转子由铁磁材料（如硅钢片）制成，压入回转轴承回转筒中，定子也由相同材料制成。定子线圈产生磁场，将转子悬浮起来，通过4个位置传感器不断检测转子的位置。如转子不在中心位置，位置传感器测得其偏差信号，并将信号输送给控制装置，控制装置调整4个定子线圈的励磁功率，使转子精确地回到要求的中心位置。

磁悬浮轴承主轴单元的转子和定子之间的单边间隙为0.3～1 mm，未开动以前，主轴由左右两端的“辅助轴承”支撑，其间隙小于磁浮轴承的间隙，用以防止磁浮轴承在电磁系统失灵时发生故障。工作时，转子的位置用高灵敏度的传感器不断进行检测，其信号传给PID（比例一积分一微分）控制器，以10 000次/s左右的运算速度对数据进行分析和处理，算出用于校正转子位置所需的电流值，经功率放大后，输入定子电磁铁，改变电磁力，从而始终保持转子（主轴）的正确位置。

由于无机械接触，磁悬浮轴承不存在机械摩擦与磨损，寿命很长。转子线速度可高达200 m/s（极限速度只受硅钢片离心力强度的限制），无需润滑和密封，结构大大简化，能耗很小（仅为滚动轴承的1/50），无振动无噪声，温升小，热变形小，可在真空或有腐蚀介质的环境中工作，工作可靠，几乎不用维修，所以其性能要优于陶瓷滚动轴承。

由于磁悬浮轴承是用电磁力进行反馈控制的智能型轴承，转子位置能够自律，主轴刚度和阻尼可调。因此当由于负载变化使主轴轴线偏移时，磁悬浮轴承能迅速克服偏移而回到正确位置，实现实时诊断和在线监控，使主轴始终绕惯性轴回转，消除了振动，并可使主轴平稳地越过各阶临界转速，实现超高速运转，回转精度高达0.2 μm。

装有磁悬浮轴承的主轴可以适应控制，通过监测定子线圈的电流，灵敏地控制切削力，通过检测切削力微小变化控制机械运动，以提高加工质量。因此，磁悬浮轴承主轴单元特别适用于高速、超高速数控精密加工。国外已有超高速数控精密磨削主轴头，并已标准化，但国内尚未见关于300 m/s超高速数控精密外圆磨削磁悬浮轴承主轴单元设计的报道。

但磁悬浮轴承必须根据具体机床专门设计，单件生产，标准化程度低，价格昂贵，控制系统复杂，维护保养困难。德国Huller-Hille生产的加工中心主轴单元采用磁悬浮轴承，在主轴驱动功率为12 kW时，其转速能达到60 000 r/min。德国GMN公司、瑞士IBAG

公司、法国 S2M 公司等均已有成熟磁悬浮轴承电主轴供应。我国洛阳轴承研究所也已向用户提供轴向为磁力轴承的电主轴。

4. 润滑

滚动轴承在高速回转时，正确的润滑极为重要，稍有不慎，将会造成轴承因过热而烧坏。当前电主轴主要有喷射润滑与油气润滑两种润滑方式。

(1) 喷射润滑

喷射润滑是通过轴承圈和保持架中心之间的一个或几个口径为 0.5～1 mm 的喷嘴，以一定的压力，将流量大于 500 mL/min 的润滑油喷射到轴承上，使之穿过轴承内部，经轴承的另一端流入油槽，达到对轴承润滑和冷却的目的。当轴承高速旋转时，滚动体和保持架也以相当高的速度旋转，并使其周围空气形成气流，采用传统的润滑方法很难将润滑油输入到轴承中，这就必须要用高压喷射的方法，才能将润滑油送到预定的区域。

(2) 油气润滑

油气润滑技术就是利用压缩空气将微量的润滑油分别连续不断地、精确地供给每一套主轴轴承，微小油滴在滚动体和内外滚道间形成弹性动压油膜而压缩空气带走轴承运转所产生的部分热量的油气润滑系统。它是高速数控机床一种新型的、较为理想的润滑方式。图 6-14 所示为其润滑系统原理图。它利用分配阀对所需润滑的不同部位，按照其实际需要，定时（间歇）、定量（最佳微量）地供给油气混合物，能保证轴承的各个不同部位既不缺润滑油，又不会因润滑油过量而造成更大的温升，压缩空气并可将油雾污染降至最低程度。

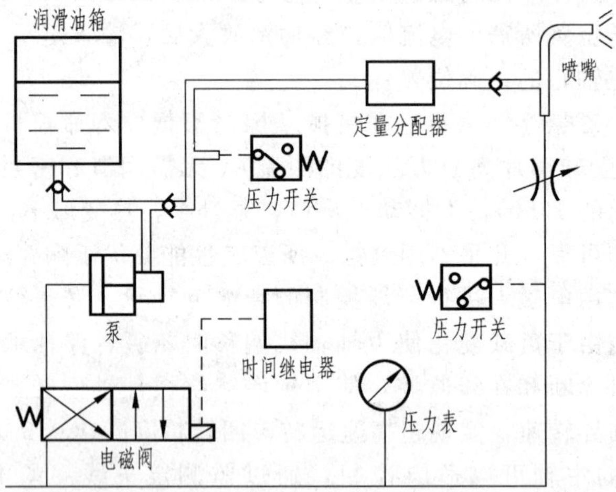

图 6-14　油气润滑系统原理图

油气润滑系统克服了油雾润滑及油脂润滑的缺点，具有如下优点：

① 可以根据实际需要选择润滑点数和各润滑点所需要的油量，并节约润滑剂。因为油雾可以任意扩散，几乎不可能对单个轴承定量供油，油脂润滑的一次加脂根本谈不上定量供应；而油气润滑的油则以微滴形式进入轴承，所以润滑点数可以在油路设计时任意控制，

各润滑点的油量可以通过油气装置定时、定量单独供应，这样易于实现按需供应，避免浪费，因而油的用量只占油雾润滑的 1/10。

② 油气润滑可保持轴承承载部位的摩擦点总有新鲜的润滑剂，而油脂润滑的油脂有一定的使用周期，在前期润滑油较多，易搅动发热，到后期则不足，不能形成良好的润滑条件。由于补充油脂时操作烦琐，在实际应用中大多是一次性加脂直到轴承更换为止。

③ 油气润滑可使轴承温升减小。试验证明，在相同的转速下，同一型号、同样工况的主轴轴承使用油气润滑可以比用油雾润滑外圈温升降低 9～16 ℃；若保持轴承外圈温升相同，则油气润滑可使轴承速度因数提高 25%以上。

④ 油气润滑对环境无污染或污染小。由于“油＋气”通过轴承之后排出的基本是压缩空气，本身不含油或含油量极少，较之油雾润滑，更利于操作者健康。

⑤ 由于轴承内部不断有新鲜润滑油的补充和新鲜空气流出，外来杂质很难进入，内部污物也易排出，因而可以提高轴承的使用寿命。

资料三　高速进给系统

实现高速加工的首要条件之一是要有性能优良的高速机床。目前高速加工机床的最高转速已达 60 000～100 000 r/min，主轴功率达 15～80 kW，而为保证每齿进给量不变，确保零件的加工精度、表面质量和刀具寿命，进给部件的运动速度也必须相应提高 5～10 倍。目前机床快速运动和切削进给速度已达 30～120 m/min。在加工过程中，机床的工作行程一般只有几毫米到几百毫米，在这样短的行程中要实现稳定的高速加工，除了要有高的进给速度外，还要求进给系统有很高的加（减）速度，其范围高达 1～10 g，以尽量缩短起动、变速、停止的过渡时间，实现平稳的高速切削。

高速进给系统是高速加工机床极其重要的组成部分。高速进给系统的设计要求，首先应当是能提供高速切削时所要求的高进给/快移速度和加减速度；其次是应具有所要求的调速宽度和轨迹跟踪精度；同时还应有很好承受动、静载荷的能力和刚度，从而保证高速加工应有的效率和质量。

目前广为应用的高速进给运动的传动方式主要有两种：一种是回转伺服电动机通过滚珠丝杠的间接传动，另一种是采用直线电动机直接驱动。

1. 采用滚珠丝杠传动的进给系统

数控机床进给系统主要采用“旋转电动机＋滚珠丝杠”的传动方式。随着高速加工技术的不断发展，这种传动方式的许多弊端也逐渐表现出来。

① 电动机输出的旋转运动需经过联轴器、滚珠丝杠、螺母等一系列中间传动和变换环节，变为溜板和刀具的直线运动。由于中间传动环节的存在，使得传动系统的刚度降低，起动和制动初期的能耗都用在克服中间环节的弹性变形上。尤其细长的滚珠丝杠是刚度的薄弱环节，其弹性变形可使系统的阶次变高，鲁棒性降低，性能下降。滚珠丝杠弹性变形是数控机床产生机械谐振的主要根源。

② 中间传动环节增加了运动体的惯量，在不增加系统放大倍数的情况下，系统的速

度、位移响应变慢，而放大系数的增大又受系统稳定性的限制，过大的放大倍数会使系统不稳定。

③ 由于制造精度的限制，中间传动环节不可避免地存在间隙、摩擦及弹性变形等影响，使系统的非线性误差增加，要进一步提高系统的精度变得很困难。

通过滚珠丝杠间接传动的优点是技术成熟，结构相对简单，加速度特性受运动部件载荷变化的影响较小，且目前已有许多国内外厂家进行标准化、系列化和模块化的专业化生产。但是普通传动用的滚珠丝杠由于存在转动惯量大，导程小，又受到临界转速的限制等，其所能提供的进给/快移速度只有 10～20 m/min，加速度为 0.3 g，满足不了高速加工的要求，因此高速加工用的进给滚珠丝杠普遍采取如下的改进措施。

① 加大丝杠的导程和增加螺纹的线数。前者为提高丝杠每转的进给量（即进给速度），后者则为弥补丝杠导程增大后所带来的轴向刚度和承载能力的下降。

② 将实心丝杠改为空心的，这既是为减少丝杠的重量和惯量，也是为便于对丝杠采取通水内冷，以利于提高丝杠转速，提高进给/快移速度和加速的能力，减少热影响。

③ 改进回珠器和滚道的设计制造质量，使滚珠的循环更流畅，摩擦损耗更少。

④ 采用滚珠丝杠固定，螺母与连接在移动部件上的伺服电动机集成在一起完成旋转和移动，从而避开了丝杠受临界转速的限制等。

采取这些改进措施后，滚珠丝杠传动的进给方式可提供的进给/快移速度达 60～90 m/min，加速度可达 1～2 g。但是由于受到原理结构的限制，要想进一步提高滚珠丝杠传动的运动速度和加速度很难，而且受丝杠的可制造长度限制，滚珠丝杠传动所能提供的运动行程也是有限的。目前日本在用滚珠丝杠实现高速进给方面处于比较领先的地位。MAZAK 公司的 FJV-20、FJV-25 立式加工中心和 FFSl0、FF660 卧式加工中心系列全部都采用自产的高速滚珠丝杠副，后者的快移速度达 90 m/min、加（减）速度为 1.5 g、重复精度为 0.002 μm。在高速进给领域中，从性价比、切削时间与空行程时间比、加减速出现的频率、节能和环保等方面进行综合考虑，精密高速滚珠丝杠副仍有一定的发展前景。

2. 直线电动机进给驱动系统

伺服旋转电动机＋滚珠丝杠的进给方案受其结构的限制（刚度低、惯量大、非线性严重、加工精度低、传动效率低、结构不紧凑等），采用先进的液压丝杠轴承，其加速度可达 1 g，进给速度可达 40～60 m/min。当伺服电动机最高转速一定时，要提高其轴向进给速度，必须降低运动系统的转动惯量和运动质量，以及增加丝杠导程，而导程的增加势必导致运动系统的静刚度急剧降低，机床加工精度下降。直线电动机驱动实现了无接触直接驱动方式，无扭曲变形，避免了滚珠丝杠传动中的反向间隙、惯性、摩擦力和刚度不足等缺点，可获得高精度、高速度、移动少，具有极好的稳定性。在效率、精度和实用性方面，机床制造达到了应用传统滚珠丝杠所无法达到的水平。表 6-1 列出了直线电动机高速进给单元与滚珠丝杠进给系统的性能比较，而表 6-2 列出了使用直线电动机进给单元前后机床性能的比较。

表 6-1　直线电动机高速进给单元与滚珠丝杠进给系统的性能比较

性能比较	滚珠丝杠进给系统	直线电动机高速进给单元	
		现状	展望
最高速度（m/s）	0.67	2	3～4
最高加速度（m/s^2）	0.5～1	1～1.5g	2～10g
静刚度（N/μm）	88～167	69～265	
动刚度（N/μm）	88～167	157～206	
稳定时间（ms）	100	10～12	
最大进给力（N）	26 700	9 000	15 000
工作可靠性（h）	6 000～10 000	50 000	

表 6-2　使用直线电动机进给单元前后机床性能的比较

比较性能	滚珠丝杠进给机床	直线电动机驱动机床
速度（m/min）	12.7～25.4	38.1
加速度（m/s^2）	0.5g	1～1.5g
加工精度（mm）	0.02～0.025	0.003～0.005

与通过滚珠丝杠间接传动的方式相比，采用直线电动机直接驱动的主要特点和优点如下：

（1）定位精度高

直线电动机工作时，电磁力直接作用于机床工作台而无需传统进给系统的机械传递元件，并消除机械摩擦。该系统不存在机械元件变形和间隙造成的机械滞后、滚珠丝杠导程误差、齿轮传动齿距误差以及机械摩擦对系统产生的扰动影响，其精度完全取决于反馈系统本身的精度。其进给系统常采用光栅尺作为工作台的测量元件，闭环控制，通过反馈对工作台的位移精度进行精确控制，因而刚度高，定位精度高达0.1～0.01 pm。

（2）响应速度快

直线电动机的起动推力大，结构简单、重量轻，运动变换时的过渡过程短，可实现灵敏的加速和减速，其加速度可高达 2～10 g。由于直线电动机与工作台无机械连接，且电气时间常数小，因此直线电动机驱动机构有高的固有频率和刚度，伺服性能较好。这样工作台对指令的响应快，跟踪误差小，加工轮廓精度得到很大提高。

（3）效率高

由于直线电动机驱动机构为“零传动”（工作台和驱动源间中间传动元件的效率损失），因而传递效率得到提高。

（4）高进给速度

由于直线电动机驱动单元不存在因滚珠丝杠造成的提高进给速度的制约因素，直接驱动工作台，无任何中间机械传动元件，无旋转运动，不受离心力作用，可容易地实现高速直线运动。目前其最大进给速度可达 80～180 m/min。

（5）行程不受限制

由于直线电动机的次级是一段一段地连续铺在机床床身上，次级铺到哪里，初级（工作台）就可运动到哪里，不管有多远，对整个系统刚度不会有任何影响。机械磨损小，无需定期维护。

但是，直线电动机直接驱动也存在一些缺点，如效率低，功耗大，结构尺寸和自重也相对较大；工作过程温升高，要求强冷却；因受磁场力影响易于吸引铁屑和金属物，故需考虑防磁措施等，特别是要注意的是它的加速度值直接反比于运动部件的载荷量（工作台、滑座自重再加上工件及其他外载荷），即对运动载荷较敏感，故宜用于运动件载荷恒定或变化量不大的场合，在载荷变化大的情况下，必须在数控编程时予以考虑，否则不能保证加工所要求的效率和质量。另外，直线电动机直接驱动不具有自锁能力，设计和使用中应注意考虑外加制动措施，特别是在垂直轴进给系统中使用时，尤其注意。

1993 年，德国 ExCell-0 公司推出了世界上第一个由直线电动机驱动的工作台 HSC-240 型高速加工中心，机床最高主轴转速达到 24 000 r/min，工作台最大进给速度为 60 m/min，加速度达到 1 g，当进给速度为 20 m/min 时，其轮廓精度 0.004 mm。紧接着美国的 Ingersoll 公司推出了 HVM 800 型高速加工中心，最高主轴转速为 20 000 r/min，最大进给速度为 75.20 m/min。

北京机电院高技术股份公司推出 VSl250 直线电动机的加工中心，该机床最高主轴转速达 15 000 r/min，*XY* 最大快速移动速度达 40 m/min，最大切削进给速度可以达 20 m/min，而 *XY* 的加速度达 1 g。

直线电动机是一种将电能直接转换成直线运动的机械能，而不需要任何中间转换机构的传动装置。它可以看成是一台旋转电动机按径向剖开，并展成平面而成，如图 6-15 所示。

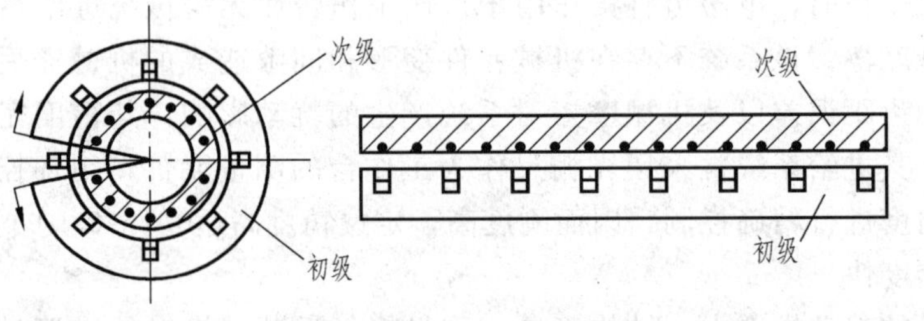

图 6-15　旋转电动机的展开

直线电动机的工作原理与旋转电动机相似。以直线感应电动机为例：当初级绕组通入交流电源时，便在气隙中产生行波磁场，次级在行波磁场切割下，将感应出电动势并产生电流，该电流与气隙中的磁场相作用就产生电磁推力。如果初级固定，则次级在推力作用下做直线运动；反之，则初级做直线运动。将直线电动机应用到机床上，如图 6-16 所示。由定子演变而来的一侧称为初级，由转子演变而来的一侧称为次级。在实际应用时，将初级和次级制造成不同的长度，以保证在所需行程范围内初级与次级之间的耦合保持不变。直线电动机可以是短初级、长次级，也可以是长初级、短次级。考虑到制造成本、运行费用，目前一般均采用短初级、长次级。一台采用直线电动机的加工中心内部结构如图 6-17 所示。该机床主轴部件沿横梁导轨左右移动，横梁沿立柱导轨上下移动，工作台沿床身导轨前后移动，三个坐标运动皆采用直线电动机。移动速度高达 120 m/min，加速度高达2 g，机床的动态性能有明显提高。

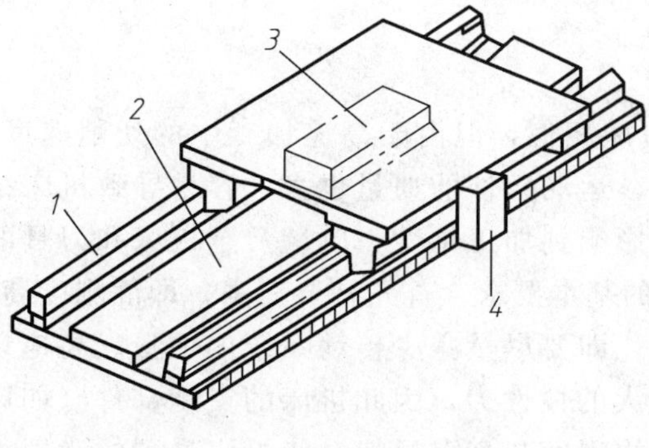

图 6-16　直线电动机应用

1—导轨；2—次级；3—初级；4—位置传感器

图 6-17　采用直线电动机的加工中心内部结构

3. 高性能数控系统

高速切削加工机床数控系统的基本原理与传统数控加工没有本质区别。但由于主轴转速、进给速度和其加（减）速度都非常高，高速切削加工机床采用的 CNC 数控系统也必须具有很高的数据处理和运算速度及高的功能性，特别是在 4～5 轴坐标联动加工复杂曲面时仍具有良好的性能，保证实现快速插补、程序快速处理和有效的超前处理能力，提高进给刀具或工件的进给运动轨迹控制精度。

高速切削加工 CNC 系统性能包括加减预插补、前馈控制、精确矢量补偿、最佳拐角减速度。在高速加工过程中，高的切削速度与进给速度要求数控系统具有足够高的运算速度，因此高速加工 CNC 系统应满足以下要求：

① 采用 32 位 CPU、多 CPU 微处理器以及 64 位芯片结构，以保证快速处理程序段，伺服周期短。

在高速下要生成光滑、精确的复杂轮廓，会产生一个程序段的运动距离只等于 1 mm 的几分之一，其结果使 NC 程序将包括几千个程序段。这样的处理负荷，不但超过了大多数 16 位控制系统，甚至超过某些 32 位系统的处理能力。超载的原因之一是控制系统必须提高阅读程序段的速度，以达到高的切削速度和进给速度要求；其二是控制系统必须预先做出加速或减速的决定，以防止滞后现象发生。FANUC 系统的 64 位系统，可达到提前处理 6 个程序段且跟踪误差为零，这样在加工直角时几乎不会产生伺服滞后。16 位 CPU 一个程序段处理的速度在 60 ms 以上，而大多数 32 位控制系统的程序段处理速度在 10 ms 以下。

② 能够迅速、准确地处理和控制信息流，把加工误差控制在最小，同时保证控制执行机构运动平滑，机械冲击小；具有多种曲线插补功能，采用 NURBS（非均匀有条理 B 样条）插补、回冲加速、平滑插补、钟形加速等轮廓控制技术。

③ 具有 PC 体系结构。采用 PC 结构具有足够大的内存空间，开放性能好，计算能力强；可提供足够大的缓冲内存，保证大容量的加工程序高速运行；采用 PC 体系结构的系统

还可以具有网络传输功能，便于实现复杂曲面的CAD/CAM一体化；同时可以提供友好的人机交互界面。

除了机床厂家自主开发的系统以外，在高速加工中心中，经常使用专业厂家生产的数控系统，如日本的FANUC、三菱Mitsubishi，德国的西门子Siemens、海德汉Heidenhan等。

4. 高速加工机床的床身结构设计

高速加工机床的基本组成部分与普通数控机床相似，但由于高速加工中的切削速度、进给速度和加减速度都大，因此机床的发热量大，运动部件的惯量也大，容易导致机床结构的过量温升、热变形和产生冲击振动，最终会影响到加工精度、质量乃至机床和刀具的工作寿命和可靠性。所以，高速加工对机床结构的基本要求，首先是要三高，即静刚度高、动刚度高和热刚度高；其次是运动部件要轻量化，即要尽量减少传动系统的惯量。高速切削时，虽然切削力一般比普通切削时低但产生很大的惯性力，因此机床的支承部件（如床身、立柱等）必须具有足够的强度和刚度，高结构刚度和高阻尼特性使机床受到的激振力很快衰减。此外，高结构刚度和高阻尼特性也是高速加工中保证加工表面质量和提高刀具寿命的基本要求。

为此，机床结构设计应采取的原则措施是：

① 为了提高结构的静刚度，首先选择弹性模量大的材料，如钢、铸铁等作为结构件的基本材料；其次根据受力的性质（拉、压或扭）和条件（力的大小、方向和作用点）选择合理的结构截面形状、尺寸、肋壁布置和机床的总体布局；三是结构件间的接合面要平整，面积大小要适当，接触点在接合面上的分布要均匀，连接要牢固等；四是尽量采用箱形和整体形结构。

② 为了提高结构的动刚度，首先是在保证静刚度的前提下，选择阻尼系数大的材料，如人造花岗岩、铸铁等作为基础结构件的材料，对于床身基体等支承部件采用非金属环氧树脂、人造花岗石、特种钢筋混凝土或线胀系数比灰铸铁低1/3的高镍铸铁等材料制作；二是通过模型试验或模态分析合理设计和调整结构的质量分布和结构接合面的刚度值，以改变结构系统本身的固有振动频率，使其远离切削过程中所产生的强迫振动频率，避免产生共振的可能性；三是有意采用能增加附加阻尼的结构设计，如带夹芯的双层壁铸件和非连续焊接的焊件等；四是直线运动部件的支承导轨面间距离要尽可能宽阔，驱动力的作用线要居中并尽可能靠近运动部件的重心，传动链中应无反向间隙，以保证运动平稳，无冲击。为了提高结构的热刚度，原则上首先应采用热容量大、线胀系数小的材料和线胀系数相近的材料作为结构材料；其次是根据机床上的热源和温度场的分布情况，尽量采用热对称和方便散热或强迫冷却的结构，包括采用热补偿措施的结构等，以减少热变形带来的对机床几何精度和工作性能的影响。

③ 为了减少运动部件的重量和传动系统的惯量，一是选用比重小的材料，如铝合金和复合材料等，作为运动部件的结构材料；二是在保证刚度和承载能力的前提下，尽量去除多余的材料；三是采用直接传动，简化传动系统，缩短传动链，以提高机床链、机床的运动品质。

5. 辅助装置

(1) 高效的冷却润滑系统

冷却润滑系统作为高速切削加工技术的配套技术，在切削区，把大量的热切屑立即冲走，始终保持工作台的清洁，以免妨碍高速切削加工的正常进行，避免产生机床、刀具和工件的热变形，影响加工精度和机床的使用。

采用高压大流量喷射冷却系统，日本公司开发的 HJH 系列高压喷射中心（High Jet Center），对加工中心切削区供给压力为 7 MPa、流量达 60 L/min 的高压切削液，来消除产生的瞬时热量，提高了加工效率，延长了刀具的使用寿命（3～5 倍）；还有 Fine Flush 冲洗系统，其压力为 6.9 MPa 等，有的还采用大量的切削液以瀑布形式从机床顶部淋向机床加工区，使大量切削立即从工作上冲走，始终保持工作台的清洁，并形成一个恒温的小环境，使加工精度进一步提高。可在刀具系统开设一个直接供给切削液的通路进行冷却，从刀的侧面供液，从刀具的凸缘供液，由主轴中心供液。

(2) 安全防护与实施监控系统

高速切削加工中当主轴转速达 40 000 r/min 时，若有刀片开裂，飞出的刀具碎片能量很大，非常危险。为了防止切屑和切削液外溅，污染环境和意外伤人，高速切削加工机床应采取必要的措施，必须用防护罩把切削区完全罩起来。

高速切削加工的安全保障包括以下各方面：

① 机床操作者及机床周围现场人员的安全保障。

② 避免机床、刀具、工件及有关设施的损伤。

③ 识别和避免可能引起重大事故的工况。

在机床结构方面，用强度足够的优质钢板和防弹玻璃做成安全罩和观察窗进行密封和遮挡。特别是抗弯强度低的材料制成的机夹刀片，除结构上防止离心力作用下产生飞离倾向外，还要做极限转速的测定。刀具夹紧、工件夹紧必须绝对安全可靠，故工况检测系统的可靠性就变得非常重要。主轴在线监控系统对刀具磨损、破损和主轴状况进行监控，可采用：

① 切削力检测以控制刀具磨损，机床功率检测可间接获得刀具磨损的信息。

② 主轴转速检测以辨别切削参数与进给系统间关系。

③ 刀具破损检测。

④ 主轴轴承状况检测。

⑤ 电器控制系统过程稳定性检测等。

(3) 快速换刀装置

普通加工中心的换刀时间一般在 3～10 s 之间，随着切削速度的提高，切削时间不断缩短，对换刀时间的要求也在逐步提高，以尽量缩短辅助时间。快速自动换刀技术包括刀库的设置、换刀方式、换刀执行机械和适应高速机床结构特点的多方面问题，主要通过以下方法解决：

① 在传统自动换刀装置的基础上提高动作速度，或者采用速度更快的机构与驱动元件，如使用凸轮机构替代液压缸和齿轮齿条机构。

② 按高速机床新的结构特点设计刀库和换刀装置的形式和位置，如将刀库与换刀装置放在工作台的一侧，而不装在立柱上。

③ 采用短刀柄，短锥度刀柄相对传统的 BT 刀具而言刀柄重量轻，拔插刀的行程短，可以提高自动换刀速度。结合高速加工的需求，使用 HSK 等类型的空心短锥柄刀柄。

④ 用新方法进行刀具快速交换，不用刀库与机械手方式，改用其他方式换刀，如采用双主轴换刀或者多主轴换刀方式。

资料四　高速加工刀具系统

4.1　高速切削加工对刀具系统的要求

高速加工刀具系统是由装夹刀柄与切削刀具所组成的完整刀具体系。图 6-18 所示为一组完整的刀具系统。刀具系统的装夹刀柄与机床接口相配，切削刀具直接加工被加工零件。在主轴转速大幅度提高后，高速加工对于整个刀具系统提出了更高的要求，不仅要求切削刀具具有很高的刚性、安全性、柔性、动平衡特性和操作方便性，而且对刀具系统与机床接口的连接刚度、精度以及刀柄对刀具的夹持力与夹持精度等都提出了很高的要求。传统刀具系统已不能满足高速切削加工的需要，因而必须研究开发适宜高速切削加工的刀具系统。

图 6-18　刀具系统

高速切削加工的刀具系统必须满足以下要求：

1. 刀具结构的高安全性

作为应用于高速切削加工的刀具系统，其结构必须具有很高的安全性，以防止刀具高速回转时刀片飞出，并保证旋转刀片在 2 倍于最高转速时不破裂。

2. 高的系统精度

系统精度包括刀具本身的精度和系统定位夹持精度与刀具重复定位精度以及良好的精度保持性。只有具备很高精度的刀具系统，才能保证高速加工整个系统的静态和动态稳定性，从而满足高速、高精加工工件的要求。

3. 高的系统刚性

刀具系统的静、动刚性是影响加工精度及切削性能的重要因素。刀具系统刚性不足将导致刀具系统振动或倾斜，使加工精度和加工效率降低。同时，系统振动又会使刀具磨损加剧，降低刀具和机床使用寿命。

4. 刀具系统优异的动平衡性

用于高速加工的刀具系统的动平衡性能是至关重要的。当刀具系统动平衡性能较差时，高速旋转的刀具会产生很大的离心力，从而引起刀杆弯曲并产生振动，其结果将使被加工零件质量降低，甚至导致刀具损坏。

5. 高的耐用性

高速切削一般在数控机床或加工中心上进行，要求刀具材料必须十分可靠，否则将会增加换刀时间，降低生产率，使高速切削失去了意义；另外刀具可靠性差还将产生废品，损坏机床与设备，甚至造成人员伤亡。高速切削时，切削温度很高，因此要求刀具材料熔点高、氧化温度高、耐热性好、抗热冲击性能强，且具有很高的高温力学性能，如高温强度、高温硬度、高温韧性等。

6. 高的互换性

对模块式刀具系统而言，需要刀具系统具有更高的灵活性，以便通过调整或组装，迅速适应不同零件的加工需要。此外，刀具与机床的接口应采用相同的刀柄系统，以减少不必要的库存。

7. 高效性

刀具系统必须具备高质量、高使用寿命的刀具，以满足高速高效加工工件的要求。

8. 高适应性

刀具系统应具有加工多种硬度材质的能力，以满足高速加工各种工件的要求。

4.2 刀具

在高速加工中，可以应用各种形状与结构的刀具。通常直径较大的刀具使用可转位刀具，而直径较小的刀具为整体式。刀具形状可以有平底刀、球头刀与圆角刀，并且可以有不同的刀刃数。图 6-19 所示为常用的不同形状的刀具示例。

1. 刀具材料

刀具切削性能的好坏，取决于构成刀具的材料、几何参数及其结构，其中刀具材料对刀具寿命、加工效率和加工质量等的影响最大。由于高速切削所采用的速度比常规切削速度高几倍甚至十几倍，切削温度很高。因此，高速切削对刀具材料提出了更高的要求。高速切削刀具的失效主要是由于刀具材料的热性能（包括熔点、耐热性、抗氧化性、高温力学性能、抗热冲击性能等）不足所引起的。高速干切削和硬切削加工黑色金属的最高速度主要受限于刀具材料的耐热性，如加工钢和铸铁等黑色金属时，最高速度只能达到加工铝合金的 1/3、1/5，原因是切削热使刀尖发生热破损；而高速铣削中则会产生厚度变化的断续切屑，它们都会导致刀具内热应力高频率地周期变化，加速刀具的磨损。因此，高速切削除了要求刀具材料具备普通刀具材料的一些基本性能之外，还突出要求刀具材料具备高的耐热性、抗热冲击性、良好的高温力学性能及可靠性。

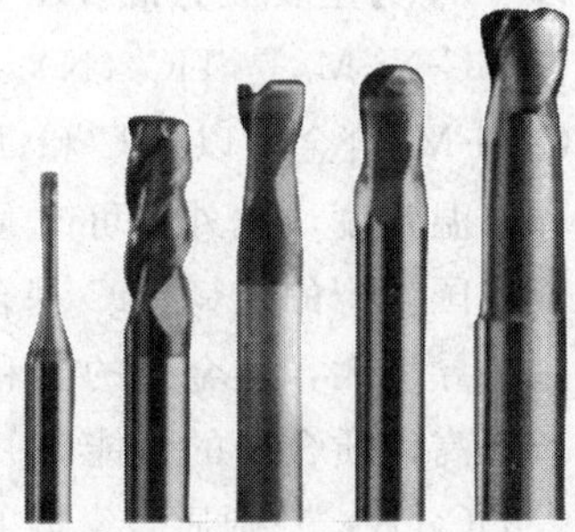
图 6-19　常用的不同形状的刀具

近30年来世界各工业发达国家或地区都在大力发展与高速切削条件相匹配的先进切削刀具材料。目前国内外用于高速切削的刀具材料主要有：TiC（N）基硬质合金（又称金属陶瓷）、硬质合金涂层刀具、陶瓷刀具、聚晶金刚石（PCD）和立方氮化硼（CBN）等。它们各有优点，高速切削用刀具材料必须根据所加工的工件材料和加工性质来选择。一般而言，陶瓷刀具、TiC（N）基硬质合金、涂层刀具及PCBN刀具适用于加工钢铁等黑色金属的高速加工；而PCD刀具适用于对铝、镁、铜等有色金属的高速加工。表6-3列出了上述刀具材料所适合加工的一些工件材料。

表6-3　各种刀具所适合加工的工件材料

刀　具	高硬度	耐热合金	钛合金	镍基高温合金	铸　铁	纯　钢	高硅铝合金	FRP复合材料
涂层硬质合金	○	●	●	▲	●	●	▲	▲
TiC(N)硬质合金	▲	×	×	×	●	▲	×	×
陶瓷刀具	●	●	×	●	●	▲	×	×
PCBN	●	●	○	●	○	▲	▲	▲
PCD	×	×	●	×	×	×	●	●

注：●—优　○—良　▲—尚可　×—不合适

(1) TiC（N）基硬质合金

TiC（N）基硬质合金是以TiC为主要成分的合金，其性能介于陶瓷和硬质合金之间。由于TiC（N）基硬质合金有接近陶瓷的硬度和耐热性，加工时与钢的摩擦因数小，耐磨性好，且抗弯强度和断裂韧度比陶瓷高。因此，TiC（N）基硬质合金可作为高速切削加工刀具材料，用于精车时，切削速度可比普通硬质合金提高20%～50%。TiC（N）基硬质合金按其成分和性能不同可分为：①成分为TiC-Ni-M_O的TiC（N）基合金；②添加其他碳化物（如WC、TiC）和金属（如Co）的强韧TiC（N）基合金；③添加TiN的TiC（N）基合金；④以TiN为主要成分的TiC（N）基合金等。

TiC-Ni-M_O是TiC（N）基硬质合金中的典型成分，如我国常使用的代号为YN05。在TiC-Ni-M_O合金中以WC和TaC等碳化物取代部分TiC可以提高硬质合金的韧性、弹性模量和高温强度，此外还可改善硬质合金的导热性能和抗热冲击性，使刀具更适合于断续切削。我国生产的强韧TiC基合金有YN10、YN15、YN501等。由于TiN的热稳定性比TiC高，热导率大，与金属的亲和力小，润湿性能好，因此在TiC-Ni-M_O合金中添加氮化物可显著提高硬质合金的性能，并扩大其应用范围。

TiC（N）基硬质合金既具有陶瓷的高硬度，又具有硬质合金的高强度，用于可转位刀片，还能焊接。因此，TiC（N）基硬质合金不仅可用于精加工，而且也扩大到半精加工、粗加工和断续切削。

(2) 硬质合金

硬质合金是高硬度、难熔的金属化合物粉末（WC、TiC等），用钴或镍等金属做黏结剂压坯、烧结而成的粉末冶金制品。硬质合金刀具材料的问世，使切削加工水平出现了一个飞跃。硬质合金刀具能实现高速切削和硬切削，在数控加工中普遍使用。为满足各种难加工材料的切削要求，开发了许多硬质合金加工技术，研制出多种新型硬质合金，包括：①采用高纯度的原材料，如采用杂质含量低的钨精矿及高纯度的三氧化钨等；②采用先进工艺，如以真空烧结代替氢气烧结，以石蜡工艺代替橡胶工艺，以喷雾或真空干燥工艺代替蒸汽干燥工艺；③改变合金的化学组分；④调整合金的结构；⑤采用表面涂层技术研制出的新型硬质合金有添加钽、铌的硬质合金、细晶粒与超细晶粒硬质合金，添加稀土元素的硬质合金等。

在晶粒尺寸为 0.2～1 μm 的碳化钨硬质合金晶粒中加入更高硬度（90～93 HRA）和强度（2 000～3 500 MPa，最高 5 000 MPa）的 TaC、NbC 等颗粒，可以制成整体超细晶粒硬质合金刀具或可转位刀片。晶粒细化后，硬质相尺寸变小，黏结相更均匀地分布在硬质相周围，可以提高硬质合金的硬度与耐磨性，能显著提高刀具寿命。如适当增加钴含量，还可以提高抗弯强度。这种刀具可以高速铣削铁族元素材料、镍基和钴基高温合金、钛基合金、耐热不锈钢、焊接材料和赶硬材料等。

(3) 金刚石

金刚石是碳的同素异构体，它是自然界已经发现的最硬材料，其硬度达到 10 000 HV。金刚石刀具有两种，即天然金刚石和人造金刚石刀具。天然金刚石的性质较脆，容易沿晶体的解理面破裂，导致大块崩刃，并且天然金刚石价格昂贵，因此很多场合已经被人造金刚石所代替。

人造聚晶金刚石（Polycrystalline diamond，PCD）是 20 世纪 60 年代发展起来的，它是以石墨为原料，加入催化剂，经高温高压烧结而成。PCD 刀片可分为整体人造聚晶金刚石刀片和聚晶金刚石复合刀片。目前，大多数使用的 PCD 都是与硬质合金基体烧结而成的复合刀片，便于焊接。随着制造业的快速发展，PCD 刀具的生产和应用逐年增加。

金刚石刀具具有如下特点：

① 极高的硬度和耐磨性。金刚石刀具在加工高硬度材料时，寿命为硬质合金刀具的 10～100倍，甚至高达几百倍。

② 很低的摩擦因数。金刚石与一些有色金属之间的摩擦因数约为硬质合金刀具的一半。

③ 刀刃非常锋利。金刚石刀具的切削刃可以磨得非常锋利，因此金刚石刀具能进行超薄切削和超精密加工。

④ 很高的导热性能。金刚石的热导率为硬质合金的 1.5～9 倍。由于热导率及热扩散率高，切削热容易散出，故切削温度低。

⑤ 较低的线胀系数。金刚石的线胀系数是硬质合金的几分之一，约为高速钢的 1/10。

金刚石刀具适合于加工非金属材料、有色金属及其合金，已广泛应用于汽车、航空、航天、国防工业中关键零部件的高速精密加工，是目前超精密切削加工中最主要的刀具。金刚石刀具在汽车和摩托车行业中主要用于加工发动机铝合金活塞的裙部、销孔、汽缸体、变速箱、化油器等。由于这些部件材料含硅量较高，对刀具寿命要求较高，硬质合金刀具难以胜任，而金刚石刀具的寿命是硬质合金的 10～50 倍，可保证零件的尺寸稳定性，并可提高切削速度、加工效率和加工质量。

由于金刚石的热稳定性差，切削温度达到 800 ℃时，就会失去其硬度。因此，金刚石刀具不适用于加工黑色金属，因为金刚石和铁有很强的化学亲和力，在高温下铁原子容易与碳原子相互作用使其转化为石墨结构，刀具极容易损坏。在切削有色金属时，PCD 刀具的寿命是硬质合金刀具的几十甚至几百倍。

（4）陶瓷

陶瓷具有很高的硬度、耐磨性及良好的高温性能，与金属的亲和力小，并且化学稳定性好。因此，陶瓷刀具可以加工传统刀具难以加工的高硬度材料，实现以切代磨，从而可以免除退火，简化工艺，大幅度地节省工时和电力；陶瓷刀具的最佳切削速度可比硬质合金刀具高 3～10 倍，而且寿命长，可大大提高切削效率；陶瓷刀具材料使用的主要原料氧化铝、氧化硅等是地壳中最丰富的元素，是取之不尽的，对节省贵重金属也具有十分重要的意义。陶瓷刀具主要应用于难加工材料的高速加工。陶瓷刀具的发展过程是 20 世纪 50 年代后期以纯 Al_2O_3，陶瓷为主；20 世纪 60～70 年代以 Al_2O_3/TiC 陶瓷为主；20 世纪 70 年代后期至 80 年代初期发展了氮化硅基陶瓷刀具及相变增韧陶瓷刀具材料；20 世纪 80 年代后期到 90 年代，晶须增韧陶瓷刀具材料成为刀具研究开发的核心。近 50 年来，国际上陶瓷刀具的研制十分活跃，目前国际上陶瓷刀具已发展成有 40 多个品种、200 多个牌号。

现代陶瓷刀具材料大多数为复合陶瓷，其种类及可能的组合如图 6-20 所示。目前国内外广泛使用的，以及正在开发的陶瓷刀具材料基本上都是根据图 6-20 的组合，采取不同的增韧补强机理来进行显微结构设计的，其中以氧化铝系和氮化硅系陶瓷刀具材料应用最为广泛。20 世纪 70 年代投入使用的 Al_2O_3/TiC 热压陶瓷材料，强度、硬度和韧性均较高，仍是国内外使用最多的陶瓷刀具材料之一。此后在 Al_2O_3 中添加 TiB_2、Ti（C，N）、SiCW、ZrO_2 等陶瓷刀具也相继研制成功，其力学性能进一步提高，广泛应用于碳钢、合金钢或铸铁的精加工或半精加工。表 6-4 列出了一些国内外部分 Al_2O_3 基陶瓷刀具的牌号与性能。20 世纪 70 年代中期研制成功 80 年代初推广使用的 Si_3N_4 陶瓷刀具材料，是陶瓷刀具品种的一大突破，其断裂韧度显著提高。Si_3N_4 基陶瓷刀具的热稳定性和抗热裂性高于 Al_2O_3，基陶瓷刀具，线胀系数低，化学稳定性好，抗热冲击性能好。Si_3N_4 陶瓷刀具更适合于高速加工铸铁及铸铁合金、冷硬铸铁等高硬度材料。20 世纪 80 年代初研制成功的 Si_3N_4/TiC 陶瓷刀具具有良好的耐磨性、热硬性和抗热冲击性，但由于碳化钛和氮化硅的线胀系数相差较大，高速切削时因刀尖温度急剧升高，会产生较大的热应力，降低了刀具的使用寿命。为此，许多国家和地区又开发了 Sialon 陶瓷刀具。

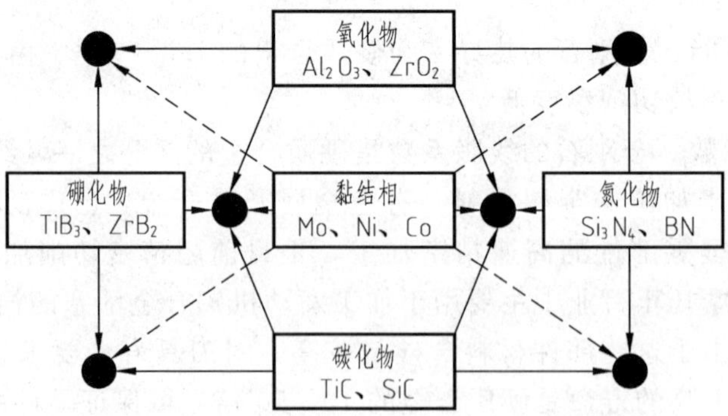

图 6-20　陶瓷刀具材料的种类及可能的组合

Sialon 陶瓷刀具是用氮化铝、氧化铝和氮化硅的混合物在高温下进行热压烧结而得到的材料。Sialon 陶瓷刀具材料具有很高的强度和韧性，已成功应用于铸铁、镍基合金、硅铝合金等难加工材料的加工，是高速粗加工铸铁和镍基合金的理想刀具材料之一。

表 6-4　国内外部分 Al_2O_3 基陶瓷刀具的牌号与性能

产地	牌号	主要成分	密度 (g/cm^3)	硬度 (HRA)	抗弯强度 (MPa)	断裂韧度 ($MPa \cdot m^{\frac{1}{2}}$)
中国	LT-55	Al_2O_3/TiC	4.96	93.7～94.8	900	5.04
中国	JX-1	Al_2O_3/SiCW	3.63	94～95	700～800	8.5
中国	LP-1	Al_2O_3/SiCW	4.08	94～95	800～900	5.2
美国	WG-300	Al_2O_3/TiB_2	3.74		690	8.77
瑞典	CC620	Al_2O_3/ZrO_2	3.98			
日本	NB90S	Al_2O_3/TiC	4.33	95	950	
德国	SN80	Al_2O_3/ZrO_2	4.12	HV2000	510	
德国	MC2	Al_2O_3/TiC	4.25	95	600	
美国	TD-35	Al_2O_3/TiB_2	4.05	94	950	

陶瓷刀具已应用于加工各种铸铁、钢件、热喷涂喷焊材料、镍基高温合金等。Al_2O_3 基陶瓷刀具适用范围最广，因其耐磨性和耐热性均高于 Si_3N_4 基陶瓷刀具。如 Al_2O_3/TiC 复合陶瓷刀具可在 300～1 000 m/min 时高速切削钢、铸铁及其合金。Si_3N_4 基陶瓷刀具的断裂韧度和抗热裂性高于 Al_2O_3 基陶瓷刀具，因此 Si_3N_4 更适于断续加工铸铁及铸铁合金。添加 SiC 晶须的陶瓷刀具最适于加工镍基高温合金、纯镍和高镍合金等，但不适于加工钢和铸铁，因其中的硅在高温下扩散严重，当切削温度达到 1000 ℃时，SiC 晶须与钢会产生化学反应，从而降低了刀具的耐磨性。

(5) 立方氮化硼

1917 年美国通用电器首先合成了立方氮化硼（CBN）。由于 CBN 具有超硬特性、高热稳定性和高化学稳定性而引起广泛关注。从 20 世纪 60～70 年代，前苏联、英国、西德、日本和中国相继掌握了 CBN 合成技术。立方氮化硼是 BN（氮化硼）同素异构体之一，其结构与金刚石相似，不仅晶格常数相近，而且晶体中的结合键也基本相同。由于立方氮化硼与金刚石在晶体结构与结合上的相似和差异，便决定与金刚石相近的硬度，又具有高于金刚石的热稳定性和对铁族元素的高化学稳定性。CBN 具有很高的热稳定性，可承受 1 200 ℃以上的切削温度，并且在高温下（1 200～1 300 ℃）不与铁族金属发生化学反应。

PCBN（Polycrystalline Cubic Boron Nitride，聚晶 CBN）是在高温高压下将微细的 CBN 材料通过结合相烧结在一起的多晶材料，由于其具有独特的结构和特性，近年广泛应用于黑色金属的切削加工。由于受 CBN 制造技术的限制，目前制造直接用于切削大颗粒的 CBN 刀具仍很困难，为此 PCBN 得到了很快发展。PCBN 的性能受其中的 CBN 含量、CBN 粒径和结合剂的影响。CBN 含量越高，PCBN 的硬度和耐磨性就越高。目前，PCBN 刀具有 3 种结构形式，即整体 PCBN 刀具、PCBN 复合刀片及电镀立方氮化硼刀具。PCBN 复合刀片是在强度和韧性较好的硬质合金基体上烧结或压制一层 0.5～1 mm 厚的 PCBN 而成的，它解决了 CBN 刀片抗弯强度低和焊接困难等问题。

目前已有多个品种、不同 CBN 含量的 PCBN 用于车刀、镗刀、铣刀等，主要用于高速加工淬硬钢和高硬铸铁以及某些难加工材料。PCBN 刀具既能胜任淬硬钢（45～65 HRC）、轴承钢（60～62 HRC）、高速钢（>62 HRC）、工具钢（57～60 HRC）、冷硬铸铁的粗加工和精加工，又能胜任高温合金、热喷涂材料、硬质合金及其他难加工材料的高速切削加工。

2. 刀具涂层

对刀具进行涂层处理是提高刀具性能的重要途径之一，在高速加工中使用的绝大部分刀具都是涂层刀具。涂层刀具是在韧性较好的刀体上，涂覆一层或多层耐磨性好的难熔化合物，使刀具既具有较高的韧性，又具有很高的硬度和耐磨性。涂层刀具的寿命比未涂层的刀具高 2～5 倍。在高速加工中使用的绝大部分刀具都是涂层刀具。近 10 年来，刀具涂层技术取得了飞速发展，涂层工艺越来越成熟。图 6-21 所示为涂层刀片及涂层刀具加工示例。

图 6-21　涂层刀片及涂层刀具加工示例

（1）涂层刀具的特点

涂层刀具结合了基体高强度、高韧性和涂层高硬度、高耐磨性的优点，提高了刀具的耐磨性而不降低其韧性。涂层刀具通用性广，加工范围显著扩大，使用涂层刀具可以获得明显的经济效益。一种涂层刀具可以代替数种非涂层刀具使用，因而可以大大减少刀具的品种和库存量，简化刀具管理，降低刀具和设备成本。但是刀具在现有的涂层工艺进行涂层后，因基体材料和涂层材料性质差别较大，涂层残留内应力大，涂层和基体之间的界面结合强度低，涂层易剥落，而且涂层过程中还造成基体强度下降，涂层刀片重磨性差，涂层设备复杂、昂贵，工艺要求高，涂层时间长，刀具成本上升等缺点。

（2）常用的涂层材料及性质

常用的涂层材料有碳化物、氮化物、碳氮化物、氧化物、硼化物、硅化物、金刚石及复合涂层 8 大类数 10 个品种。根据化学键的特征，可将这些涂层材料分成金属键型、共价键型和离子键型。

金属键型涂层材料（如 TiB_2、TiC、TiN、VC、WC 等）熔点高、脆性低、界面结合强度高、交互作用趋势强、多层匹配性好，具有良好的综合性能，是最普通的涂层材料。共价键型涂层材料（如 B4C、SiC、BN、金刚石等）硬度高、线胀系数低、与基体界面结合强度差、稳定性和多层匹配性差。而离子键型材料化学稳定性好、脆性大、线胀系数大、熔点较低、硬度不太高。常见的单涂层及多涂层组合有 TiC、TiN、TiCN、TiAiN、TiC/

TiN、TiC/TiCN/TiN、TiC/Al_2O_3/TiN 等。多涂层及其相关技术的出现，使涂层既可提高与基体的结合强度，又能具有多种材料的综合性能。图 6-22 所示为常见的涂层结构，目前应用较多的有单涂层、多涂层、金刚石薄膜涂层、纳米涂层等。

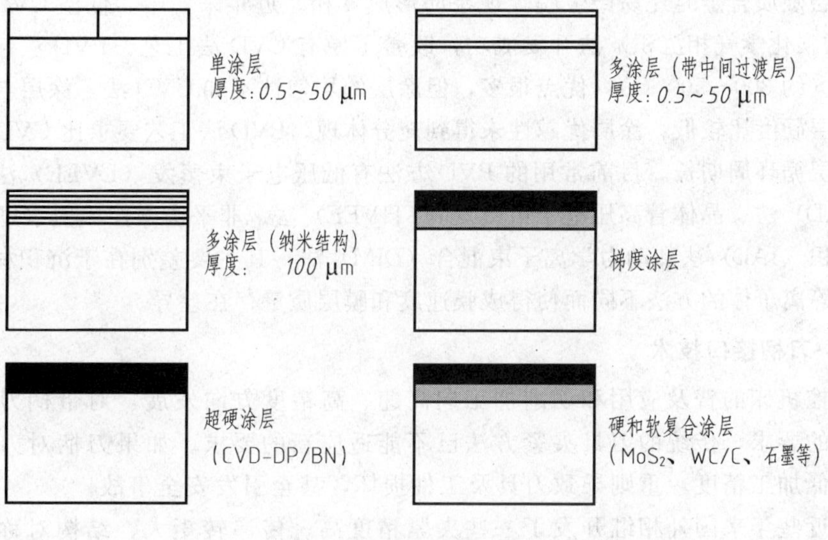

图 6-22 常见的涂层结构

TiC 是一种高硬度的耐磨化合物，有良好的抗后刀面磨损和抗月牙洼磨损能力。TiN 的硬度稍低，但它与金属的亲和力小，润湿性能好，在空气中抗氧化能力比 TiC 好。TiCN 具有 TiC 和 TiN 的综合性能，其硬度高于 TiC 和 TiN，因此是一种较为理想的刀具涂层材料。TiAiN 是含有铝的 PVD 涂层，在切削过程中铝氧化而形成氧化铝，从而起到抗氧化和抗扩散磨损的作用。在高速切削时，TiAiN 涂层刀具的切削效果优于 TiN 和 TiCN 涂层刀具的主要原因是 TiAiN 涂层刀具的硬度、抗氧化和抗黏接能力高，且具有很高的高温硬度。目前，TiAiN/Al_2O_3，多层 PVD 涂层也已研究成功，其涂层硬度达 4 000 HV，涂层数为 400 层（总厚度 5 μm），切削性能优于 TiC/Al_2O_3/TiN 涂层刀具。

金刚石薄膜涂层刀具是近年研究成功的新型刀具涂层材料，它是采用化学气相沉积（CVD）法在硬质合金基体沉积一层极薄（50 μm 以下）的金刚石膜制成的。这种工艺可在形状复杂的刀具基体制作大面积高质量的金刚石薄膜。金刚石薄膜涂层刀具不仅冲击无涂层硬质合金刀具和陶瓷刀具市场，而且还成为聚晶金刚石刀具强有力的竞争对手。这种涂层刀具特别适合于加工有色金属及纤维材料。

最近又开发了纳米涂层（Nanoeoating）技术。这种方法可采用多种涂层材料的不同组合以满足不同的功能和性能要求，特别适合于高速干切削。硬质合金刀具的多层纳米涂层可分为 4 大类：①硬/硬组合，如 B_4C/SiC、TiC/TiB_2、TiC/TiN 等；②硬/软组合，如 B_4C/W、SiC/W、SiC/Ti 等；③软/软组合，如 Ni/Cu 等；④具有润滑性能的软/软组合，如 MoS_2/Mo、WS_2/W、TaS_2/Ta 等。这些复合涂层每层由两种材料组合而成，厚度仅为几纳米，根据切削需要，可相互叠加涂覆上百层，总厚度可达 2～5 μm。

（3）常用涂层方法

目前，常用的涂层方法是 CVD 法和 PVD（物理气相沉积）法，其他方法如等离子喷涂、火焰喷涂、电镀、溶盐电解等还存在较大的应用局限性。

CVD 法是利用金属卤化物的蒸汽、氢气和其他化学成分，在 950～1 050 ℃的高温下，进行分解、热合等气、固反应，或利用化学传输作用，在加热基体表面形成固态沉积层的一种方法。CVD 法工艺要求高，而且由于氯的侵蚀及氢脆变形可能导致涂层易碎裂，基体断面强度下降，涂层硬质合金时还易产生脱碳现象而形成 n 相。近年来，中、低温 CVD 法和 PCVD（等离子体增强化学气相沉积）法开发成功，改善了原有 CVD 法工艺。PVD 法起步晚、发展快、温度低（约 300～500 ℃），优点很多，但涂层的均匀性不如 CVD 法，涂层与基体结合不太牢固，涂层硬度比较低，涂层优越性未得到充分体现。PVD 法工艺要求比 CVD 法高，设备更复杂，涂层循环周期长。目前常用的 PVD 方法有低压电子束蒸发（LVEE）法、阴极电子弧沉积（CAD）法、晶体管高压电子束蒸发（THVEE）法、非平衡磁控溅射（UMS）法、离子束协助沉积（IAD）法和动力学离子束混合（DIM）法，其主要差别在于沉积材料的汽化方法以及产生等离子体的方法不同而使得成膜速度和膜层质量存在差异。

3. 刀具-刀柄接口技术

随着数控机床的普及应用和切削加工向高速、高精度方向发展，对带柄刀具的夹紧系统提出更高的要求，传统的刀具夹紧方法已不能适应新的要求。如果刀柄对刀具夹持不牢固，轻则降低加工精度，重则导致刀具及工件损坏，甚至引发安全事故。

为此，近些年来国外相继开发了一些夹紧精度高、传递转矩大、结构对称性好、外形尺寸小的新型刀具夹头。

（1）高精度弹簧刀具夹头

高精度弹簧刀具夹头与普通的弹簧夹头相似，采用锥角 12°的锥套，所有夹头都经平衡修整，以适应高速加工的要求。典型产品如日本大昭和公司生产的 HMC 和 MEGA 夹头（图 6-23），主要用于夹持立铣刀进行强力粗铣和模具加工，其最大夹紧力矩可达 3 000 N·m，允许使用的最高转度可达 40 000 r/min。

图 6-23　大昭和公司 MEGA 夹头系列

（2）热装式刀具夹头

热装式刀具夹头利用刀柄装刀孔热胀冷缩使刀具可靠夹紧。它是一种无夹紧元件的夹头，结构简单对称，夹紧力大，应用非常广泛。图 6-24 所示为肯纳公司的热装式刀具夹头刀柄。

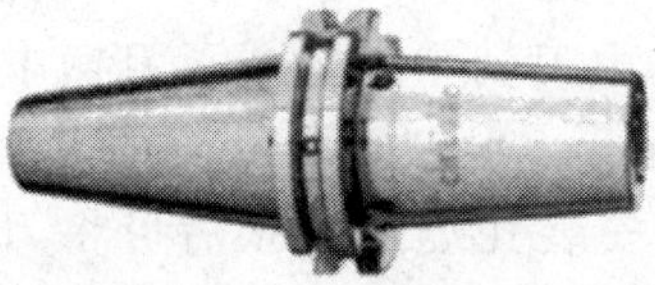

图 6-24　肯纳公司的热装式夹头刀柄

（3）高精度静压膨胀式刀具夹头

典型产品如由德国雄克公司生产的高精度静压膨胀式刀具夹头，如图 6-25 所示。通过拧紧加压螺栓提高油腔内的油压，使油腔内壁均匀对称地向轴线方向膨胀，以夹紧刀具。该夹头夹持精度极高，其径向圆跳动小于 3 μm。

（4）应力锁紧式刀具夹头

典型产品为德国雄克公司的。TRIBOS 应力锁紧式刀具夹头。该夹头利用夹头本身的变形力夹紧刀具，其自由状态为三棱形，装夹刀具时，利用外力作用使夹头内孔变为圆形，撤销外力后，内孔重新收缩为三棱形，以实现对刀具三点的夹紧。该夹头具有结构紧凑，定位精度高（3 μm 以下）且对称，刀具装夹简单等特点。应力锁紧式夹头刀柄外形如图 6-26所示。

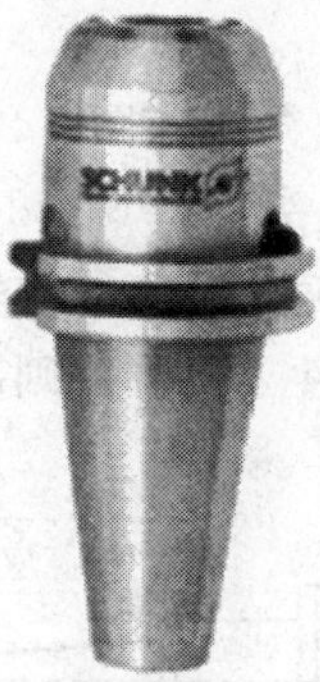

图 6-25　静压膨胀式刀具夹头

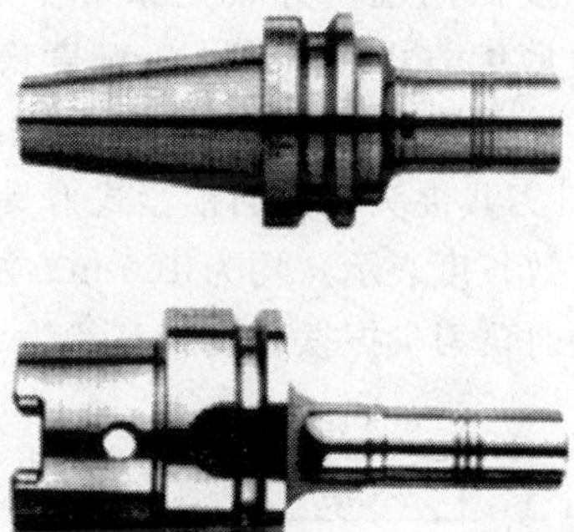

图 6-26　应力锁紧式夹头刀柄外形

（5）新颖结构刀具夹头

由 Sandvik 公司新推出的 Coro Grip 夹头，借助液压装置推动锥套，在 3D 处测量，其径向圆跳动为 2～6 μm。这种夹头夹紧更为可靠，其刚性高于液压夹头，装夹时间短于热缩夹头。ISCAR 公司推出的圆柱柄新型装夹方式，不仅保证端面接触，而且能在半个圆周面上形成夹紧力，提高了夹持刚性。

热装式刀具夹头、静压膨胀式刀具夹头、应力锁紧式刀具夹头是高速铣削最常用的三种刀柄与刀具连接方式，在实际使用中，需要考虑刀柄与刀具的实际情形进行选择。

热装式刀具夹头在欧洲和日本已开始作为标准夹头配置在高速加工中心上，主要用于高速精密切削加工，预计今后这种使用趋势将不断增多。由于小直径刀具在每分钟数万转的高速回转条件下进行切削，因此要求刀具的夹持刚性和振摆精度必须很高，热装式刀具夹头正好可满足此种要求。

热装式刀具夹头的工作原理：热装式刀具夹头的夹紧原理应用了金属材料热胀冷缩的特点，在夹头加热处于膨胀状态时，将刀具柄部插入，夹头冷却收缩后，即可将刀具夹紧。热装式刀具夹头结构较简单，仅由刀柄单体构成，刀柄中心部设有刀具安装孔，如图 6-27 所示。当刀柄的刀具安装部位受加热装置加热时，刀柄的刀具安装孔迅速扩张后可将刀具插入其中，待冷却到常温后刀具安装孔收缩而夹持刀具。为便于刀具安装和拆卸，热装式刀具夹头（刀柄）采用一种特殊的金属材料，其线胀系数远大于一般金属材料，其膨胀量足以满足刀具的装卸。

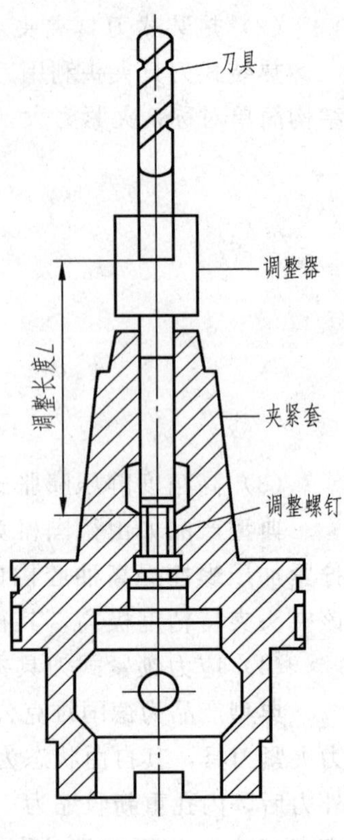

图 6-27　热装式刀具夹头

热装式刀具夹头的性能特点：

与传统的弹性刀具夹头相比较，热装式刀具夹头具有许多优点，主要表现在以下几个方面：

① 夹持刀具具有稳定的高精度：传统的弹性夹套式刀柄是由本体、弹性夹套、拧紧螺母等零件组合构成，同时夹紧时夹套沿锥面很可能产生收缩不均、倾斜、变形，因而其组合精度低。热装式刀具夹头由于是由刀柄单体构成，没有零件组合带来的精度低问题，并且是依靠金属的收缩方式夹持刀具，比机械性收缩方式离散度小，精度稳定性高。

连接型热装式刀具夹头（图 6-28a）、整体型热装式刀具夹头（图 6-28b）、弹性刀具夹头（图 6-28c）、弹性刀具夹头和侧面锁紧式刀具夹头相结合的夹头（图 6-28d）4 种夹紧方式在刀具伸出量（以有效长度表示）均为 160 mm 的情况下，刀尖振摆精度的比较。由图可见，采用热装式刀具夹头时，刀尖振摆精度最高约为 3～5 μm，而弹性刀具夹头则高达 20～30 μm。

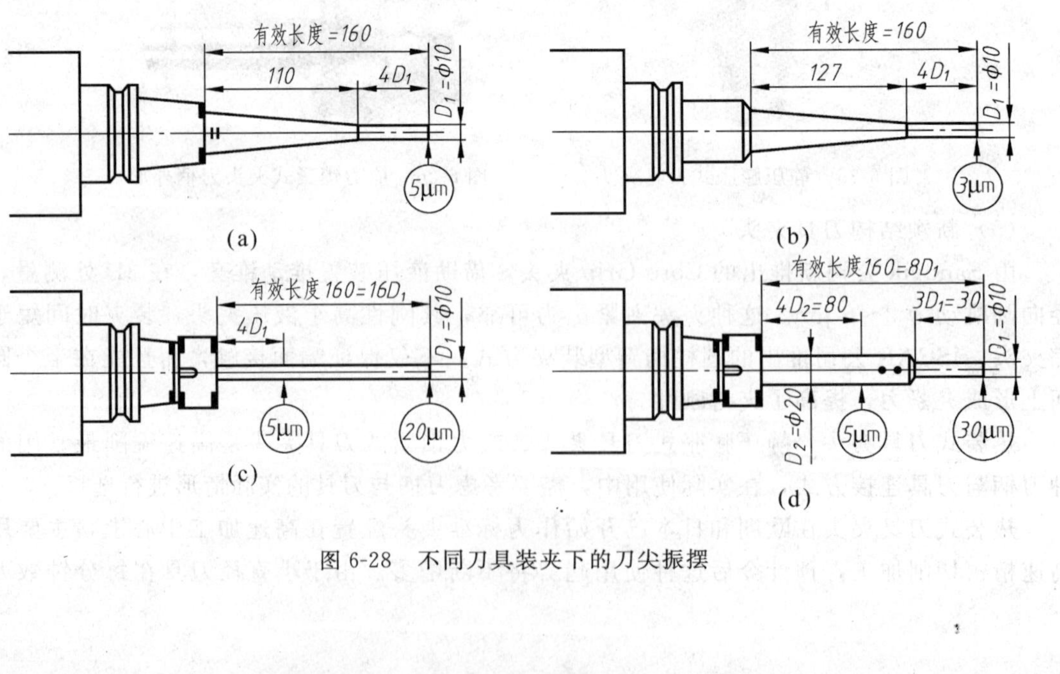

图 6-28　不同刀具装夹下的刀尖振摆

② 对刀具能进行强力夹持：热装式刀具夹头是依靠刀具安装孔的内径与刀具柄部外径的配合过盈量来进行夹持刀具的，配合过盈量的大小决定夹持力的大小。因此，希望刀具安装孔内径和刀具柄部外径的尺寸公差尽可能小，以保证它们的配合松紧要求。

在此条件下，夹持转矩可达到弹性夹套式刀柄和油压刀柄的3倍，实现强力夹持。图6-29所示为热装式刀具夹头和弹性刀具夹头的夹持转矩比较。

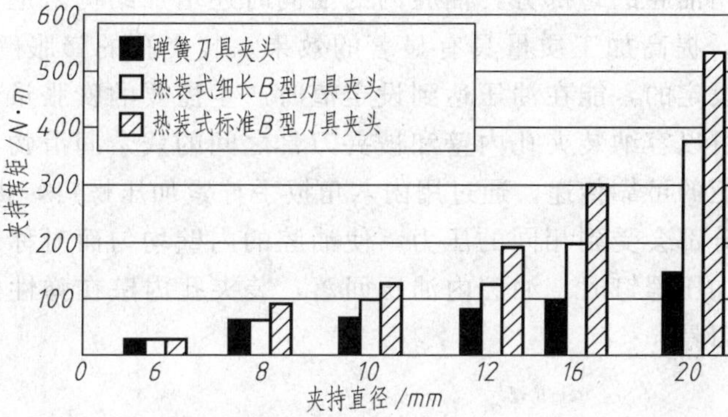

图6-29　热装式刀具夹头和弹性刀具夹头的夹持转矩比较

③ 刀具具有高弯曲刚性：传统的弹性夹套式刀柄，由于其刀具安装部位的边沿处和靠近内侧处的夹持力不一致，因而刀具的夹持刚性不高，切削力容易使刀具产生挠曲。热装式刀具夹头对刀具柄部进行全面均匀的夹持，所以比其他夹头的刚性高，刀具受力挠度小。

④ 刀具系统具有高的动平衡性：热装式刀具夹头由于是由对称形状的单一部件构成，其动平衡性非常好，就是没有进行动平衡的标准刀柄也具有很好的动平衡性。如一个HSK63型号的热装式刀具夹头在没有进行动平衡的情况下，其动不平衡量也只为15 g·mm；而一个滚针锁紧式夹头即使刀柄本身进行了动平衡，但安装刀具后拧紧套和滚针等部件由于夹持操作而产生移动，从而也会破坏动平衡，其动不平衡量也在9～15 g·mm。

由于热装式刀具夹头与传统的弹性式刀具夹头相比表现出许多优点，因而使高速加工在主轴转速、刀具寿命、加工精度等性能方面的标准均跃升到一个新的档次。目前，适用于热装式夹头的刀具，仍以立铣刀为主，但品种呈现出不断增多的趋势。

热装式刀具夹头的加热冷却装置：热装式刀具夹头的热胀系统通常都是利用热感应线圈使刀柄的夹持部分在数秒内加热，使刀柄内孔随之扩张，此时立即把刀具装入刀柄内，而刀柄冷却收缩时，即可赋予刀具夹持面均匀的压力，从而产生很高的径向夹紧力，将刀具牢牢夹持住。因此，热装式刀具夹头是一种刀具与刀柄间不介入任何物质的刀具夹紧方法，它可解决高速高精度加工中极为重要的动平衡、振摆精度及夹紧强度等问题。

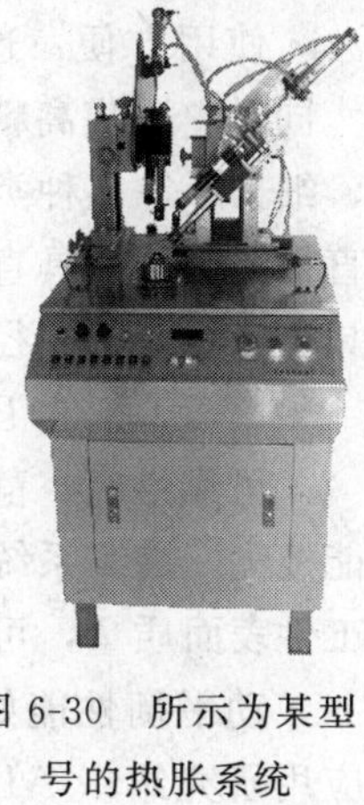

图6-30　所示为某型号的热胀系统

该系列产品采用具有高能场的感应加热线圈，可在短时间内完成刀具更换。由于电磁场的局部性特点，30 s以内即可将刀柄夹持部位加热，刀柄内径随之扩张，很容易进行刀具更换。装上或卸下切削刀具后，夹头迅速冷却，因此热量极少传导至夹头的其他部位或刀具的柄部。用火焰或热气体加热的物体相比图6-30所示的热胀系统，热装式刀具夹头在较冷的状态下，整个夹头在30 s以内即可完全冷却。

雄克公司于1983年推出了命名为TENDO的标准系列静压膨胀式（俗称液压式）刀具夹头刀柄，这是静压膨胀式刀具夹头的典型代表。当前，其他公司也推出了类似的液压式刀柄。

① 静压膨胀式刀柄的夹持原理：静压膨胀式刀具夹头的结构如图6-31所示。它在夹头主体与装夹孔的膨胀壁之间做了一个环形封闭油腔，油腔内充满了专用液压油，它可以将油压均匀地传递到密闭油腔的每部分，油腔内的油同时还增加结构阻尼，改善夹头的动力学特性，对减小振动，提高加工质量具有显著的效果。装夹孔的膨胀壁具有很好的弹性，它是经过精确计算而设定的，能在油压达到设定值时产生需要的膨胀量。装夹孔内壁上制有环槽，在夹紧时它可以容纳装夹孔内壁和被夹刀具之间的残余润滑物，保持装夹孔壁的清洁和干燥，保证转矩的可靠传递。通过用内六角扳手拧紧加压螺钉，提高油腔内的油压，则封闭油腔中的每部分都会受到相同的压力，使油腔的内壁均匀而对称地向轴线方向膨胀而夹紧刀具；当松开加压螺钉时，油腔内油压回落，装夹孔内壁在弹性回复力的作用下回复到原始直径而松开刀具。

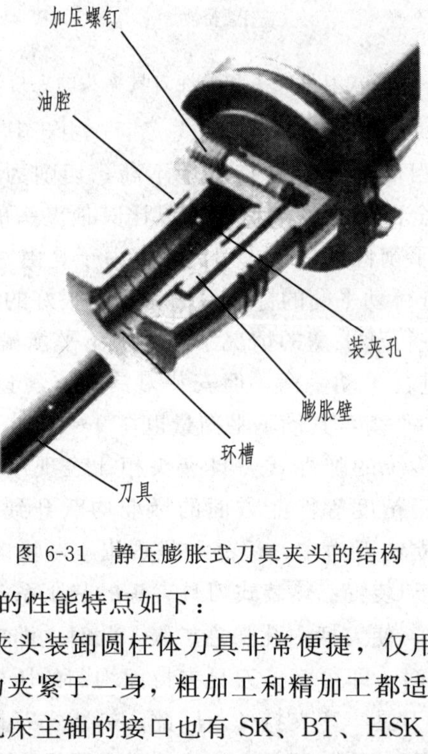

图6-31　静压膨胀式刀具夹头的结构

② 静压膨胀式刀具夹头的性能特点如下：

· 使用方便：这种刀具夹头装卸圆柱体刀具非常便捷，仅用一把六角扳手即可完成。

同时它还集高精度和强力夹紧于一身，粗加工和精加工都适合使用。此种刀具夹头有粗形、细长形等多种类型，与机床主轴的接口也有SK、BT、HSK等各种形式。不同类型的夹头直接夹持的刀具直径也不相同，最大为ϕ32，但可借助减径套使两个夹头能夹紧多种直径的刀具。减径套的外径有32 mm、20 mm和12 mm三种，减径套的回转精度≤2 μm。

· 精度高：静压膨胀式刀具夹头的夹持回转精度和重复夹紧精度≤3 μm。

· 可靠性高：静压膨胀式刀具夹头的夹紧力稳定可靠，能够传递很高的转矩，阻尼减振性能极优，夹紧系统具有全封闭结构，无磨损，经久耐用，能够有效地提高切削加工的精度和工件表面质量，可以显著改善刀具在切削加工中的受力状态，成倍提高刀具的使用寿命。

· 动平衡性能好：可以适用于高速加工。静压膨胀式刀具夹头的动平衡量按照德国工业应用研究组织AIF推荐的动平衡指标可达到G6.3级。

·形式多样：静压膨胀结构不但可以做成夹紧刀杆外圆的夹头，还可以做成同时夹紧外圆和胀紧内孔的复合刀具夹头，例如可以同时完成钻孔和倒角的静压膨胀式复合刀具夹头。

应力锁紧式刀具夹头以TRIBOS命名，是德国雄克公司的专利技术产品，它包括粗壮高阻尼型的TRIBOS-R型刀具夹头、超细型的TRIBOS-S型刀具夹头和TRIBOS-SVL刀具加长杆、超细型的TRIBOS-Mini型刀具夹头。各种型号的主要不同在于夹紧部分的大小，如图6-32所示，从而决定了该刀柄的应用范围。TRIBOS刀具夹头夹持直径最小为0.3 mm，最大为32 mm。

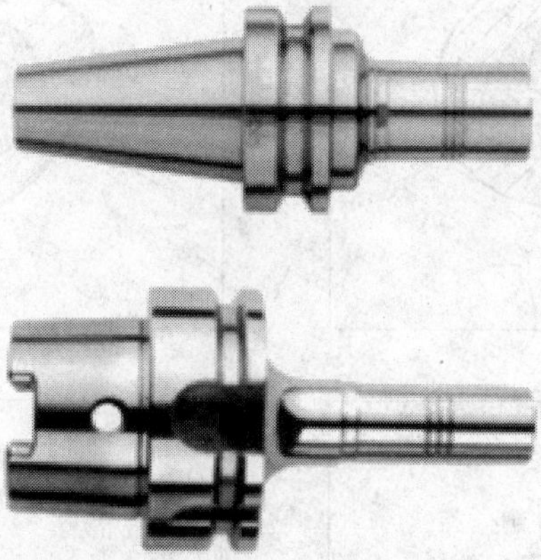

图6-32　TRIBOS系列刀柄

应力锁紧式刀具夹头的工作原理：应力锁紧式刀具夹头的工作原理如图6-33所示，其夹持孔具有特殊的几何形状（图6-33a），在原始状态下，刀具无法插入夹持孔内。安装刀具时，使用专用加载器对夹持段从外部加压，将夹持孔压成圆孔（图6-33b），此时可以将刀杆顺利地插入夹持孔内（图6-33c），然后松开加载器，撤掉外部载荷，夹持孔将试图回复到原始状态，但由于夹持孔内此时已有刀杆使其无法复原，于是刀杆就被强大的弹性回复力夹紧（图6-33d）。同样，使用加载器可以方便地取出或更换刀具。

应力锁紧式刀具夹头的性能特点：TRIBOS型刀具夹头的回转精度和重复夹紧精度高，夹紧力稳定可靠，能传递很高的转矩，采用完全对称的结构，刀具夹头没有活动的部件，无磨损，免维护，经久耐用，适用于高速切削。用加载器装刀和换刀迅速、方便，加载器不需要外部动力源。TRIBOS-S型刀具夹头的夹持段具有极小的外径，可以用在加工空间非常受限制的场合；TRIBOS-R型刀具夹头具有很好的刚性、优良的阻尼减振性能，可以提高切削加工精度，改善工件表面质量，用于重切削加工；TRIBOS-SVL刀具加长杆用于需要加长刀具的场合，例如深型腔模具的加工。

TRIBOS刀具夹头的动平衡指标与静压膨胀式刀具夹头基本相同。如果有更高的转速要求，经过更精细的动平衡，可以使TRIBOS-R型刀具夹头适用于55 000 r/min的工作转速，TRIBOS-S型刀具夹头和TRIBOS-SVL刀具加长杆适用于85 000 r/min的工作转速。

应力锁紧式刀具夹头的使用：应力锁紧式刀具夹头需要使用专用的TRIBOS装刀加载器来装卸刀具，如图6-34所示。装卸刀具时，将夹头或加长杆夹刀一端按规定方向插入加力套，然后连同过渡套一起装入加载器的加压孔中，如图6-35所示，然后关闭卸压阀，手压加压手柄，使压力表的读数上升至规定的值，这时即可轻松地将刀具插入夹持孔内。松开卸压阀，刀具即被夹紧。卸刀也按同样步骤进行。装刀或换刀过程可在 30s 内完成。该装刀加载器对硬质合金刀具、高速钢刀具均可装可卸。使用装、卸刀具时，加载器内的油压可以由压力表读出，油压的数值必须小于在每个刀具夹头上标注的最大容许压力值，否则会使刀具夹头产生塑性变形而损坏。

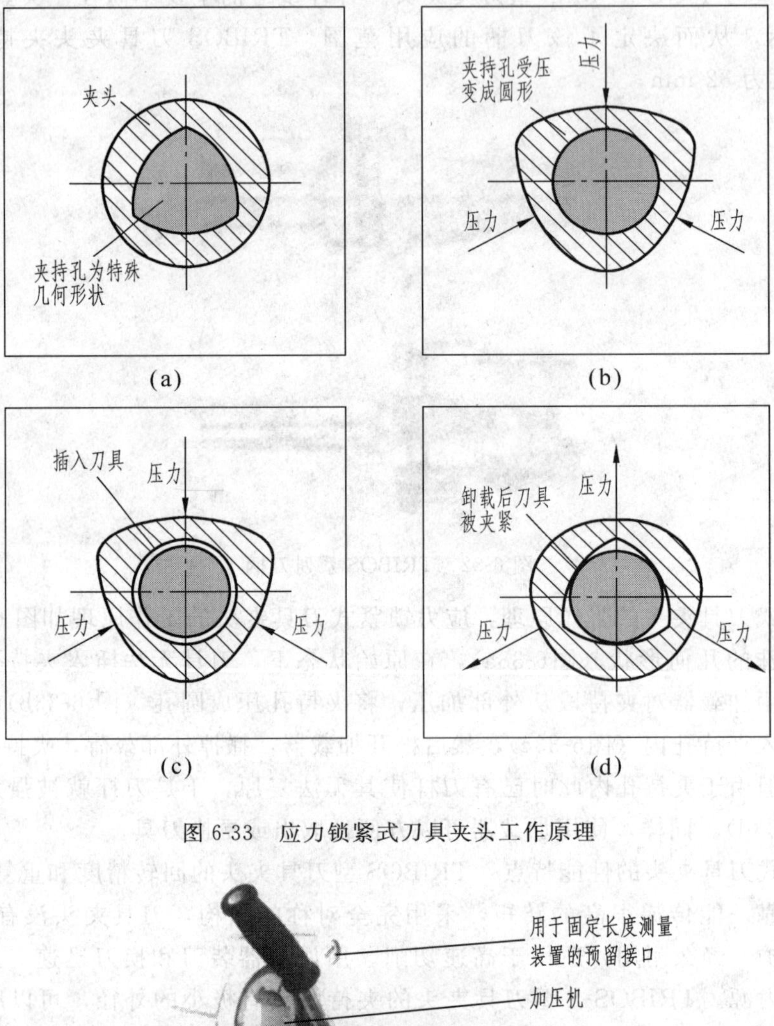

图 6-33 应力锁紧式刀具夹头工作原理

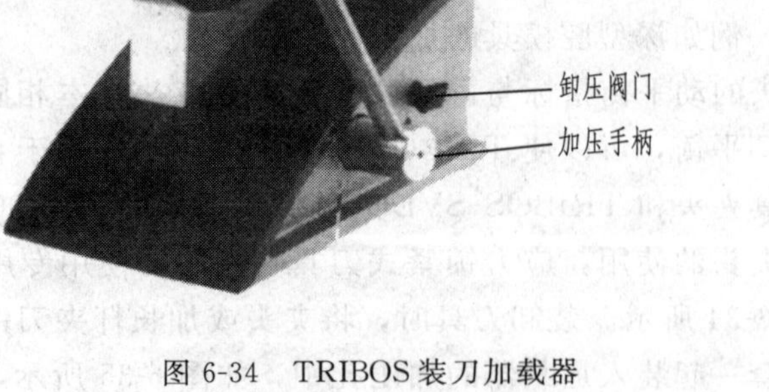

图 6-34 TRIBOS 装刀加载器

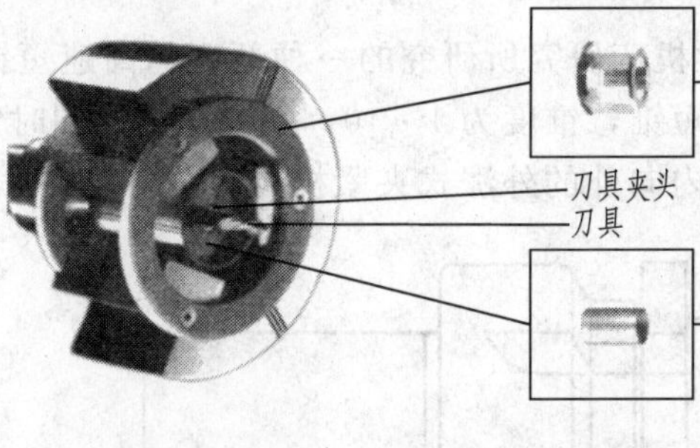

图 6-35　TRIBOS 的过渡套与加力套

4. 刀具-机床接口技术

在常规的数控切削中，传统的 BT（7∶24 锥度）工具系统占据了十分重要的地位。高速加工时，主轴工作转速达到每分钟数万转，在离心力作用下主轴孔的膨胀量比实心的刀柄大，使锥柄与主轴的接触面积减少，导致 BT 工具系统的径向刚度、定位精度下降；在夹紧机构拉力的作用下，BT 刀柄的轴向位置发生变化，轴向精度下降，从而影响加工精度。机床停车时，刀柄内陷于主轴孔内将很难拆卸。另外，由于 BT 工具系统仅使用锥面定位、夹紧，还存在换刀重复精度低、连接刚度低、传递转矩能力差、尺寸大、重量大、换刀时间长等缺点。

BT 刀柄的锥度为 7∶24，转速在 10 000 r/min 以下时，刀柄与主轴系统还不会出现明显的变形，但当主轴从 10 000 r/min 升高到 20 000 r/min 时，由于离心力的作用，主轴系统的端部将出现较大变形，其径向跳动急剧增加。主轴转速超过 10 000 r/min 时，刀柄与主轴锥孔间将出现明显的间隙，如图 6-36 所示，严重影响刀具的切削特性，因此 BT 刀柄一般不能用于高速切削。

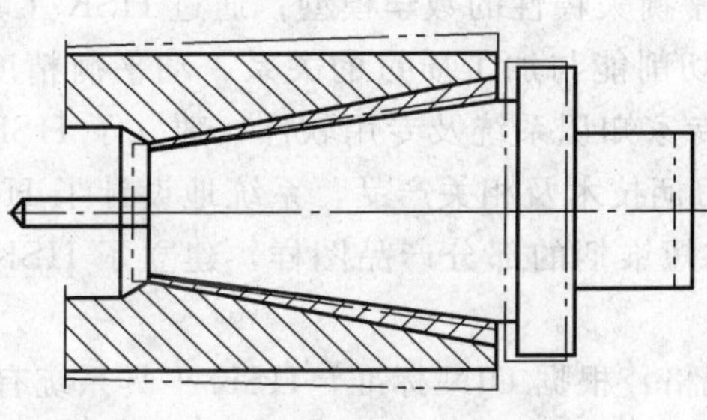

图 6-36　BT 刀柄变形

为了克服传统刀柄仅依靠锥面定位导致的不利影响，一些科研机构和刀具制造商研究开发了一种能使刀柄在主轴内孔锥面和端面同时定位的新型连接方式——两面约束过定位夹持系统。两面约束过定位夹持系统弥补了传统工具系统的许多不足，代表了刀具机床接口技术的主流方向，得到越来越广泛的应用。

目前，国外已研发了多种结构形式的两面约束过定位夹持系统，由于该系统具有重复定位精度高、动静刚度高等一系列优点，可满足高速加工的要求。目前，该系统主要有短锥柄和 7∶24 长锥柄两种形式，具有代表性的主要有 HSK、KM、NC5、BIG-PLUS 等几种。

(1) HKS 工具系统

HSK 刀柄是德国阿亨工业大学机床研究所研究的一种新型的高速短锥刀柄，如图 6-37 所示。其结构特点是空心、薄壁、短锥，锥度为 1∶10，端面与锥面同时定位、夹紧，刀柄在主轴中的定位为过定位，使用由内向外的外涨式夹紧机构。

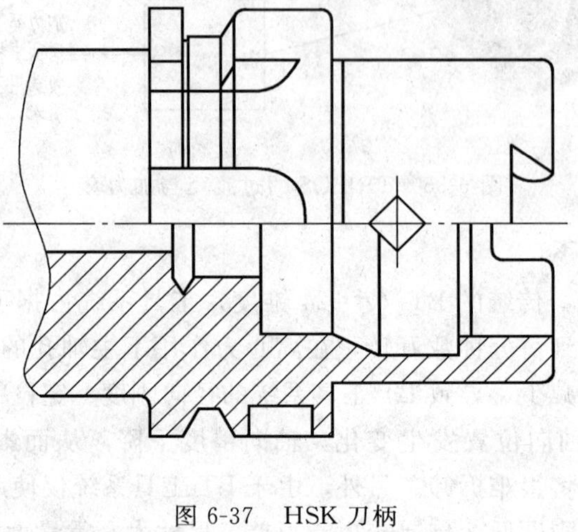

图 6-37　HSK 刀柄

HSK 工具系统以其定位精度高，静、动态刚度高，尺寸小、重量轻、结构紧凑，适合高速切削等优点，已成为高速加工中最有发展潜力和应用最广泛的高速加工工具系统标准，国际标准化组织最终确定以 HSK 为新型工具系统的国际标准，并于 2001 年颁布了该项 ISO 标准（ISO 12164）。我国的成都工具研究所与江苏大学等单位合作，对 HSK 工具系统高速回转状态下的共性基础技术进行了系统的研究分析。通过对 HSK 工具系统结构特性的有限元分析和数值模拟、仿真计算，系统地研究了 HSK 工具系统的工作机理，建立了力学模型、动平衡数学模型和动平衡失稳性的数学模型；通过 HSK 工具系统的高速切削实验研究，初步提出了高速加工中切削能与加工质量的关系、动平衡精度的实际意义与原则；开发出 UJS-HSK 工具系统的专家知识系统及专用软件，建立了 HSK 工具系统综合性能试验数据库；研究开发了 HSK 刀柄技术及相关产品，系统地设计了 HSK32、40、50、63、80、100 等 6 种规格的 HSK 中空短锥柄的部分产品图样，建立了 HSK 工具系统标准图库及其产品图库。

HSK 工具系统的型号规格：根据 DIN 标准，HSK 工具系统有 A、B、C、D、E、F 等 6 种型号。图 6-38 所示为不同型号的结构示意图。HSK 工具系统总共有 35 个规格，如表 6-5所示。不同型号所允许的规格范围也有所不同，HSK40A、HSK40E、HSK63E 的极限转速可达到 42 000 r/min、55 000 r/min、32 500 r/min。

表 6-5　HSK 规格分布

HSK 型号	A 型	B 型	C 型	D 型	HSK E 型	HSK F 型
25					◆	
32	◆		◆		◆	
40	◆	◆	◆	◆	◆	

续表

HSK 型号	A 型	B 型	C 型	D 型	HSK E 型	HSK F 型
50	◆	◆	◆	◆	◆	◆
63	◆	◆	◆	◆	◆	◆
80	◆	◆	◆	◆		◆
100	◆	◆		◆		
125	◆	◆				
160	◆	◆				

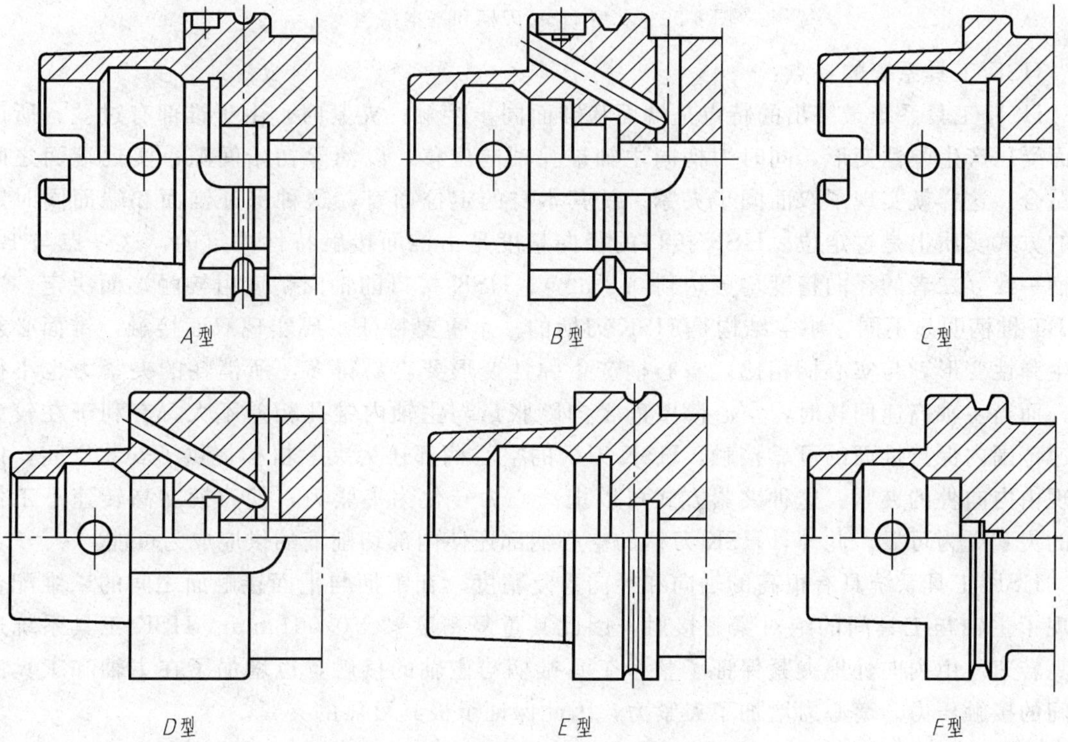

图 6-38 HSK 不同类型刀柄示意图

A/C/E 和 B/D/F 型刀柄主要的差别在于驱动槽的位置、换刀时抓夹的位置、切削液通道以及法兰面的面积大小。如 A 型是由锥柄端面的两个驱动键槽传动转矩，法兰上带有两个用于刀库的键槽与定位槽，而且通过中心和轴向冷却管路供应切削液，适用于自动换刀的机床。

HSK 工具系统的结构：图 6-39 所示为 A 型 HSK 刀柄的基本结构。A 型是一种有代表性的 HSK 刀柄，目前使用最广泛的是 HSK-A 型，大约占总使用量的 98%。其刀柄尾部是两个深度不等的驱动键槽，不同的深度是为了确定装卸方向。

图 6-39 中键槽的外圆轮廓传递转矩时，可以增加接触面积，减小分布压力。刀柄内部有一个 30°的夹紧面，锥面上有径向通孔（仅在手动夹紧时采用）。

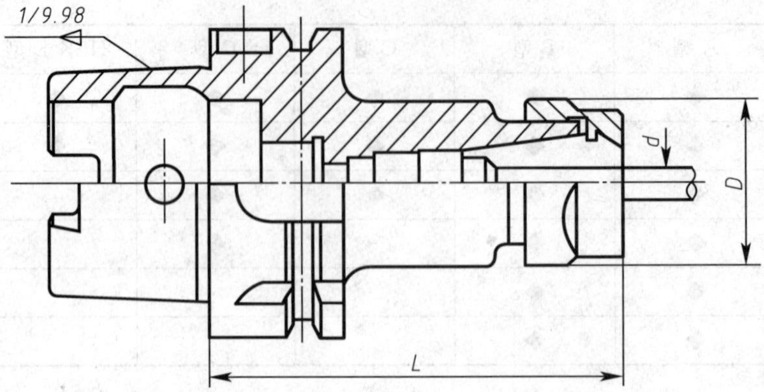

图 6-39　A 型 HSK 刀柄和基本结构

HSK 工具系统的特点：

HSK 工具系统最突出的特点是端面和锥面同步接触。夹紧时，由于锥部有过盈，所以锥面受压产生弹性变形，同时刀柄向主轴锥孔轴向位移，以消除初始间隙，实现端面之间的贴合，这样就实现了双面同步夹紧。就其本身的定位而言，这种保证锥面和端面同时定位的方式实质上是过定位。HSK 接口的径向精度是由锥面接触特性决定的，这一点与 BT 锥柄一致（二者的径向精度均可达到 0.2 μm）。HSK 接口的轴向精度由接触端面决定，这与 BT 锥柄明显不同，中空结构是 HSK 刀柄的一个重要特征。要实现双面接触，锥面必须产生弹性变形，与实心柄相比，空心柄产生弹性变形要容易得多，所消耗的夹紧力也小得多，而当主轴高速回转时，空心薄壁的径向膨胀量与主轴内锥孔相差不大，有利于在较大转速范围内保持锥面的可靠接触。HSK 刀柄的空心柄部还为夹紧机构提供了安装空间，以实现由内向外的夹紧。这种夹紧方式可以把离心力转化为夹紧力，使刀柄在高转速下工作时的夹紧更为可靠。此外，HSK 刀柄的空心柄部还使内部切削液的供应成为可能。

HSK 工具系统具有很高的轴向和径向重复精度。在锥柄与平面接触面之间的二维配合实现了主轴与工具间的绝对紧密接触，因此其重复精度＜±0.001 mm。HSK 工具系统适于高转速。由内向外地夹紧保证了整个工具锥柄与主轴的接触，也增加了在主轴和工具法兰间的接触压力。离心力增加了夹紧力，因此保证了极其可靠的夹紧。

(2) KM 工具系统

由美国肯纳公司研究开发的 KM（Kennametal）模块系统——两面夹刀具系统，其结构如图 6-40 所示。KM 工具系统采用了三点定位方式，既可用于车床又可用于车削中心和加工中心。由于它结构独特，具有高速、高刚性、高精度的优点，正在被越来越多的机床厂家所采用。KM 刀柄与主轴锥孔间的过盈量比 HSK 刀柄高约 2～5 倍，如 KM6350（相当于 BT40）的过盈量为 10～25 μm，其实际应用中，KM6350 和 KM4032 的转速分别达到 36 000 r/min 和 50 000 r/min。KM 工具系统具有高刚度、高精度、快速维护简单等优点。试验证实 KM 刀柄的动平衡性能比 HSK 系统更高，不过由于 KM 刀柄锥面上开的两个供夹紧用的圆弧凹槽需要非常大的夹紧力才能正常工作。

与 HSK 很类似，KN 也是采用了 1∶10 的空心短锥配面定位方式。主要的差别在于夹紧机构的刀柄是使用钢球斜面锁紧，夹紧时钢球沿拉杆的斜面被推出，卡在刀柄上的锁紧孔斜面上，向主轴孔拉紧，刀柄产生弹性变形使刀柄端面与主轴端面贴紧，如图 6-41 所示。

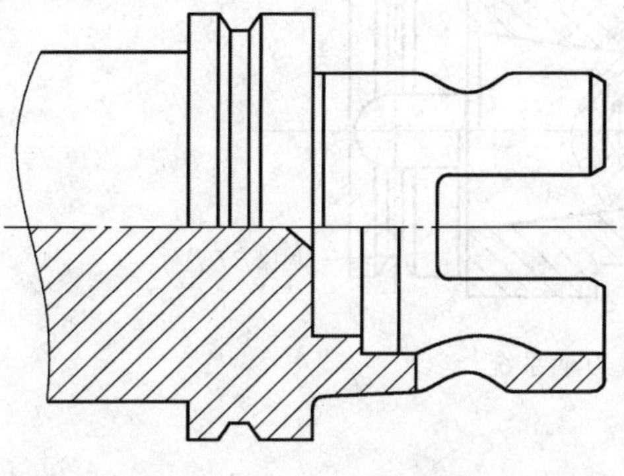

图 6-40　KM 刀柄示意图

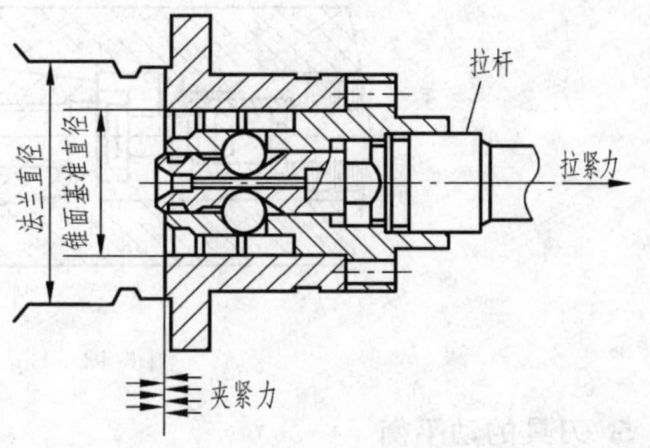

图 6-41　KM 刀柄的夹紧

(3) NC5 工具系统

NC5 工具系统是日本株式会社日研工作所开发的，采用 1：10 锥度双面定位结构。锥柄采用实心结构，使其抗高频颤振能力优于空心短锥结构。其定位原理与 HSK、KM 相同，不同的是把 1/10 锥柄分成了锥套和锥柄两部分，锥套端面有碟形弹簧，具有缓冲抑振作用。通过锥套的微量位移，可以有效吸收锥部基准圆的微量轴向位置误差，以便降低刀柄的制造难度。弹簧的预压作用还能衰减切削时的微量振动，有益于提高刀具寿命。当高速旋转的离心力导致锥孔扩张时，弹簧会使轴套产生轴向位移，补偿径向间隙，确保径向精度，由于刀柄本体并未产生轴向移动，因此又能保证工具系统的轴向精度。图 6-42所示为刀柄示意图。

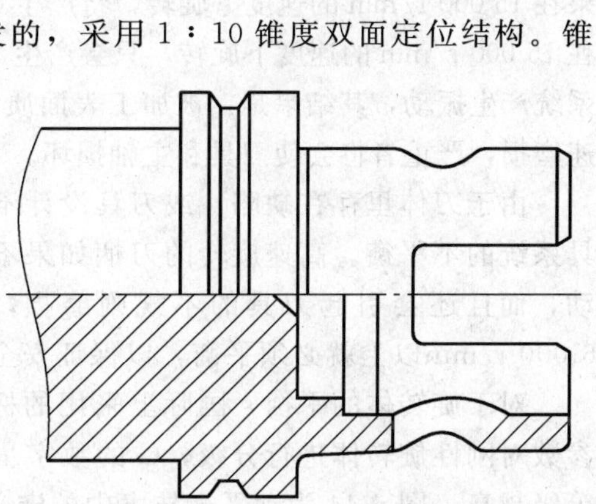

图 6-42　刀柄示意图

(4) Big-plus 工具系统

Big-plus 工具系统是日本大昭和精机公司开发的改进型 7：24 锥柄工具系统，如图 6-43所示。该系统与现有的 7：24 锥柄完全兼容，它将主轴端面与刀具法兰间的间隙量分配给主轴和刀柄各一半，分别加长主轴和加厚刀柄法兰的尺寸，实现主轴端面与刀具法兰的同时接触。装入刀柄时，伴随主轴孔的扩张使刀具轴向移动达到端面接触。

与 BT 锥柄相比，Big-plus 锥柄对弯矩的承载能力因有一个加大的支撑直径而提高，从而增加了装夹稳定性。Big-plus 工具系统的夹持刚性高，因此在高速加工中可减少刀柄的跳动，提高重复换刀精度。

Big-plus 刀具系统采用 7：24 锥度，其结构设计可保证刀柄主轴与主轴端面的间隙约 0.2 mm 左右，锁紧时可利用主轴内孔的弹性膨胀对该间隙进行补偿，以确保刀柄与主轴端面贴紧。

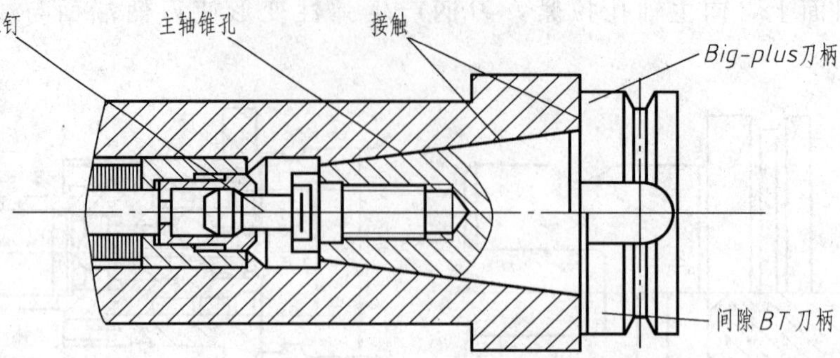

图 6-43　Big-plus 刀柄系统

5. 刀具的动平衡

由于主轴转速不断提高，对刀柄与刀具系统的平衡问题变得越来越重要，未经过平衡的刀柄与刀具系统，转速越高离心力越大。以 50 号刀柄为例，不对称性一般为 250 g·mm，如果在 15 000 r/min 的速度下旋转，将产生 635N 的径向力；即使经过精细的动平衡到1 g·mm，在 15 000 r/min 的速度下旋转，只会产生 2 N 的径向力。这种径向力达到一定程度时将使刀具系统产生振动，其结果是：被加工表面质量下降，刀具寿命缩短，甚至影响到主轴轴承的加速磨损，严重者将会使刀具和主轴损坏。

由于刀体里存在缺陷，或刀具设计不对称，或刀具进行过新的调节，都有可能引起刀具系统的不平衡。高速旋转的刀柄如果不平衡量太大，不仅会引起主轴及其部件的额外振动，而且还会引起刀具的不规则磨损，缩短刀具寿命，降低零件的加工质量。一般在 6 000 r/min以上就必须平衡，以保证安全。

对于旋转体的平衡，国际上采用的标准是 ISO 1940—1 或美国标准 ANSIS2.19，用 G 参数对刚性旋转体进行分级，G 的数字量分级从 G0.4～G4000。G 后面的数字越小，平衡等级越高。图 6-44 为动平衡技术中的定义量。

对不同机床的动平衡要求是：普通机床的旋转件为 G6.3；普通刀柄和机床传动件为 G2.5；磨床及精密机械旋转件为 G1.0；精密磨床主轴及部分高速电主轴为 G0.4；6 000 r/min 以上的高速切削刀具和刀柄系统的动平衡等级必须≤G2.5。对于短小又对称的整体式刀具，平衡时要修正的重量通常只有百分之几克，所以仅进行静平衡就足够了，而对于非对称结构的悬臂刀具（悬伸长度约 300 mm）必须要在两个校正平面上进行动平衡，以尽量清除不平衡量误差。推荐对刀具、夹头和主轴单独进行动平衡，然后夹头连同刀具一起再一次进行动平衡。如 Beck Engineering 公司的一把在 10 000 r/min 转速下工作的偏心传动受控刀具，为确保工件的加工质量，刀具分 4 步进行了动平衡。第一步，偏心传动的刀体连同装上的平衡校正工具在动平衡机上以 1 500 r/min 的转速进行动平衡；第二步，刀具在动平衡机上以同样的转速进行动平衡；第三步，偏心传动刀体连同装上的平衡校正工具在主轴上以 10 000 r/min 的转速进行动平衡；第四步，安装在刀体中的刀具在主轴上以同样的转速进行动平衡，由此最终达到好于 G2 的平衡品质。

高速切削刀具系统的动平衡措施有：

（1）增加材料或去除材料

采用在刀柄的某个方向与部位铣去一些金属，以达到刀柄本身的静力单平面平衡，可以

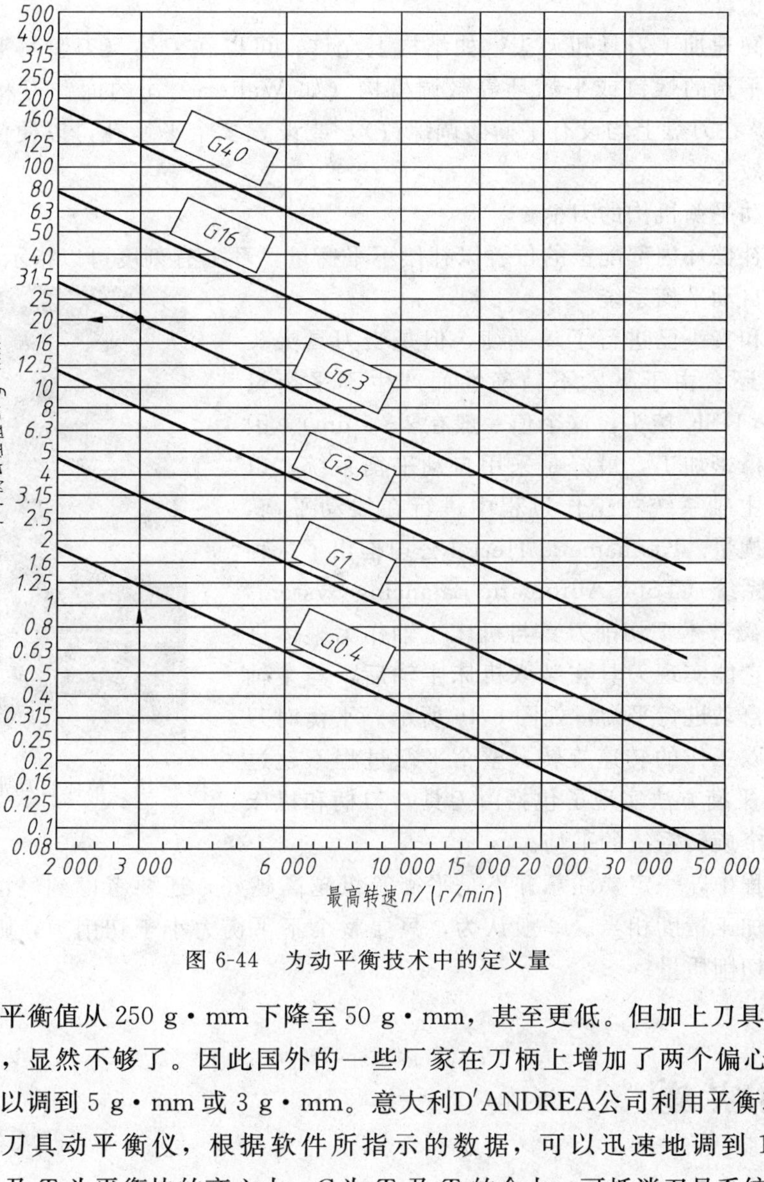

图 6-44　为动平衡技术中的定义量

将普通刀柄的不平衡值从 250 g·mm 下降至 50 g·mm，甚至更低。但加上刀具以后，或在更高转速的情况下，显然不够了。因此国外的一些厂家在刀柄上增加了两个偏心环或平衡块，进行动平衡，可以调到 5 g·mm 或 3 g·mm。意大利D'ANDREA公司利用平衡环上的两个平衡块，通过小型刀具动平衡仪，根据软件所指示的数据，可以迅速地调到 1 g·mm。如图 6-45所示，T_2 及 T_3 为平衡块的离心力，C 为 T_2 及 T_3 的合力，可抵消刀具系统的离心力 F。

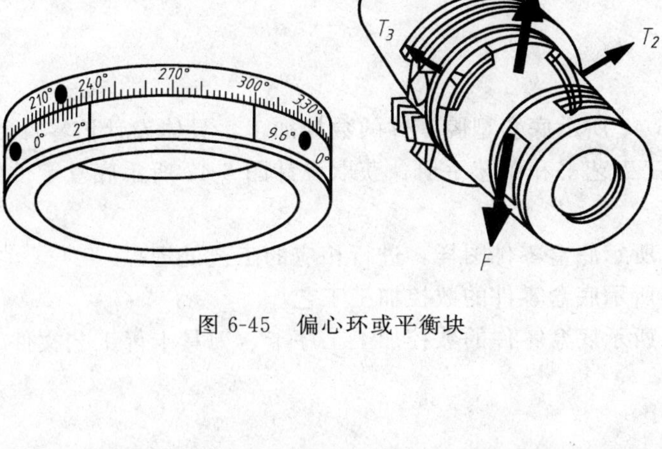

图 6-45　偏心环或平衡块

（2）装平衡环

对于一些高速加工刀具和夹头，如结构上允许，可以在刀体（刀盘）上设置为今后进行动平衡或再平衡的螺钉或平衡环等微调机构（如 Walter 公司的面铣刀和 Mapal 公司的 WWS 面铣刀，在刀盘上均设有平衡微调螺钉），或设置多个平衡孔，以便使刀具系统达到最佳的动平衡效果。

（3）内装动平衡机构的刀柄

通过调整补偿环内部配重的位置以补偿不平衡量，环上有刻度可以指示调节量。

（4）使用自动平衡系统

即使刀具和夹头已进行了动平衡，但是当刀具夹头装到主轴上时还会由于夹紧不精确性而产生不平衡量（对于空心锥柄 HSK 接头，这个值一般在 2～5 μm）。因此，对于高速精密加工，最好是采用自动平衡系统，以便对整个刀具主轴系统在工作过程中进行在线动平衡，以补偿上述干扰量。Kennametal Hertel 公司推出了一种整体自动平衡系统（Total Automatic Balancing System，TABS），用电磁技术把切削刀具与机床主轴作为整体进行自动平衡。它能实现刀具在装入机床主轴后，与主轴一起在机床上自动进行平衡，如图 6-46 所示。平衡时刀具与主轴一起以工作的转速旋转，整个平衡过程不超过 2 s。这种机上平衡方法实现了包括由刀具、刀柄和机床主轴组成的整个旋转系统的平衡。

图 6-46　整体自动平衡系统 TABS

在使用过程中，一定要注意并不是平衡等级越高越好，还要考虑到经济成本问题，最好的平衡是与加工精度相当。一般认为，只要整个不平衡力小于切削力，则进一步的平衡不大可能改善切削质量。

项目实施

任务一　编制型腔零件数控综合加工工艺

【任务描述】

现要完成如图 6-47 所示底盒型腔零件的数控加工，具体设计该零件的数控加工工艺。

① 查阅数控加工工艺书和工艺手册，获取设计图 6-47 所示底盒零件的数控加工工艺知识及数据。

② 分析图 6-47 所示底盒零件图样，进行相应的工艺处理。

③ 制订图 6-47 所示底盒零件的数控加工工艺。

④ 编制图 6-47 所示底盒零件的数控加工工序卡、刀具卡等工艺文件。

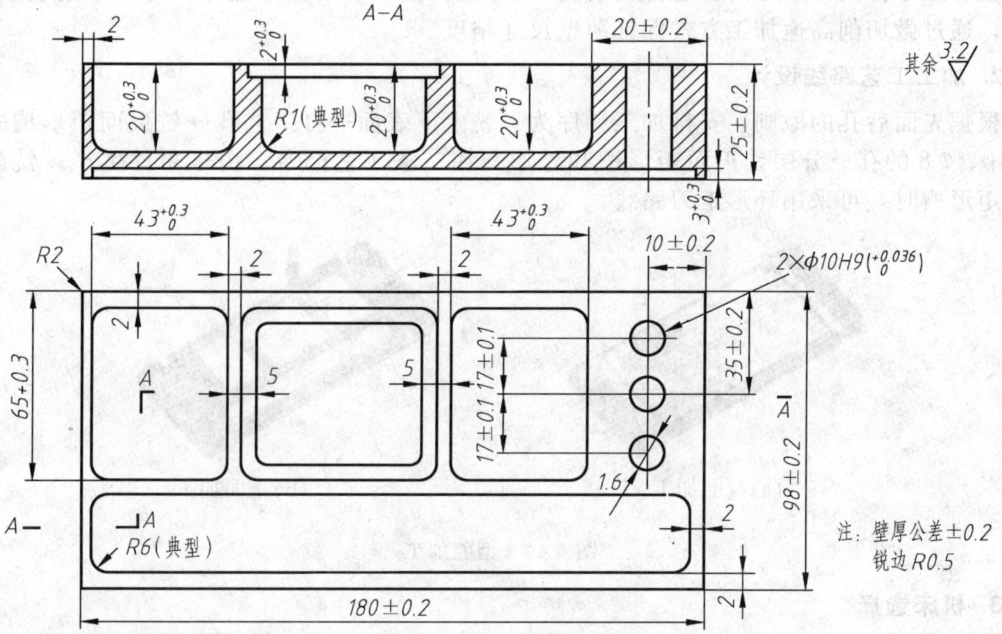

图 6-47　底盒零件图样

【任务分析】

图 6-47 所示盒零件图的立体图如图 6-48 所示。零件材料为 45 号钢调质，毛坯尺寸为 190 mm×110 mm×35 mm，采用 VMC750 立式加工中心加工，中小批量生产。如何设计该底盒零件的数控加工工艺？

(a) 正面　　(b) 反面

图 6-48　底盒加工案例

【任务实施】

1. 零件图样的工艺分析

如图 6-49 所示，该零件主要的加工内容有平面、四周外形、正面四个矩形槽、反面一个矩形槽以及三个通孔。该零件壁厚只有 2 mm，加工时除了保证形状和尺寸要求外，主要是控制加工中的变形，因此外形和矩形槽要采用多次分层高速加工的铣削方法。孔加工采用钻、铰来达到要求。零件尺寸较小，正面有 4 处大小不同的矩形槽，深度均为 20 mm，在右侧有两个φ 10，一个φ 8 的通孔，反面是一个 176 mm×94 mm，深度为 3 mm 的矩形槽。该零件形状结构并不复杂，但有多处转接圆角，使用的刀具较多，要求保证壁厚均匀，中小批量加工零件的一致性高。零件材料为 45 号钢调质，切削加工性好，可以采用硬质合金刀具，通过微切削高速加工方式保证薄壁尺寸精度。

2. 加工工艺路线设计

根据先面后孔的原则，安排加工顺序为：铣上下表面→打工艺孔→铣反面矩形槽→钻、铰ϕ 10、ϕ 8 的孔→分层铣正面矩形槽和外形→钳工去工艺凸台。由于单件生产，铣削正、反面矩形槽时，可采用环形走刀路线。

(a) 反面加工　　(b) 正面加工

图 6-49　型腔加工

3. 机床选择

该案例零件采用通用压板装夹，工件下垫上标准垫块。故选用国产 VMC750 型立式加工中心即可满足上述要求。

4. 装夹方案及夹具选择

首先按照工序集中原则设计装夹方案。由于零件的长宽外形上有 4 处 $R2$ 的圆角，最好连续铣削出来，同时为方便在正反面加工时零件的定位装夹，并保证正反面加工内容的位置关系，在毛坯的长度方向两侧设置 30 mm 左右的工艺凸台和两个ϕ 8 工艺孔，如图 6-50 所示。

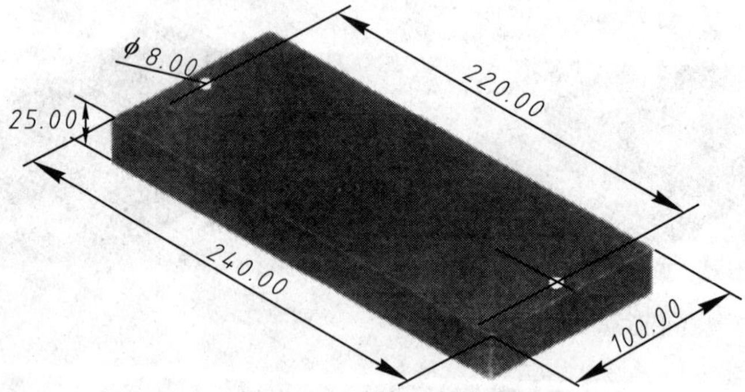

图 6-50　底盒毛坯图

5. 刀具选择

铣削上下平面时，为提高切削效率和加工精度，减少接刀刀痕，选用ϕ 125 硬质合金可转位铣刀。根据零件的结构特点，铣削矩形槽时，铣刀直径受矩形槽拐角圆弧半径 $R6$ 限制，选择声 10 mm 涂层硬质合金立铣刀，刀尖圆弧 R 半径受矩形槽底圆弧半径 $R1$ 限制，取 $R=1$ mm。加工ϕ 8 和ϕ 10 孔时，先用ϕ 7.8 和ϕ 9.8 钻头钻削底孔，然后用ϕ 8、ϕ 10 铰刀铰孔。

6. 切削用量选择

根据被加工表面质量要求、刀具材料和工件材料，参考切削用量手册或刀具生产厂家推荐的切削用量，选取切削速度与每转进给量，然后根据有关公式计算出主轴转速与进给速度，将计算结果填入数控加工工序卡中。具体切削用量详见数控加工工序卡。精铣上下表面时留 0.1 mm 铣削余量，铰ϕ 8 和ϕ 10 两个孔时留 0.1 mm 铰削余量。

7. 填写数控加工工序卡和刀具卡

(1) 底盒加工案例数控加工工序卡

底盒加工案例数控加工工序卡如表 6-6 所示。

表 6-6　底盒加工案例数控加工工序卡

单位名称	×××	产品名称或代号	零件名称	零件图号
		×××	支承套	×××
工序号	程序编号	夹具名称	加工设备	车间
×××	×××	专用夹具	XH754（卧式加工中心）	数控中心

工步号	工步内容	刀具号	刀具规格 (mm)	主轴转速 (r/min)	进给速度 (mm/min)	检测工具	备注
1	粗铣上表面	T01	ϕ125	200	100	游标卡尺	自动换刀
2	精铣上表面	T01	ϕ125	300	50	游标卡尺	自动换刀
3	粗铣下表面	T01	ϕ125	200	100	游标卡尺	自动换刀
4	精铣下表面，保证尺寸 25 ±0.2	T01	ϕ125	300	50	游标卡尺	自动换刀
5	钻工艺孔的中心孔（2 个）	T02	ϕ4	900	40	游标卡尺	自动换刀
6	钻工艺孔底孔至ϕ7.8	T03	ϕ7.8	400	60	游标卡尺	自动换刀
7	铰工艺孔	T05	ϕ8	300	40	内径百分表	自动换刀
8	粗铣底面矩形槽（分层 0.5）	T07	ϕ10	3 500	2 000	游标卡尺	自动换刀
9	精铣底面矩形槽（分层 0.2）	T07	ϕ10	4 000	2 500	游标卡尺	自动换刀
10	底面及工艺孔定位，钻ϕ8、ϕ10 中心孔	T02	ϕ4	900	40	游标卡尺	自动换刀
11	钻ϕ8H9 底孔至ϕ7.8	T03	ϕ7.8	400	60	游标卡尺	自动换刀
12	铰ϕ8H9 孔	T05	ϕ8	300	40	螺纹通止规	自动换刀
13	钻 2×ϕ10H9 孔至ϕ9.8	T04	ϕ9.8	400	60	内径百分表	自动换刀
14	铰 2×ϕ10H9 孔	T06	ϕ10	100	40	游标卡尺	自动换刀
15	粗铣正面矩形槽及外形	T07	ϕ10	3 500	2 000	游标卡尺	自动换刀
16	精铣正面矩形槽及外形	T07	ϕ10	4 000	2 500	游标卡尺	自动换刀
编制 ×××	审核 ×××	批准 ×××		年 月 日		共 页	第 页

（2）底盒加工案例数控加工刀具卡

底盒加工案例数控加工刀具卡如表 6-7 所示。

表 6-7　底盒加工案例数控加工刀具卡

产品名称或代号		×××		零件名称		支承套	零件图号		×××
序号	刀具号	刀具				加工表面			备注
		规格名称		数量	刀长（mm）				
1	T01	φ125 可转位面铣刀		1	实测	铣削上下表面			
2	T02	φ4 中心钻		1	实测	钻中心孔			
3	T03	φ7.8 钻头		1	实测	钻φ8H9 孔和工艺孔底孔			
4	T04	φ9.8 钻头		1	实测	钻 2×φ10H9 孔底孔			
5	T05	φ8 铰刀		1	实测	铰φ8H9 孔和工艺孔			
6	T06	φ10 铰刀		1	实测	铰 2×φ10H9 孔			
7	T07	φ10 涂层硬质合金刀		1	实测	铣削矩形槽和外形			
编制	×××	审核	×××	批准	×××	年　月　日	共　页		第　页

【任务评价】

能力评价方式如表 6-8 所示。

表 6-8　能力评价表

评价等级	等级要求
优秀	能高质量、高效率完成图 6-47 所示底盒零件图加工案例零件数控加工工艺设计，并正确确定装夹方案
良好	能在无教师的指导下完成图 6-47 所示底盒零件图加工案例零件数控加工工艺设计
中等	能在教师的偶尔指导下完成图 6-47 所示底盒零件图加工案例零件数控加工工艺设计
合格	能在教师的指导下完成图 6-47 所示底盒零件图加工案例零件数控加工工艺设计

任务二　编制模具零件数控综合加工工艺

【任务描述】

现要完成图 6-51 所示盒形模具凹模加工案例的数控铣削加工，具体设计该盒形模具凹模的数控加工工艺。

① 分析图 6-51 所示盒形模具凹模加工案例，制订正确数控铣削加工工艺。

② 编制图 6-51 所示盒形模具凹模加工案例数控加工工序卡、刀具卡等工艺文件。

【任务分析】

该盒形模具凹模为单件生产，工件材料为 T8A，外形为六面体，内腔型面复杂。主要

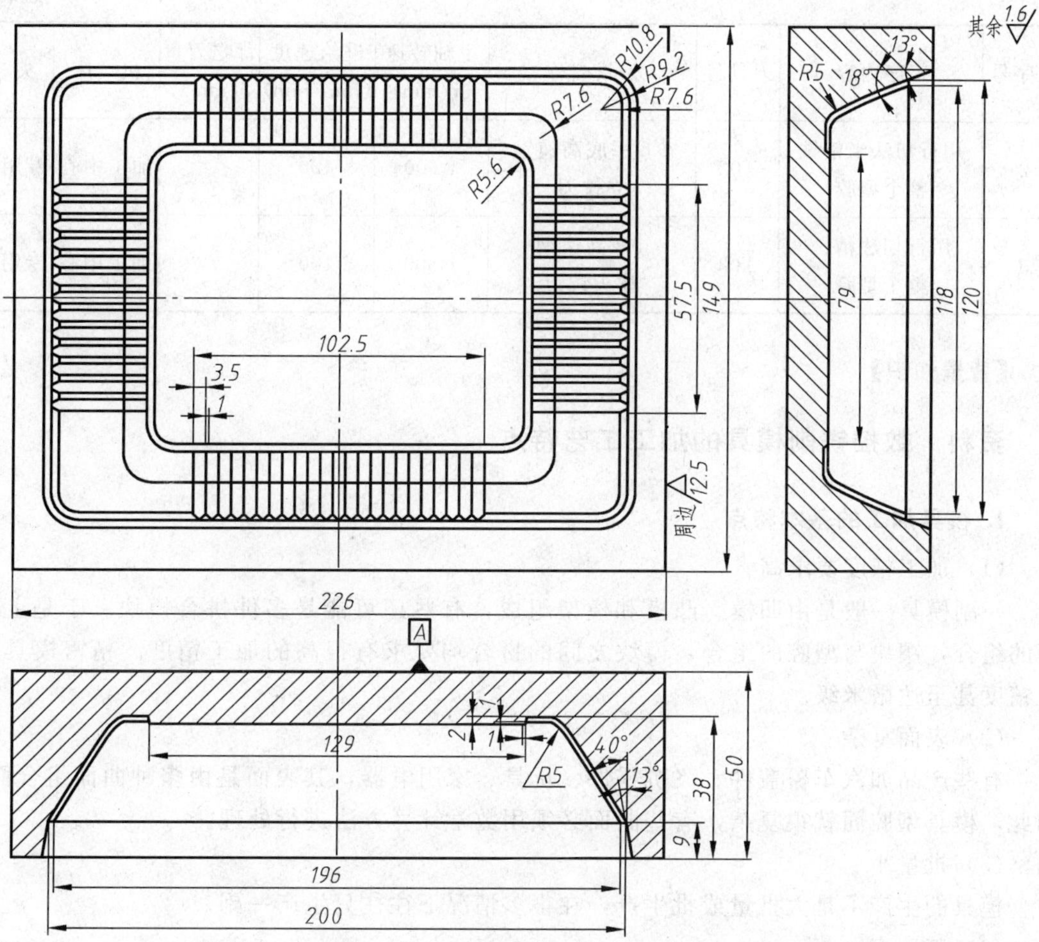

图 6-51 盒形模具凹模加工案例

结构是由多个曲面组成的凹形型腔，型腔四周的斜平面之间采用 $R7.6$ 的圆弧面过渡，斜平面与底平面之间采用 $R5$ 的圆弧面过渡，在模具的底平面上有一个四周也是斜平面的锥台，模具的外部结构是一个标准的长方体。该案例零件除凹形型腔外，其他部位均已加工好，要求数控铣削凹形型腔。如何设计该盒形模具凹模加工案例的数控加工工艺？

现有该盒形模具凹模加工案例数控加工工艺规程如表 6-9 所示。试对以下工艺规程进行审核，讨论其优缺点。

表 6-9 盒形模具凹模加工案例数控加工工艺规程（注：ϕ20 铣刀 4 刃，ϕ8 铣刀 2 刃）

工序号	工序内容	刀具号	刀具名称	主轴转速（r/min）	进给速度（mm/min）	背吃刀量（mm）	机床	夹具
1	粗铣整个型腔	T01	ϕ20 平底高速钢立铣刀	800	100		加工中心	专用夹具

续表

工序号	工序内容	刀具号	刀具名称	主轴转速 (r/min)	进给速度 (mm/min)	背吃刀量 (mm)	机　床	夹　具
2	用行切法半精铣整个型腔	T02	$\phi 8$ 平底高速钢立铣刀	1 600	120		加工中心	专用夹具
3	用行切法精铣整个型腔	T03	$\phi 8$ 高速钢球头铣刀	1 800	100		加工中心	专用夹具

【背景知识】

资料　数控铣削模具的加工工艺特点

1. 模具加工的基本特点

(1) 加工精度要求高

一副模具一般是由凹模、凸模和模架组成，有些还可能是多件拼合模块。于是上、下模的组合，镶块与型腔的组合，模块之间的拼合均要求有很高的加工精度。精密模具的尺寸精度甚至达微米级。

(2) 表面复杂

有些产品如汽车覆盖件、飞机零件、玩具、家用电器，其表面是由多种曲面组合而成。因此，模具型腔面就很复杂，有些曲面必须用数学计算方法进行处理。

(3) 批量小

模具的生产不是大批量成批生产，在很多情况下往往只生产一副。

(4) 工序多

模具加工中总要用到铣、镗、钻、铰和攻螺纹等多种工序。

(5) 重复性投产

模具的使用寿命是有限的，当一副模具的使用超过其寿命时，就要更换新的模具，因此模具的生产往往有重复性。

(6) 仿形加工

模具生产中有时既没有图样，也没有数据，要根据实物进行仿形加工。

(7) 模具材料优异，硬度高

模具的主要材料多采用优质合金钢制造，特别是寿命长的模具，常采用 Cr12、CrWMn 等莱氏体钢制造。这类钢材从毛坯锻造、加工到热处理均有严格要求。因此加工工艺的编制就更不容忽视，热处理技术参数更需严格制订。

根据上述诸多特点，在选用加工机床上要尽可能满足加工要求，如数控系统的功能要强，机床精度高，刚性好，热稳定性好，具有仿形加工功能等。

2. 模具加工一般应采取的技术措施

根据上述模具加工的特点，一般在加工工艺上采取一些措施，以便发挥机床高精度、高效率的特点，保证模具加工质量。

① 精选材料，毛坯材质均匀。目前有些材料可以做到在粗加工后变形量较小。铸锻件应经过高温时效，消除内应力，使材料经过多工序加工之后变形小。

② 合理安排工序，精化工件毛坯。在模具的生产过程中不止依靠一两台数控铣床即可完成工件的全部加工工序，而需与普通铣床、车床等通用设备配合使用。在保证高精度、高效率以及数控加工和通用设备加工各自特长的前提下，数控加工前的毛坯应尽量精化，除去铸锻、热处理产生的氧化硬层，只留少量加工余量，加工出基准面、基准孔等。

③ 数控机床的刚性、热稳定性好，功率大，在加工中尽可能选择较大的切削用量，这样既可满足加工精度要求又提高了效率。

④ 有些工件由于易产生切削内应力、热变形，再考虑到装夹位置的合理性，夹具夹紧变形等因素，必须多次装夹才能完成所有工序。

⑤ 加工顺序的安排如下：

·重切削、粗加工、去除零件毛坯上大部分余量，如粗铣大平面、粗铣曲面、粗镗孔等。

·加工发热量小，精度要求不高的工序，如半精铣平面、半精镗孔等。

·在模具加工中精铣曲面。

·打中心孔、钻小孔、攻螺纹。

·精镗孔、精铣平面、铰孔。

注意：在重切削、精加工时要有充分的冷却液，粗加工后至精加工之前要有充分的冷却时间，在加工中尽量减少换刀次数，减少空行程移动量。

3. 刀具的选择

数控机床在加工模具时所采用的刀具多数与通用刀具相同，经常也使用机夹不重磨可转位硬质合金刀片的铣刀。由于模具中有许多是由曲面构成的型腔，所以经常需要采用球头刀以及环形刀（即立铣刀刀尖呈圆弧倒角状）。

4. 铣削曲面时应注意的问题

① 粗铣：粗铣时应根据被加工曲面给出的余量，用立铣刀按等高面一层一层地铣削，这种粗铣效率高。粗铣后的曲面类似于山坡上的“梯田”，台阶的高度视粗铣精度而定。

② 半精铣：半精铣的目的是铣掉“梯田”的台阶，使被加工表面更接近于理论曲面，采用球头铣刀一般为精加工工序留出 0.5 mm 左右的加工余量。半精加工的行距和步距可比精加工大。

③ 精铣：精铣最终加工出理论曲面。用球头铣刀精加工曲面时，一般用行切法。对于敞开性比较好的工件，行切的折返点应选在曲面的外面，即在编程时，应把曲面向外延伸一些。对敞开性不好的工件表面，由于折返时切削速度的变化，很容易在已加工表面上留下由停顿和振动产生的刀痕。所以在加工和编程时，一是要在折返时降低进给速度；二是在编程时，被加工曲面折返点应稍离开阻挡面。对曲面与阻挡面相贯线应单做一个清根程序另外加工，这样就会使被加工曲面与阻挡面光滑连接，而不致产生很大的刀痕。

④ 球头铣刀在铣削曲面时，其刀尖处的切削速度很低，如果用球刀垂直于被加工面铣削比较平缓的曲面，球刀刀尖切出的表面质量较差，所以应适当地提高机床主轴转速，另外还应避免用刀尖切削。

⑤ 避免垂直下刀。平底圆柱铣刀有两种：一种是端面有顶尖孔，其端刃不过中心；另一种是端面无顶尖孔，端刃相连且过中心。在铣削曲面时，有顶尖孔的端铣刀绝对不能像钻头一样向下垂直进刀，除非预先钻有工艺孔，否则会把铣刀顶断。如果用无顶尖孔的端铣刀时可以垂直向下进刀，最好的办法是采用坡走铣或螺旋插补铣进刀到一定深度后，再用侧刃横向进给切削。在铣削凹槽面时，可以预钻出工艺孔以便下刀。用球头铣刀垂直进刀的效果虽然比平底的端铣刀好，但也因轴向力过大，影响切削效果，最好不使用这种下刀方式。

⑥ 铣削曲面零件时，如果发现零件材料热处理不好、有裂纹、组织不均匀等现象，应及时停止加工。

⑦ 在铣削模具型腔比较复杂的曲面时，一般需要较长的周期。因此，在每次开机铣削前应对机床、夹具、刀具进行适当的检查，以免中途发生故障，影响加工精度，甚至造成废品。

⑧ 在模具型腔铣削时，应根据工件表面粗糙度掌握修挫余量。对于铣削比较困难的部位，如果工件表面粗糙度高，应适当多留些修挫余量；而对于平面、垂直沟槽等容易加工的部位，应尽量降低工件表面粗糙度值，减少修挫工作量，避免因大面积修挫而影响型腔曲面的精度。

【任务实施】

1. 加工案例工艺分析

① 对图 6-51 所示盒形模具凹模加工案例进行详尽分析，找出该盒形模具凹模加工工艺有什么不妥之处？

- 加工方法选择是否得当？
- 夹具选择是否得当？
- 刀具选择是否得当？
- 加工工艺路线是否得当？
- 切削用量是否合适？
- 工序安排是否合适？
- 机床选择是否得当？
- 装夹方案是否得当？

② 对上述问题进行分析后，如果有不当的地方，改正过来，提出正确的工艺措施。

③ 制订正确工艺，并优化工艺。

④ 填写该盒形模具凹模加工案例加工工序卡、刀具卡，确定装夹方案。

2. 加工案例加工工艺、装夹方案

（1）盒形模具凹模加工案例数控加工工序卡

盒形模具凹模加工案例数控加工工序卡如表 6-10 所示。

表 6-10　盒形模具凹模加工案例数控加工工序卡（注：铣刀 4 刃）

<table>
<tr><td colspan="2" rowspan="2">单位名称</td><td colspan="2" rowspan="2">×××</td><td colspan="2">产品名称或代号</td><td>零件名称</td><td>零件图号</td></tr>
<tr><td colspan="2">×××</td><td>盒形模具凹模</td><td>×××</td></tr>
<tr><td colspan="2">工序号</td><td colspan="2">程序编号</td><td colspan="2">夹具名称</td><td>加工设备</td><td>车间</td></tr>
<tr><td colspan="2">×××</td><td colspan="2">×××</td><td colspan="2">螺栓压板组合夹具</td><td>DX3220（数控铣床）</td><td>数控中心</td></tr>
<tr><td>工步号</td><td>工 步 内 容</td><td>刀具号</td><td>刀具规格（mm）</td><td>主轴转速（r/min）</td><td>进给速度（mm/min）</td><td>检测工具</td><td>备注</td></tr>
<tr><td>1</td><td>粗铣整个型腔</td><td>T01</td><td>ϕ20</td><td>600</td><td>250</td><td>游标卡尺</td><td></td></tr>
<tr><td>2</td><td>用环切法半精铣上型腔</td><td>T02</td><td>ϕ12</td><td>500</td><td>120</td><td>游标卡尺</td><td></td></tr>
<tr><td>3</td><td>用环切法精铣上型腔</td><td>T03</td><td>ϕ6</td><td>1 000</td><td>60</td><td>三坐标测量机</td><td></td></tr>
<tr><td>4</td><td>用环切法半精铣下型腔</td><td>T02</td><td>ϕ12</td><td>500</td><td>120</td><td>游标卡尺</td><td></td></tr>
<tr><td>5</td><td>用环切法精铣下型腔</td><td>T03</td><td>ϕ6</td><td>1 000</td><td>60</td><td>三坐标测量机</td><td></td></tr>
<tr><td>6</td><td>精铣底平面上锥台四周表面</td><td>T03</td><td>ϕ6</td><td>1 000</td><td>60</td><td>三坐标测量机</td><td></td></tr>
<tr><td>编制</td><td>×××</td><td>审核</td><td>×××</td><td>批准</td><td>×××</td><td>年　月　日</td><td>共　页</td><td>第　页</td></tr>
</table>

（2）盒形模具凹模加工案例数控加工刀具卡

盒形模具凹模加工案例数控加工刀具卡如表 6-11 所示。

表 6-11　盒形模具凹模加工案例数控加工刀具卡

<table>
<tr><td colspan="2">产品名称或代号</td><td>×××</td><td>零件名称</td><td>盒形模具凹模</td><td>零件图号</td><td>×××</td></tr>
<tr><td rowspan="2">序号</td><td rowspan="2">刀具号</td><td colspan="3">刀　　具</td><td rowspan="2">加　工　表　面</td><td rowspan="2">备注</td></tr>
<tr><td>规格名称</td><td>数量</td><td>刀长（mm）</td></tr>
<tr><td>1</td><td>T01</td><td>ϕ20 硬质合金端面刃立铣刀</td><td>1</td><td>实测</td><td>粗铣整个型腔</td><td></td></tr>
<tr><td>2</td><td>T02</td><td>ϕ12 高速钢成形铣刀</td><td>1</td><td>实测</td><td>半精铣上、下型腔</td><td></td></tr>
<tr><td>3</td><td>T03</td><td>ϕ6 高速钢球头铣刀</td><td>1</td><td>实测</td><td>精铣上型腔、精铣底平面上锥台四周表面、精铣下型腔</td><td></td></tr>
<tr><td>编制</td><td>×××</td><td>审核</td><td>×××</td><td>批准</td><td>×××</td><td>年　月　日</td><td>共　页</td><td>第　页</td></tr>
</table>

（3）盒形模具凹模加工案例装夹方案

该盒形模具凹模加工案例零件前后左右结构对称，凹形型腔深度尺寸以上平面作为尺寸基准，上下平面已按图样技术要求加工好，保证平行，故该案例零件加工时可以下平面及相互垂直的两侧面作为定位基准定位。

【任务评价】

能力评价方式如表 6-12 所示。

表 6-12 能力评价表

评价等级	等级要求
优秀	能高质量、高效率完成图 6-51 所示盒形模具凹模加工案例零件数控加工工艺设计，并确定装夹方案
良好	能在无教师的指导下完成图 6-51 所示盒形模具凹模加工案例零件数控加工工艺设计
中等	能在教师的偶尔指导下完成图 6-51 所示盒形模具凹模加工案例零件数控加工工艺设计
合格	能在教师的指导下完成图 6-51 所示盒形模具凹模加工案例零件数控加工工艺设计

项目七　多轴加工零件加工工艺编制

项目引言

多轴加工零件结构复杂，细小部位多，同时要求精度高，寿命长，使用较高硬度的材料，是数控铣床加工中比较难加工的一类零件。

项目目标

• 了解多轴加工零件的工艺特点及其定位与装夹。

• 会对中等复杂程度多轴加工零件图进行数控加工工艺性分析（会分析零件图样技术要求，会检查零件图的完整性和正确性，会分析零件的结构工艺性）。

• 会使用 CAM 软件对定中等复杂程度多轴加工零件造型、工艺设计和编程。

• 会选择数控加工中等复杂程度多轴加工零件的数控加工刀具。

• 会按中等复杂程度多轴加工零件数控加工工艺选择合适的切削用量与机床。

• 会编制中等复杂程度多轴加工零件数控加工工艺文件。

项目知识

资料一　多轴机床的常见类型

多轴数控机床是指在一台机床上至少具备第 4 轴。如四轴数控机床有 3 个直线坐标轴和 1 个旋转坐标轴，并且 4 个坐标轴可以在计算机数控系统的控制下同时协调运动进行加工。五轴数控机床具有 3 个直线坐标轴和两个旋转坐标轴，并且可以同时控制、联动加工。与三轴联动数控机床相比较，利用多轴联动数控机床进行加工的主要优点如下：

① 可以一次装夹完成多面多方位加工，从而提高零件的加工精度和加工效率。

② 由于多轴机床的刀轴可以相对于工件状态而改变，刀具或工件的姿态角可以随时调整，所以可以加工更加复杂的零件。

③ 由于刀具或工件的姿态角可调，所以可以避免刀具干涉、欠切和过切现象的发生，从而获得更高的切削速度和切削宽度，使切削效率和加工表面质量得以改善。

④ 多轴机床的应用，可以简化刀具形状，从而降低刀具成本，同时还可以改善刀具的长径比，使刀具的刚性、切削速度、进给速度得以大大提高。

⑤ 在多轴机床上进行加工时，工件夹具较为简单。由于有了坐标转换和倾斜面加工功能，使得有些复杂型面加工，转变为二维平面的加工。由于有了刀具轴控制功能，斜面上孔加工的编程和操作也变得更加方便。

由于增加了旋转轴，所以与三轴数控机床相比，多轴机床的刀具或工件的运动形式更为复杂，主要有以下几种形式。

1.1 三轴立式加工中心附加数控转台的四轴联动机床

如图 7-1 所示，这类机床是在三轴立式数控铣床或加工中心上，附加具有一个旋转轴的数控转台来实现四轴联动加工，即所谓 3＋1 形式的四轴联动机床。

(a) 数控转台安装在工作台上的情况

(b) 数控转台装夹工件的情况

图 7-1　数控转台

由于以立式铣床或加工中心作为主要加工形式，所以数控转台只能算是机床的一个附件。这类机床的优点有以下几点：

① 价格相对便宜。由于数控转台是一个附件，所以用户可以根据需要选配。

② 装夹方式灵活。用户可以根据工件的形状选择不同的附件，既可以选择三爪自定心卡盘装夹，也可以选配四爪单动卡盘或者花盘装夹。

③ 拆卸方便。用户在利用三轴加工大工件时，可以把数控转台拆卸下来。当需要时可以很方便地把数控转台安装在工作台上进行四轴联动加工。

数控转台的品牌和规格比较多，具体使用过程中应查阅相关的技术参数。

注意：

① 这类机床的数控系统一定具有第 4 轴的驱动单元，同时具备控制四轴联动的功能。如果只有 3 个伺服系统，是不能做到四轴联动的。

② 数控转台的尺寸规格会影响原有机床的加工范围。用户要根据被加工的工件尺寸合理选择数控转台的尺寸规格。

③ 数控转台及伺服系统参数设定要满足四轴联动要求。

立式加工中心可选用沈阳机床厂的 VMC850E 机床，如图 7-2 所示。该机床的特点是结构紧凑、性价比高，其技术参数如表 7-1 所示。

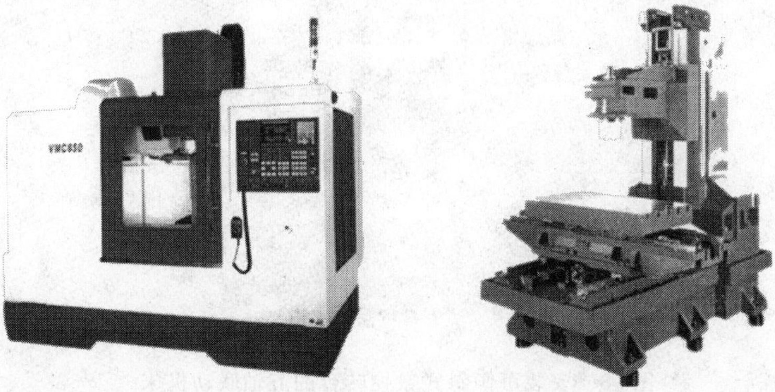

图 7-2　VMC850E 立式加工中心的机构示意图

表 7-1　VMC850E 立式加工中心的技术参数

项　　目		单　位	技　术　参　数
工作台	工作台尺寸	mm	1 000×500
	T 形槽尺寸	mm	18×5
	允许最大载荷	kg	600
工作范围	行程（X/Y/ Z）	mm	850/500/540
	主轴端面最大距离	mm	690
	主轴端面最小距离	mm	150
主轴	主轴锥柄		7∶24（BT40）
	主轴转速	r/min	8000
	主电动机扭矩	N·m	35.8
	主电动机功率	kW	7.5/Ⅱ
进给	快速移动速度（X/Y/Z）	m/min	32/32/30
	进给速度	m/min	20

1.2　三轴立式加工中心附加可倾斜式数控转台的五轴联动机床

如图 7-3 所示，这类机床是在三轴立式数控铣床或加工中心上，附加具有两个旋转轴的可倾斜式（摇篮式）数控转台来实现五轴联动加工，即所谓 3+2 形式的五轴联动机床。如果机床的数控系统具有 5 个伺服单元，同时具备控制五轴联动的功能，用户只要安装上可倾斜式数控转台，即可进行五轴联动的数控加工。图 7-4 所示的是某种型号的可倾斜式数控转台。使用时一般是平放在立式数控铣床或立式加工中心的工作台面上，各个坐标轴的定义如图 7-5 所示。这类机床的优点和需要注意的方面与 3+1 形式的四轴联动机床相类似，具体如下：

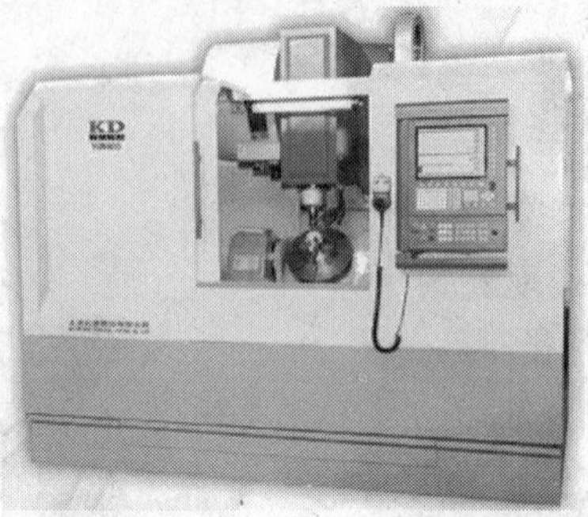

图7-3　安装可倾斜式数控转台的五轴联动机床

图 7-4　可倾斜式数控转台

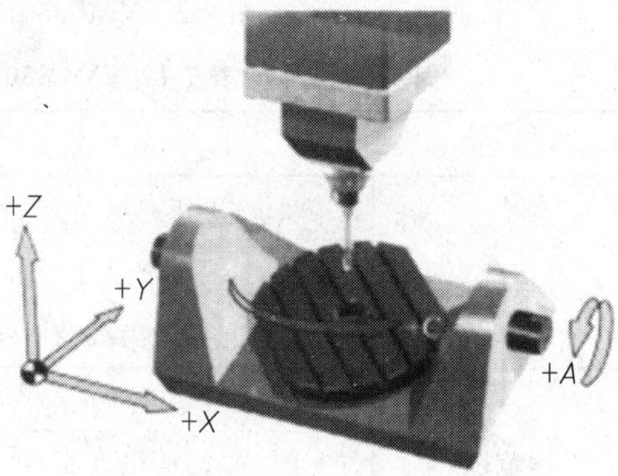

图 7-5　可倾斜式数控转台坐标轴示意图

① 机床的数控系统必须具有五轴联动的功能。

② 当立式数控铣床或加工中心安装了可倾斜式数控转台以后，受转台自身高度的影响，可用于加工的 Z 轴行程就减小了。用户在使用时，除了要考虑被加工零件的高度以外，还要考虑刀具的长度。

③ 数控转台通常需要压缩空气给锁紧装置提供动力，所以要备有气源。

④ 为实现五轴联动功能，安装可倾式数控转台后，数控系统最小设定单位：直线轴 0.000 1 mm，旋转轴 0.000 1°。

1.3　四轴立式加工中心附加数控转台的五轴联动机床

这类立式数控铣床或加工中心的标准设计就是立铣头可以围绕 Y 轴旋转，即机床具有 B 轴。使用时附加具有一个旋转轴的数控转台，来实现五轴联动加工。这就是所谓 4＋1 形式的五轴联动机床。

如图 7-6 所示，XKR400 是北京机电院生产的五轴联动加工中心。该机床具有可以摆动的 B 轴和可以 360°任意分度的 C 轴。

XKR400 五轴联动加工中心是为满足叶轮加工的需要，而设计开发的五轴数控机床，机床配置 X、Y、Z 三个直线轴和 B、C 两个回转轴。机床主要用于中、小型叶轮的加工，三维复杂曲面的加工，以及凸轮、模具、箱体、阀体和盘类零件的加工，适用于机械、航空、汽车、模具等行业。该机床的特点如下：

① 具有大功率高速电主轴。机床采用德国西门子高精度电主轴，功率达到 12 kW，最高转速可达 12 000 r/min。

② 具有大扭矩、高精度的回转轴。机床的 B、C 回转轴均采用精密角度编码器闭环控制，确保高回转精度。B 轴采用德国西门子力矩电机直接驱动，响应快，无间隙传动。B 轴输出额定扭矩为 600 N·m，最大扭矩为 1 200 N·m。

③ 树脂砂铸造的优质铸铁基础件、高刚性高精度的直线滚柱导轨以及高刚性的精密传动元件使机床刚性大大提高。

④ 机床自动换刀装置采用无机械手换刀，可进行任意选刀及连续加工。

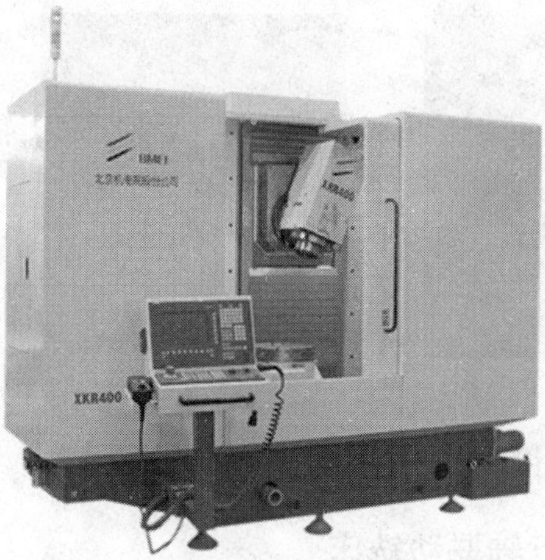

图 7-6　具有 B 轴和 C 轴的五轴联动机床（XKR400）

⑤ 机床具有大流量冷却功能，并带有过滤的自动排屑器，在加工过程中可以便捷地将切屑排出。

⑥ 机床数控系统。机床配置德国 SIEMENS840D 数控系统、SIMODRIVE 611D 驱动模块，可以实现五轴联动加工，如复杂的叶轮加工、空间曲面加工。CNC 用户程序和数据内存容量为 256 KB，最大可扩充到 1.5 MB。通信方式有 RS _ 232 和以太网，可实现高速传输。系统具有错误诊断、报警显示、状态查询、平面和空间刀具补偿、图像仿真等功能。基于 PC 平台开发的软件，人机界面比较友好。

1.4　具有 *B* 轴的卧式加工中心（四轴）

图 7-7 所示的日本三井精机的 HR-3C 卧式加工中心是一种具有 B 轴的卧式加工中心。该机床是高精度加工中心，采用全闭环控制系统，其反馈元件是精密直线光栅尺和圆光栅。主机采用横床身、框架式动立柱布局，分度转台采用高精度多齿盘。数控系统是 FANUC-11M。该机床配有两个可自动交换的工作台（APC），当左工作

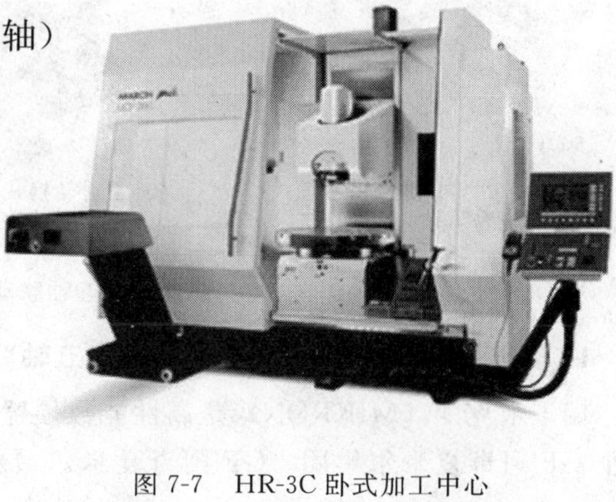

图 7-7　HR-3C 卧式加工中心

台上的工件处在加工状态时，操作者可在右工作台上对另一工件进行准备工作，从而提高加工效率。该机床适合于箱体类零件的加工。例如，各种减速箱、阀体以及需多面加工的零件等。

1.5　五轴联动数控铣床（加工中心）

五轴联动数控铣床旋转部件的运动方式各有不同，有些机床设计成刀具摆动的形式，而有些机床则设计成工件摆动的形式。大体可以归纳为 3 种形式：双摆台形式（图 7-8a）、双摆头形式（图 7-8b）和一摆台一摆头形式（图 7-8c）。

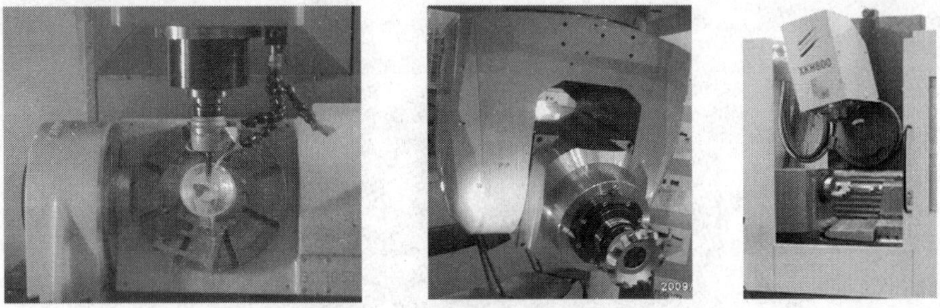

(a) 双摆台形式　　(b) 双摆头形式　　(c) 一摆台一摆头形式

图 7-8　五轴联动数控铣床三种旋转形式

1.5.1　双摆台式的五轴联动铣床

很多中、小型五轴联动数控铣床均采用双摆台形式。由于被加工的工件相对较小、较轻，所以机床设计为双摆台的形式可以更有效地利用机床空间使加工范围更大，因为主轴是固定不变的，所以刀具长度不会影响摆动误差。同时由于工作台可旋转和倾斜，便于操作。上文中所述 3+2 形式的立式五轴联动加工中心就是典型的双摆台形式。双摆台式的五轴联动数控铣床的结构形式如图 7-9 所示。

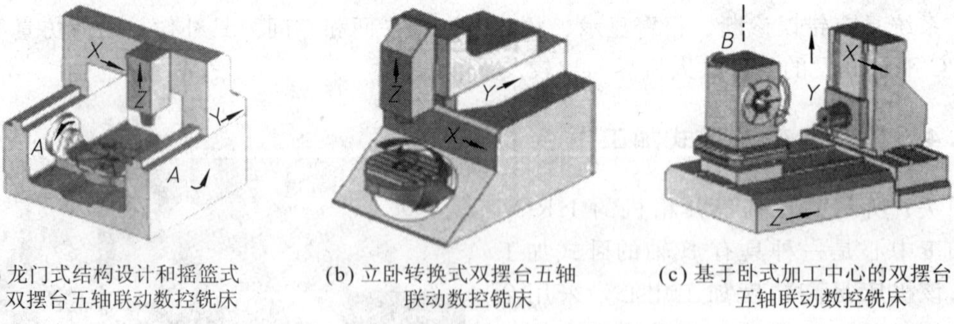

(a) 龙门式结构设计和摇篮式双摆台五轴联动数控铣床　　(b) 立卧转换式双摆台五轴联动数控铣床　　(c) 基于卧式加工中心的双摆台五轴联动数控铣床

图 7-9　双摆台式的五轴联动数控铣床的几种结构形式

1. 瑞士 MIKRON HPM600U 高性能五轴联动加工中心

瑞士米克朗（MIKRON）是高性能数控镗铣床及加工中心的制造商，2000 年 8 月并入瑞士 GF 阿奇夏米尔集团。GF 阿奇夏米尔最新推出的 MIKRON HPM600U/800U 高性能精密型五轴联动加工中心是针对精密零件加工行业的最新产品。该五轴联动机床具有较好的动态性能和高速性能。其外观视图如图 7-10 所示。

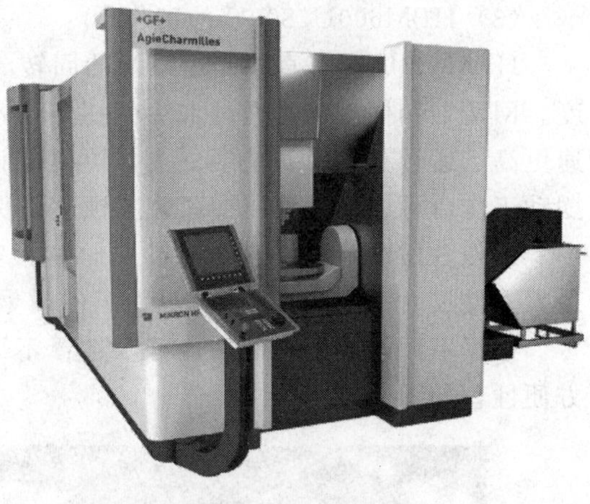

图 7-10 瑞士 MIKRON HPM600U 双摆台高性能五轴联动加工中心外观视图

MIKRON HPM600U/800U 加工中心的鲜明特征是其独特的机床结构，$X/Y/Z$ 轴的强大驱动以及旋转和摆动轴的直接驱动。这些是其特殊的动态性能和经济性加工的基础，它可以配置 30、60 直到 210 把刀具的刀库，刀具更换时间少于 3 s。还可以配置自动托盘交换装置从而形成一个小型的精密柔性加工单元。由于它的特殊结构和模块化设计，该机床可胜任单件或小批量生产中从粗加工到精密加工的任何工作。

(1) HPM600U/800U 的机床结构

HPM600U/800U 加工中心采用由混凝土聚合物整体压铸的落地床身以及新型龙门框架式结构，X、Y、Z 三轴导轨各自独立，从而保证了极高的精度稳定性。机床主轴采用立式结构，可以保证更高的切削稳定性。特殊设计的大摆动角度的回转摆动工作台采用扭矩电机直接驱动，强力液压机构锁紧，两端支撑在床身上，保证了良好的刚性。

依照人机工程学的理念，机床设计得更加合理和人性化。不论从机床的正面还是从机床的侧面都可以方便地进行加工操作，以及观察刀具加工的情况，如图 7-11 所示。

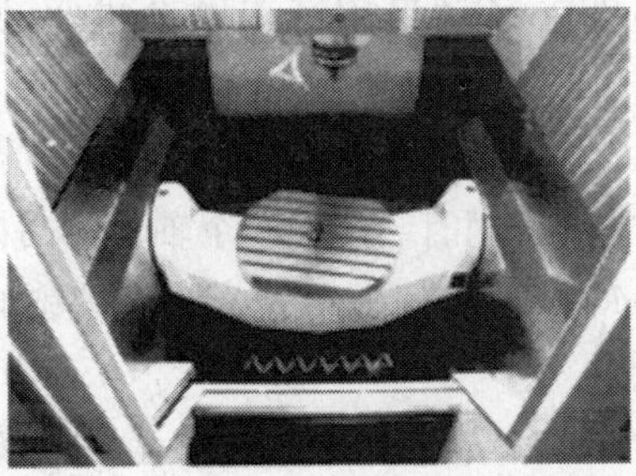

(a) 宽大的加工区保证了良好的视野和操作方便性

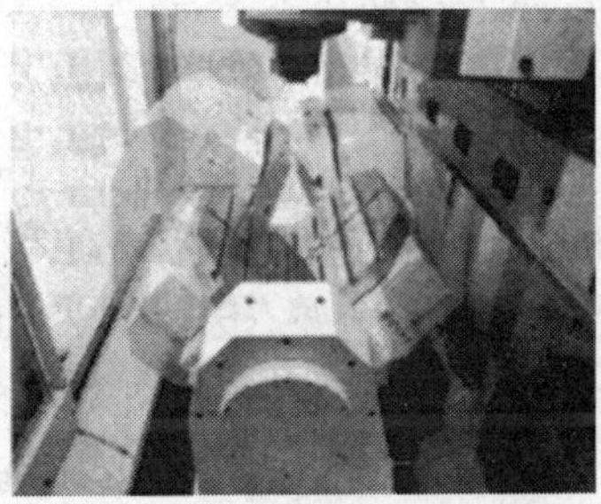

(b) 从机床的侧面也可以观察到刀具的加工情况

图 7-11 HPM600U 高性能五轴联动加工中心的设计

(2) HPM600U/800U 的高速电主轴

HPM 技术需要最高性能的主轴。GF 阿奇夏米尔拥有的主轴品牌是 Step-Tec，它专为其机床系列开发了最新一代的大扭矩高速电主轴。20 000 r/min 的高速主轴可以提供 84N·m的扭矩，使得它既可以用于一般钢材的粗加工和精加工，也可用于小型刀具针对复杂曲面或者是特殊材料的高速加工。Step-Tec 主速电主轴采用了矢量控制技术，配合低转速下的大扭矩，可以进行刚性攻螺纹。主轴采用油气润滑的复合陶瓷轴承，并使用 HSK-A63 高速刀柄。

(3) HPM600U/800U 的工作台

HPM600U 配有直接测量系统的回转/摆动工作台，确保了高的定位精度和重复定位精度。回转轴和摆动轴均通过水冷的扭矩电动机直接驱动，较之传统的蜗轮蜗杆传动，其转速更高、运转更平稳、精度更高，可以保证长期的五轴连续运转。当进行重切削时，回转摆动工作台可以通过液压夹紧装置锁紧以保证加工中的稳定性和大的承载能力。

工作台摆动范围可达－121°～＋91°，实现了工件的立卧转换加工。联动加工时可加工最大工件尺寸为声 860 mm，最大工件质量可达 800 kg。

根据不同的应用，工作台可以选择不同尺寸、形状的台面，保证工艺的合理性和操作方便性，如图 7-12 所示。

(a) 圆形工作台

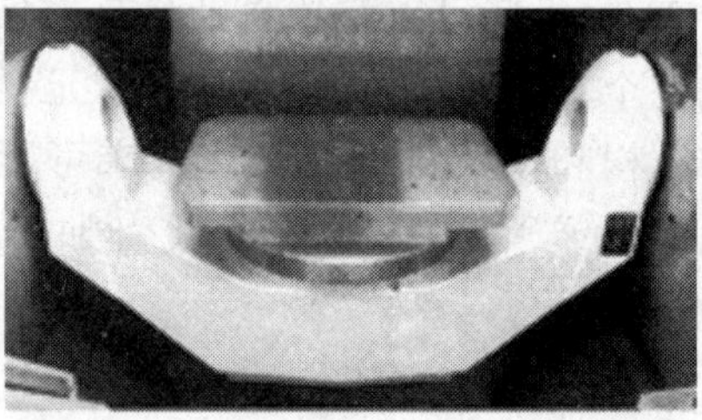

(b) 矩形工作台

图 7-12　HPM600U 五轴联动加工中心可选择不同尺寸或形状的工作台

(4) HPM600U 的动态性能和精度

机床线性轴采用高精度线性导轨和滚珠丝杠副驱动，两个回转轴则采用扭矩电动机直接驱动。各进给轴采用的大功率数字伺服电机可以保证高达 60 m/min 的快移速度。除了采用扭矩电动机这个创新技术之外，另一新措施是机床 Y 轴采用了双电动机驱动，两根丝杠分别由两个电动机驱动带动横梁在两个墙形立柱上移动，保证了横梁移动的平稳性和 Y 轴的高动态性能，为高精度、高性能加工提供了可靠的保证。

机床的创新结构和驱动单元保证了极高的几何精度，同时装配在 5 个轴上的高精度直接测量装置保证了极高的位置精度。因此，MIKRON HPM600U/800U 是高速高精度镗铣加工中心。

(5) 大容量独立刀库

机床可以配置 30、60 甚至到 245 把刀位的刀库，刀库采用链式设计，如图 7-13 所示。换刀采用一个双臂机械手通过固定循环来控制。机床配有刀库门，机床外罩上装有手动控制刀库的按钮。当刀库门打开时，可手动地装卸刀具。刀具可通过主轴或刀库门来放置到刀库中。因为刀库完全独立于机床加工区之外，如图 7-14 所示，换刀时不占用加工区域，保证了更安全可靠的加工。双臂机械手保证了少于 3 s 的快速换刀。

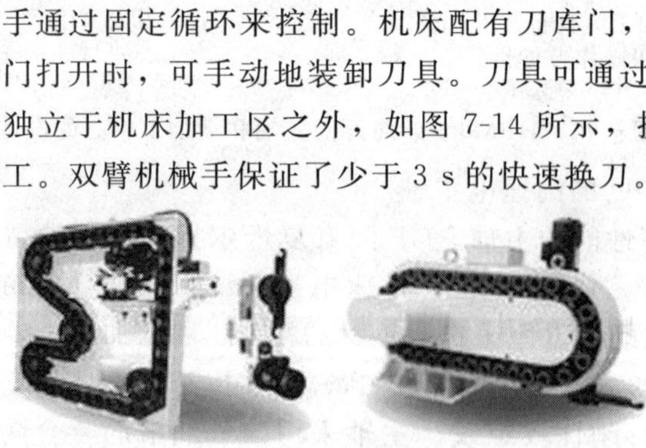

图 7-13　链式刀库

(6) 自动化托盘交换系统

自动化为加工带来了更高的效率、更高的工序安全性以及更低的加工成本。MIKRONHPM-600U/800U 可以配置集成的托盘自动交换系统，并可以选择不同尺寸和数量的托盘。如图 7-15 所示，集成的托盘自动交换系统无须单独的控制器，可以通过机床的控制系统来整体控制，结构紧凑、操作简便。

图 7-14 独立的刀库系统

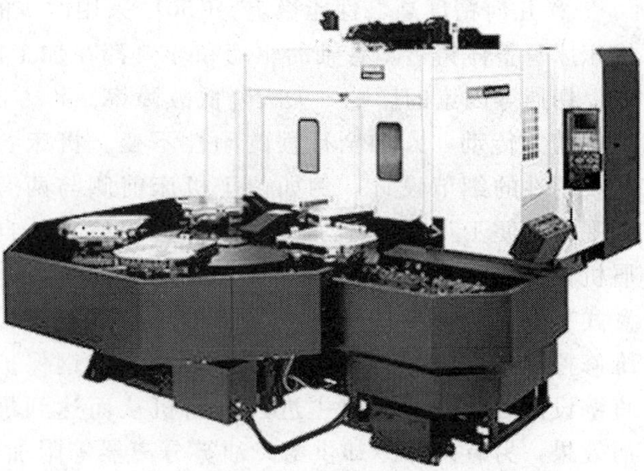

图 7-15 集成的托盘自动交换系统

(7) 机床应用范围

MIKRON HPM600U/800U 可高效经济地加工中小型精密零件，其性能特别适合叶轮类零件和精密壳体以及精密模具的五轴联动加工，其加工的材料范围包括钛合金、高温合金、镍基合金和淬硬钢材等。

2. 德国哈默 C50U 加工中心

德国哈默是中小型五轴精密加工中心的制造厂家。哈默的 C 系列加工中心包括 C20，C30，C40，C50 四种型号，加工工件直径范围为 280～1 200 mm。由于哈默 C 系列机床采用统一的结构形式生产制造，这里以 C 系列加工中心的最大规格机床 C50 为例进行介绍。图 7-16 所示为德国哈默公司生产的高动态强力型加工中心 C50U。

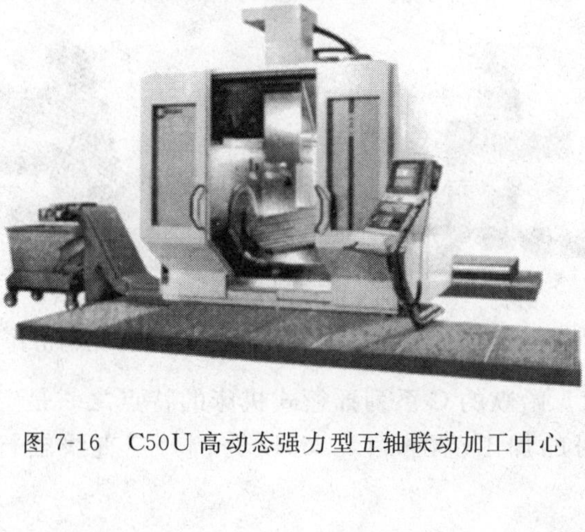

图 7-16 C50U 高动态强力型五轴联动加工中心

C50U 为立式工作台摆动加工中心。其主要特点如下：

① 主轴刚性好，效率高，加工精度不受刀具长度影响，避免形状误差产生。该特点是工作台摆动机床的主要优点。在加工时由于是工作台摆动，主轴不会因需要摆动而受到任何影响，因而拥有更好的主轴刚性；3 个线性轴的运动由刀具的移动实现，动态性能不受工竹件限制，效率更高；由于主轴不摆动，所以刀具长度不会影响摆臂长度，也就是说刀具长度不会影响摆动误差。

② 几何精度高，性能稳定。C50U 采用改进的龙门设计，避免了传统龙门设计的缺陷，机床床身整体铸造。各轴的驱动和导轨都在加工区域之外的上方，不会受加工时产生的热量、切屑等因素的影响，大大降低故障率。Y 方向通过 3 个带有中心驱动的交叉排列导轨提供动力传动，Y 轴全行程的刚性不变。机床各处都有实用性的细节设计，例如位于机床前侧与两旁的接触平台，便于观察整个加工过程；自动舱顶，自动排屑机，使机床操作智能安全；带有一体式中央电缆的盒式布线，所有系统单元前面都设计有服务门，使得维修检测方便快捷；工作区域侧壁为不锈钢保护的垂直壁设计，使切屑能自主进入排屑机从而达到最佳排屑效果，另有内部冷却供给，油雾分离器等附加配置，都力求符合人体工学。而所有这些结构设计，加上 C50U 的高制造精度，都为了使 C50U 具有高稳定性，以及能够使其在整个服役期内保持机床实测定位精度在 3 μm 以内。机床五轴的相关精度对于五轴机床的实际加工而言是非常重要的，因为五轴加工时需要各个轴配合工作，而哈默机床 5 个轴的相关精度也非常高，图 7-17 所示为 C50U 结构图。

图 7-17　C50U 动态强力型五轴联动加工中心结构图

③ A、C 轴一体，A 轴双驱动。C50U 的工作台为 U 形，工件跟随工作台实现 A 轴摆动和 C 轴回转。机床 A 轴又通过床身上对称的两孔与床身结为一体，双边支撑的设计使 A 轴的扭曲变形控制在最小的范围内。A 轴双边都采用行星齿轮系统传递扭矩，可提供近 8 000 N·m的驱动扭矩，工作台摆动角度达 $-130°\sim+100°$，在保证最高精度情况下，被加工零件重量可达 2 t。图 7-18 所示为 C50U 强力型五轴机床 A、C 轴结构仿真。

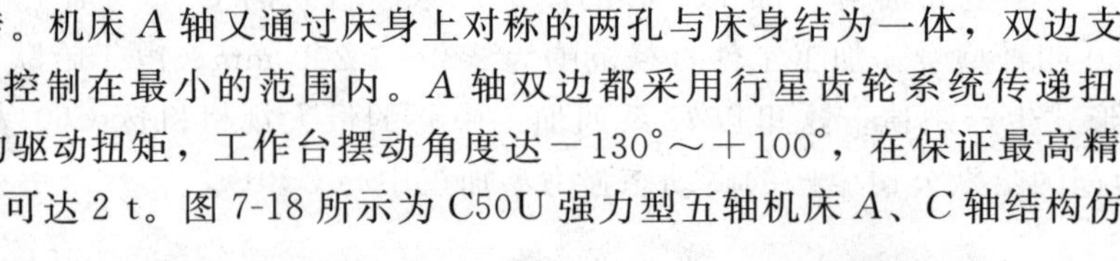

图 7-18　C50U 强力型五轴机床 A、C 轴结构仿真

④ 五轴加工范围大。哈默的 C 系列摇篮式机床的特点之一是空间需求小，其三轴行程即可反映出五轴联动时的加工范围，以 C50U 为例，三直线轴行程分别为 1 000 mm×

1 100 mm×750 mm，以刀具长度为 400 mm 计算，其五轴五联动时至少可加工 1 000 mm×810 mm 的大型零件。

⑤ 应用领域的专业性。C50U 主要应用在精度要求很高的行业，如医疗器械、光学技术、航空航天、工模具制造业、发动机制造业。加工的零件为需要五轴五面体加工的复杂模具、叶盘、叶轮、叶片、刀具，发动机控制的燃油泵、多气缸的发动机缸盖、缸体等。同时有多种柔性制造单元，以满足航空航天领域呈现的多品种、中小批量的产品需求。图 7-19所示为 C50U 强力型五轴联动加工中心的加工案例。

(a) 用C50U加工弧齿伞齿轮　　(b) 用C50U加工箱体零件

图 7-19　C50U 强力型五轴联动机床加工案例

3. 北京机电研究院的 XKR25 加工中心

图 7-20 所示为 XKR25 双摆转台五轴联动加工中心，是国内典型的双摆台的五轴联动机床。

XKR25 主要用于各种燃机压气机叶轮和小型模具、特型小箱体等复杂零件的高效五轴加工，是航空、汽车、机车、模具等行业必不可少的设备。这是一种用途比较广泛，技术比较先进的五轴联动机床之一。

图 7-20　XKR25 双摆转台五轴联动加工中心

1.5.2 双摆头的五轴联动机床

图 7-21 所示为双摆头五轴机床的运动形式。一般重型机床都采用这种设计形式，也有一些中小型机床采用这种设计。

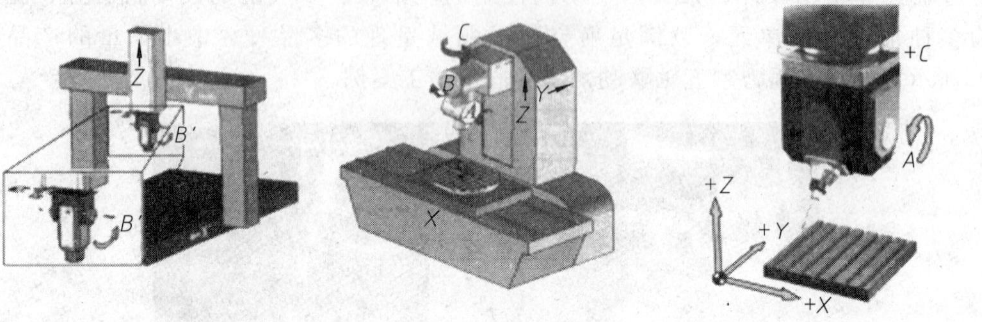

(a) 龙门式机床　　(b) 单立柱式机床　　(c) 双摆头式机床的坐标定义

图 7-21 双摆头的五轴联动机床形式

图 7-22 所示为德国 WALDRICH COBUR 五轴联动龙门加工中心，该机床采用双摆头的主轴形式。这种机床既可联动亦可单动，其主要特点是可以加工复杂曲面的模具和船舶的螺旋桨等。

图 7-22 双摆头五轴联动龙门加工中心

1.5.3 一摆头一摆台的五轴联动机床

有很多中小型机床采用这种一摆头一摆台的五轴联动形式，列举如下：

1. 德玛吉 DMG75v Ljnear 五轴联动机床

五轴联动的 DMG75v Linear（图 7-23）装备有直接驱动的数控工作台和摆动主轴，因为使用双边轴承，叉状齿冠可以达到最大的刚性并且可以使用液压装卡，摆动头的摆动范围是从 10°～110°。摆动头和数控工作台的联动产生了新的加工方式。

2. 德玛吉 DMU60P 五轴机床

图 7-24 所示为德玛吉 DMU60P 五轴机床，该机床采用一摆头一摆台的设计形式，其结

构如图 7-25 所示。

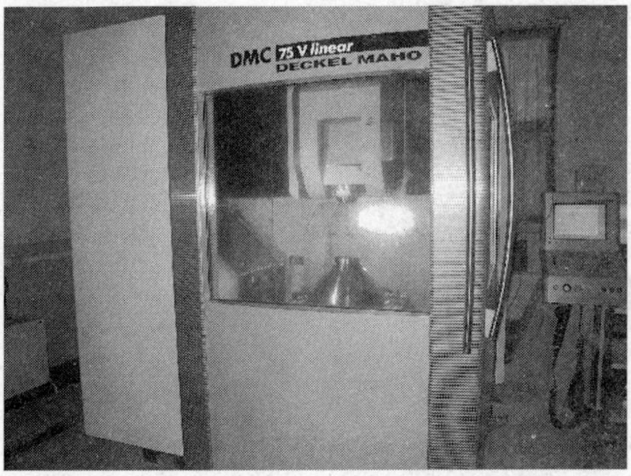

图 7-23　DMG75v Linear 五轴联动机床

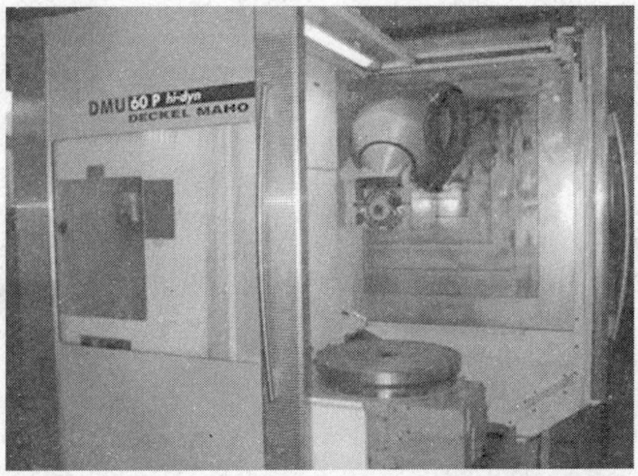

图 7-24　DMU60P 五轴机床

德玛吉 DMU60P 五轴机床属于主轴摆动式的五轴机床。B 轴数控铣头（选项），以 M 功能控制液压夹紧旋转范围 150°（－120°～＋30°）内装数控工作台，由两对双向预紧小齿轮驱动。

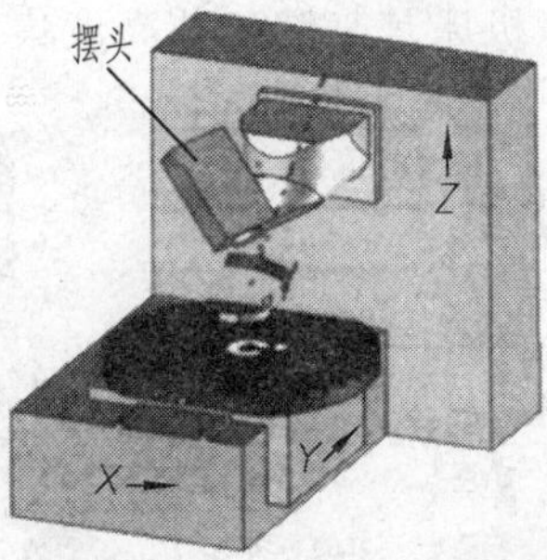

图 7-25　一摆头一摆台的五轴联动机床结构形式

3. 米克朗 HPM1000U

米克朗 HPM1000U 机床为一摆头一摆台设计，如图 7-26 所示。由于其稳固的结构和直接驱动的回转轴和摆动轴，HPM1000U 均可用于粗加工以及精加工。该机床配有托盘库，重达 800 kg 的工件自动从工件托盘库中转换到了圆形回转/摆动工作台上。液压驱动的工件托盘交换设备将程序选定的托盘放置在圆形工作台的托盘夹紧装置上。托盘装卸区的可旋转的装卸台使得操作人员能够很容易地将工件装卸。工件托盘装卸区和圆形工作台具有可靠的连接。集成在 HPM1000U 中的大型刀库占地面积仅仅 1 m^2 多，却能储存多达 215 把刀具，这是该机床极端紧凑设计的一部分。

为了始终保持高的金属去除能力，HPM1000U 必须配备针对生产需要的可靠选件。例如，加工中的冷却方式可提供外部冷却或通过刀具中心内冷。通过刀具中心的内冷压力从 20～80 MPa，可以由操作人员进行调节。另外，油雾冷却与润滑喷嘴和排油雾装置也是该机床的选项。

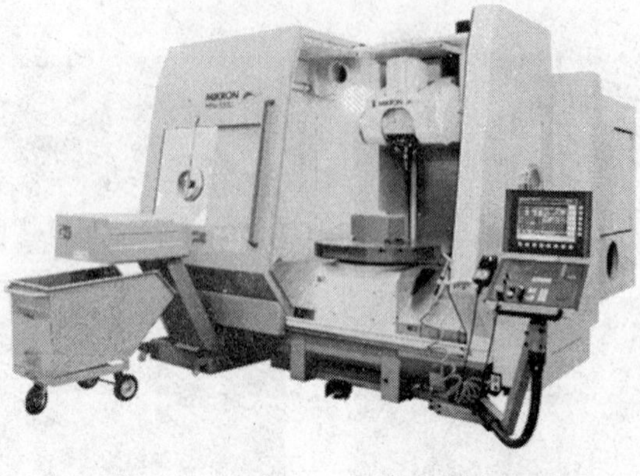

图 7-26　米克朗 HPMl000U 五轴机床

1.6　车铣复合机床

图 7-27 和图 7-28 所示为德玛吉公司生产的 GMX250 车铣复合机床和它的内部结构。

该机床集成了车削和铣削的加工方法，零件可以在不更换机床设备的情况下，对其完成车铣的复合加工。该机床具有主轴、副主轴、车铣主轴和刀塔，如图 7-29 所示。车铣主轴可以摆动从而实现多轴加工。该机床是车铣工艺高度集中的先进多轴加工设备。

图 7-27　GMX250 车铣复合机床

图 7-28　GMX250 车铣复合机床的内部结构

图 7-29　GMX250 车铣复合机床的主轴

资料二　多轴加工的应用技术研究

2.1　多轴加工的理解

多轴加工就是多坐标加工。它与普通的两坐标平面轮廓加工和点位加工、三坐标曲面加工的本质区别就是增加了旋转运动，或者说多轴加工时刀轴的姿态角度不再是固定不变，而是根据加工需要随时产生变化。一般而言，当数控加工增加了旋转运动以后，刀心坐标位置计算或是刀尖点的坐标位置计算就会变得相对复杂。多轴加工的情况可以分为：

① 3 个直线轴同 1～2 个旋转轴的联动加工，这种加工被称为四轴联动或五轴联动加工。

② 1～2 个直线轴和 1～2 个旋转轴的联动加工。

③ 3 个直线轴同 3 个旋转轴的联动加工，用做这种加工的机床被称为并联虚轴机床。

④ 刀轴呈现一定的姿态角不变，三个直线轴作联动加工，这种加工被称为多轴定向加工。

图 7-30～图 7-32 所示的几种零件就是需要使用多轴加工的零件。图 7-30 为单个叶片类零件。这种零件虽然也可以用三轴加工的方法加工，但是用多轴加工的效果和质量要优于三轴加工。

图 7-31 所示为整体叶轮零件。这类零件的加工通常都是用五轴联动的方式加工出来的，因为仅仅用三轴联动的方式避免不了加工中产生的干涉问题。图 7-32 所示为柱面槽或柱面凸轮类零件。这类零件的加工有时只需要一个直线轴和一个旋转轴的联动加工就可以了。

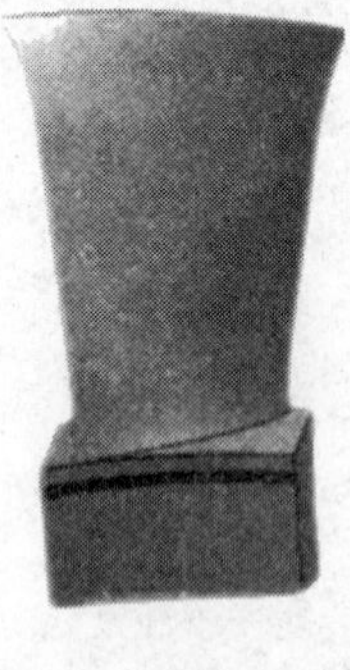

图 7-30　单叶片零件

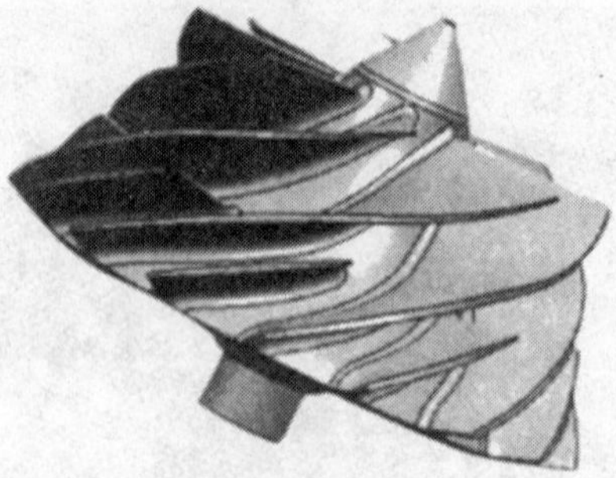

图 7-31　整体叶轮零件

图 7-32　柱面槽零件

2.2　多轴加工的目的

1. 利用多轴机床可加工更加复杂形面

在没有多轴加工机床时，加工复杂曲面通常是使用三轴数控铣床和球头铣刀加工，为了避免干涉，有时还需要把一个零件分解为若干个零件分别加工。但是如果利用多轴机床设备，就可以加工三轴数控机床不能加工的复杂曲面，可以整体加工复杂零件，并且使定位夹紧装置更为简单。利用多轴机床设备进行加工的零件有：某些模具形面、叶片形面以及整体叶轮。

需要说明的是曲面的干涉情况有两种：一种是自身干涉，即某一直径的刀具加工某一曲面时，刀具与这张面产生干涉；另一种是面间干涉，即在加工某一曲面时，刀具干涉到了另外一张曲面。

2. 利用多轴加工可以明显提高加工质量

① 利用 3 个直线轴联动加工曲面时，通常采用球头刀加工。

如图 7-33 所示，当球头铣刀加工到很平缓的区域时，由于球尖处的半径非常小，所以那里的切削线速度几乎为零，那时的切削状况基本上是刀具在挤压被切削材料而不是在做切削运动。所以那个区域的已加工表面质量很差，且加工效率很低。如果采用多轴加工方法，把球刀的刀轴倾斜一定的角度，就可以使刀具与工件接触点的切削速度明显提高，切削质量可以被改善，切削效率也可提高。

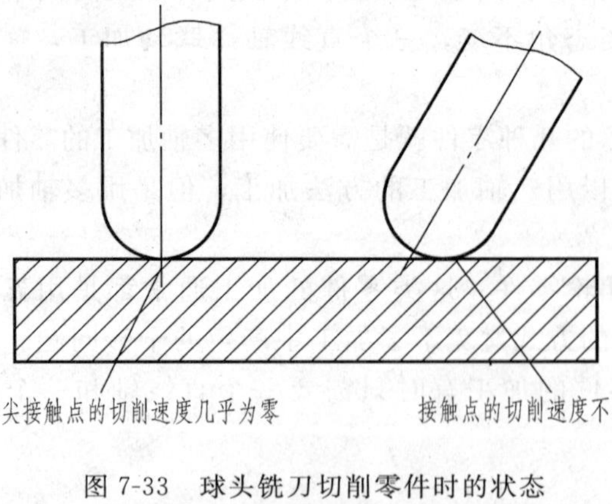

图 7-33　球头铣刀切削零件时的状态

② 多轴加工可把点接触改为线接触，从而提高加工质量。

从理论上讲，球刀加工曲面时是一个球在曲面上滚动，而实际上是一个点在曲面上运动，由于球刀的球径不大，所以切削面积不大。通常加工曲面时采用行切的方式，一行接一行地把曲面加工出来，加工后的表面会留下一行行的残留余量。为了使残留余量的高度减小，就必须减小行距。因此为了把一张曲面加工出来，同时又要使表面粗糙度较好，就要加密行距才能得到较好的效果，这样加工时间和成本就会增加。

众所周知，减小残留余量高度的另一方法是增加球刀的半径。如果把球刀换为立铣刀，利用立铣刀的侧刃或端刃切削曲面，就相当于使球刀的曲率半径无限大，那么切削后残留余量的高度就会大大减小。图 7-34 所示为球头铣刀和立铣刀铣削曲面时的区别。图 7-35 所示为用立铣刀的端刃切削曲面的实际情况。然而用侧刃或端刃切削曲面的最大问题就是切削干涉问题，为了避免干涉，就必须使用多轴加工。换言之，立铣刀侧刃切削或端刃切削是一条直线在曲面上滚动而非一个点在曲面上移动，其优点在于可以减小残留余量的高度，加大切削的行距，提高切削效率和切削质量，但是必须多轴联动才能加工出准确的曲面。

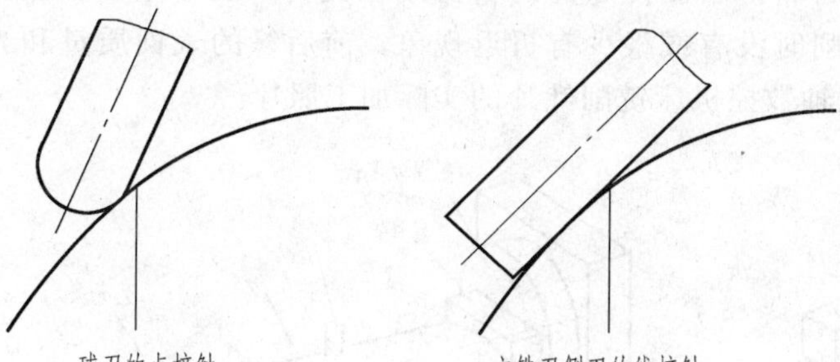

图 7-34 球头铣刀和立铣刀铣削曲面时的区别

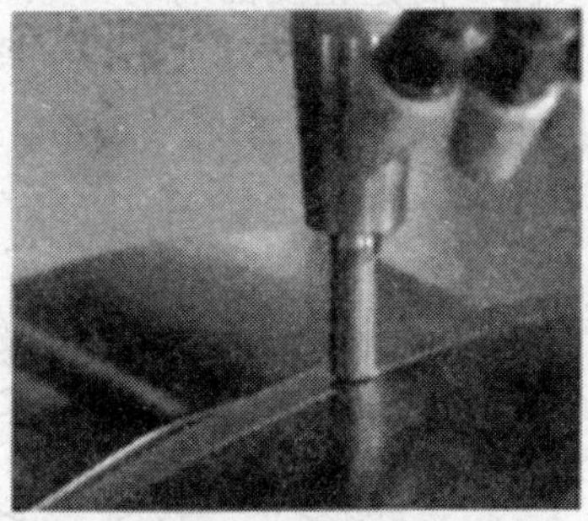

图 7-35 立铣刀端刃切削曲面

③ 多轴联动加工可以提高变斜角平面的加工质量。

变斜角平面零件在航空航天器中是最常见的加工特征。例如飞机机翼中的梁和肋、直升机的腹板、火箭头部整流罩内侧的加强肋板等均有变斜角平面的特点。如图 7-36 所示就是一种变斜角平面零件。

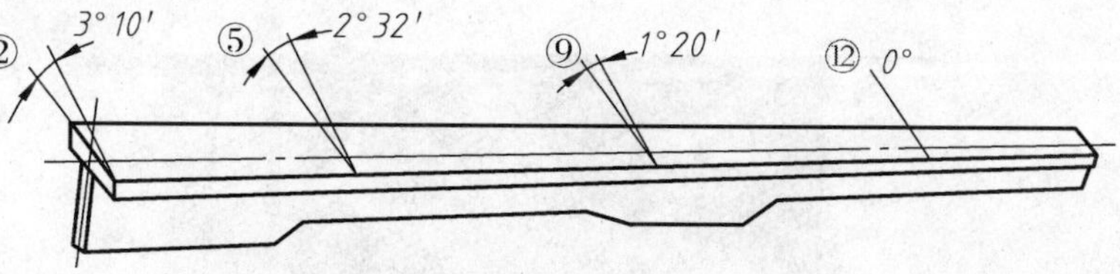

图 7-36 变斜角平面零件

如果不用多轴机床加工此零件，有一个方法是采用分段加工，即采用不同斜角的铣刀分别加工这个零件，或者把零件用不同的倾斜角度分段铣削，然后在衔接处人工修磨。另外还可以三轴数控加工，把变斜角平面当做曲面对待，利用球刀进行加工。这些加工方法要么是加工不精确、耗费人工，要么就是加工时间长，但表面质量都很差。

如果使用多轴数控铣床加工此零件，那么就可以使用立铣刀的侧刃一次精加工出来。在加工时铣刀的轴线逐渐从 0°倾斜到 3°10′，或者反之。这样加工出的零件表面质量要比球刀加工的表面质量好许多，精度也能保证，同时切削效率大大提高。

④ 多轴联动加工可以提高叶片类零件前后缘的加工质量。

某些叶片类零件既可以采用三轴加工也可采用多轴加工。如果采用三轴加工，那么加工时只能加工完一面以后再加工反面。这种加工方法带来两种不容易解决的问题，其一是变形问题，其二是边缘不光顺的问题。零件变形是每种零件加工都会遇到的问题，只是叶片类零件的变形更为明显。如果在加工中一面一面地完成，最后精加工时零件的支撑力就会很小，零件的加工变形就会很严重。除非叶片的反面加上辅助支撑，或者采用小直径刀具高速切削的方法来减小切削力。即使这样，零件的变形现象依然存在，而且也解决不了第二个问题，就是边缘不光顺的问题。如图 7-37 所示，采用三轴加工时，刀具运行到边缘的最大点处就必须折返，所以在折返点产生刀痕，使得边缘很不光顺，影响加工精度。叶片的前后缘越薄，这种现象越明显。如果采用四轴加工，可以固定装夹叶片的榫头，而另一端可以用顶尖支撑，形成一夹一顶的装夹方式，如图 7-38 所示。加工时采用刀具环绕零件连续加工，这种加工方法可以从叶尖部逐渐加工到叶根部，叶片零件的余量不是一次单边去除，而是正反面均匀去除多余材料，因而使零件的自身刚性提高，变形量减少。同时由于是刀具环绕零件加工，使得切削时没有或很少有折返现象，前后缘的表面质量和光顺程度可大大提高。图 7-39 所示为五轴数控机床铣削叶片的实际加工照片。

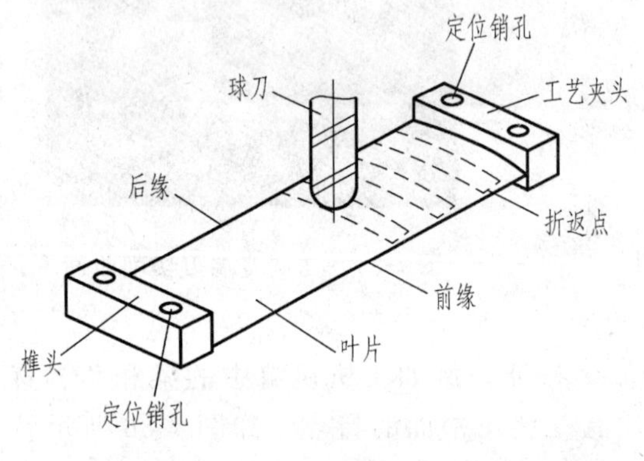

图 7-37　三轴铣削叶片示意图

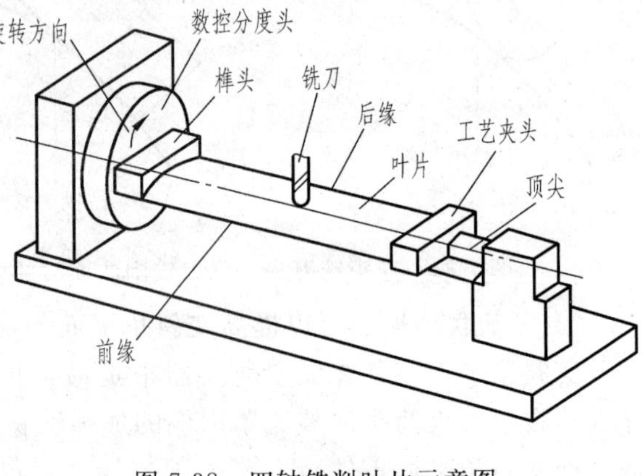

图 7-38　四轴铣削叶片示意图

图 7-39　五轴数控机床铣削叶片

3. 利用多轴加工可以明显提高加工效率

图 7-40 所示为一个叶片曲面零件，它的长和宽分别为 200 mm 和 70 mm。如果采用球刀行切，行距为 0.5 mm，按 1 000 mm/min 的进给速度切削，那么至少需要 140 行才能完成整个曲面的加工。加工时间需要 28 min。但是如果采用多轴数控铣床并采用环面铣刀的宽行加工，同样的残留高度只用 10 行就可完成整个曲面的加工。按照同样的进给速度，切削时间可以控制在 3 min 之内。图 7-41 所示为宽行加工叶片曲面的刀具轨迹。图 7-42 所示为宽行加工的仿真图形。

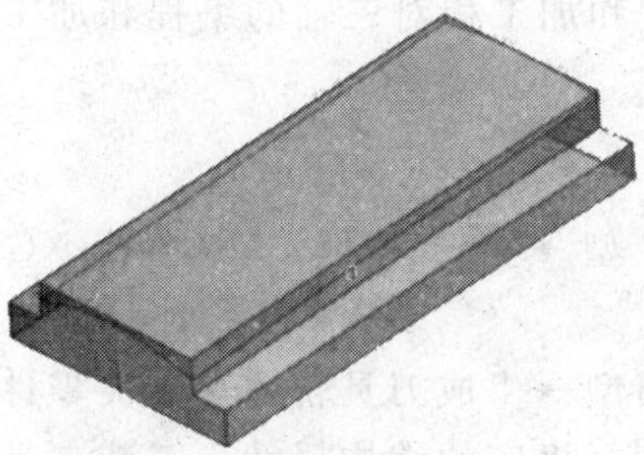

图 7-40　叶片曲面零件

图 7-41　叶片曲面零件的加工轨迹

图 7-42　叶片曲面零件的宽行加工仿真图形

多轴宽行加工的优势在于充分利用切削速度、加大行距、效率高、表面质量好，目前已经用于生产实际。图 7-43 所示长度和宽度大约为 6 m×4 m 的水轮机叶片。图 7-44 所示利用大直径面铣刀，采用宽行加工的方法加工该叶片的情景。宽行加工使得该叶片的加工效率大大提高。虽然多轴宽行加工刀具轨迹计算相对复杂，然而随着技术的日益成熟，这项技术很快就会与其他生成刀具轨迹的方法一样高效而又便捷。

图 7-43　水轮机叶片

图 7-44　叶片曲面零件的加工轨迹

4. 在加工叶片方面三轴加工与多轴加工的比较

三轴加工叶片优点是编程简单、走刀路线较好控制；缺点是单面加工易变形、叶片边缘质量不好控制。

多轴加工叶片的优点：叶片边缘质量好、环绕加工对控制变形有利、大型叶片可以采用端刃切削提高效率、可使用大直径面铣刀加工、可应用宽行加工的方法、可改善接触点的切削速度、减小刀具长度，提高刀具强度。缺点：编程复杂、装夹及设备要求高。

2.3 多轴加工的特点

1. 编程相对复杂

不论是四轴编程还是五轴编程，相对两轴轮廓编程和三轴曲面编程都较复杂，复杂之处在于多轴编程要考虑零件的旋转或是刀轴的变化。以 UG 为例就有变轴铣、变轴顺序铣等。每种铣削方式还有许多设置。不仅如此，多轴编程的后置处理也是相当重要并相对复杂的一个环节。后置处理的参数设置要考虑机床运动关系、刀具的长度、机床的结构尺寸、工装夹具的尺寸以及工件的安装位置等。所以，多轴编程和加工相对三轴的编程和加工要复杂许多。

2. 工艺顺序与三轴不同

三轴的编程和加工的顺序是：CAD/CAM 建立零件模型→生成刀具轨迹→生成 NC 代码→装夹零件→找正→建立工件坐标系→开始加工。

五轴的编程和加工的顺序是：CAD/CAM 建立零件模型→生成刀具轨迹→装夹零件→找正→建立工件坐标系→根据机床运动关系、刀具的长度、机床的结构尺寸、工装夹具的尺寸以及工件的安装位置等设置后置处理的参数→生成 NC 代码→加工。

例如，三轴加工上述叶片曲面零件，首先用 CAD/CAM 建立叶片模型，然后根据刀具直径和加工要求生成刀具轨迹，之后根据控制系统的指令格式设置后置处理的参数，生成数控程序代码，最后把代码传输到所用的机床控制器中加工零件。在这个过程中编程人员不一定需要把零件装夹的位置数据、刀具长度的数据、机床结构的数据和机床的运动关系数据输入到后置参数中。三轴加工的程序可以直接交给机床操作工使用。

但是多轴加工曲面零件就有所不同。首先用 CAD/CAM 建立叶片模型，然后根据刀具直径和加工要求生成刀具轨迹，之后编程人员要详细记录零件装夹位置数据、刀具长度数据、机床结构数据和机床的运动关系数据，并把这些数据设置在后置处理模块的参数中。最后才能生成数控程序代码。

以 Mikron WF74CH 五轴加工中心为例，编程人员要了解机床的坐标轴、旋转轴的方向、机床结构参数。图 7-45 所示机床是五轴双摆台的形式，工作台结构尺寸关系如图 7-46 所示。

工作台 C 轴绕 Z 轴旋转 360°。工作台 A 轴可绕 X 轴向前倾斜 45°，向后倾斜 20°。工作台面距离 X 轴线 125 mm，工作台旋转中心轴线距离 X 轴线 165 mm。根据这些参数在 UG NX4.0 的后置设置 。

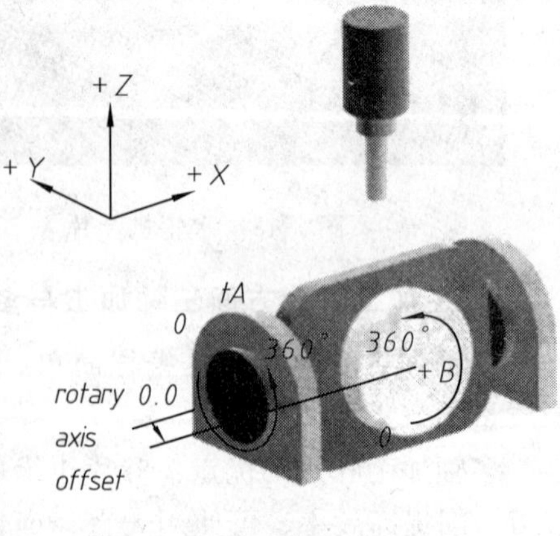

图 7-45　五轴双摆台示意图

当编程人员把这些参数设置到后置模块中后，还要考虑零件的装夹位置，在建模时要把工件坐标系的位置建立在工作台面的中心点处，之后才能生成数控加工程序代码。图7-47所示为双摆头机床的 B 轴和 C 轴示意图。图 7-48 所示为北京机电院的立式四轴加工中心的立铣头简图。如果要进行多轴加工，

编程人员就要知道 B 轴轴线距离主轴端面的距离，从而得知刀尖点距离 B 轴轴线的距离，以及立铣头左右摆动的角度。

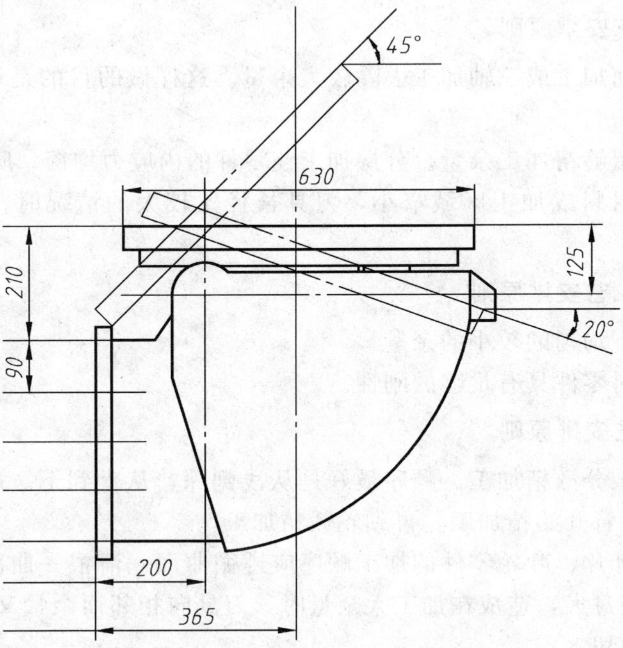

图 7-46　Mikron WF74CH 工作台结构尺寸

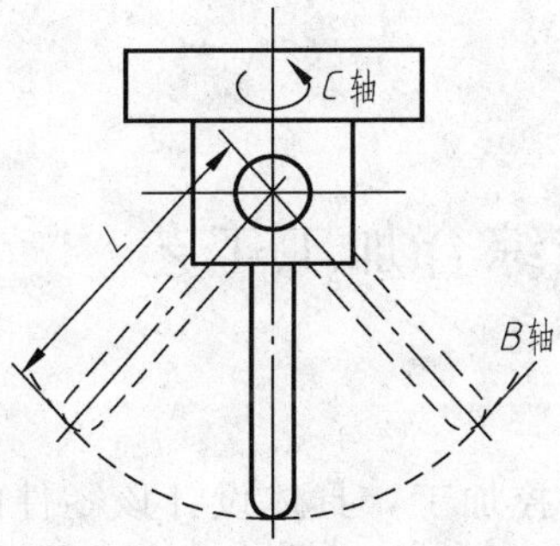

图 7-47　双摆头机床 B 轴和 C 轴的示意图

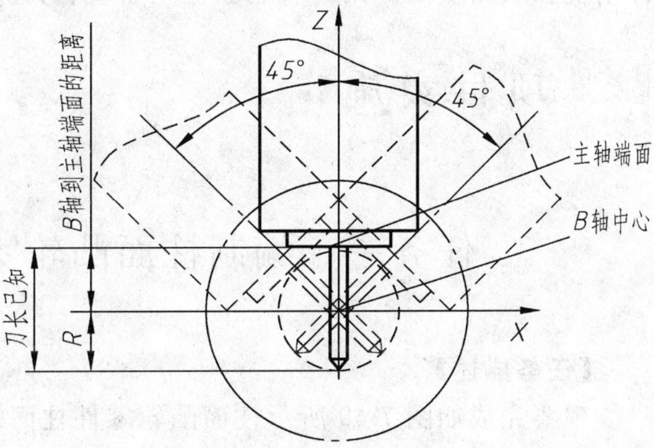

图 7-48　北京机电院立式四轴加工中心的立铣头简图

得知刀尖点距 B 轴轴线的距离以及 B 轴的摆动角度这些参数以后，编程人员才能正确地计算出实际刀尖轨迹，得到正确的数控程序。因此多轴加工的编程要比三轴编程复杂得多。

2.4 典型多轴加工零件的工艺方法分析

1. 粗加工的工艺安排原则

① 尽可能用平面加工或三轴加工去除较大余量。这样做的目的是切削效率高，可预见性强。

② 分层加工，留够精加工余量。分层加工使零件的内应力均衡，防止变形过大。

③ 遇到难加工材料或加工区域窄小，刀具长径比较大的情况时，粗加工可采用插铣方式。

2. 半精加工的工艺安排原则

① 给精加工留下均匀的较小的余量。

② 保证精加工时零件具有足够的刚性。

3. 精加工的工艺安排原则

① 分层、分区域分散精加工。顺序最好是从浅到深，从上到下。对于叶片、叶轮类零件最好是从叶盆、叶背开始精加工，再到轮毂精加工。

② 模具零件、叶片、叶轮零件的加工顺序应遵循曲面—清根—曲面反复进行。切忌两相邻曲面的余量相差过大，造成在加工大余量时，刀具向相邻而余量又小的曲面方向让刀，从而造成相邻曲面过切。

③ 尽可能采用高速加工。高速加工不仅可以提高精加工效率，而且可以改善和提高工件精度和表面质量。同时有利于使用小直径刀具，有利于薄壁零件的加工。

项目实施

任务一　编制柱面凸轮零件数控综合加工工艺

【任务描述】

现要完成如图 7-49 所示柱面凸轮零件柱面螺旋槽的数控加工，具体设计该零件的数控加工工艺。

① 查阅数控加工工艺书和工艺手册，获取设计图 7-49 所示柱面凸轮零件的数控加工工艺知识及数据。

② 分析图 7-49 所示柱面凸轮零件图样，进行相应的工艺处理。

③ 制订图 7-49 所示柱面凸轮零件的数控加工工艺。

④ 编制图 7-49 所示柱面凸轮零件的数控加工工序卡、刀具卡等工艺文件。

⑤ 通过学习柱面凸轮零件的加工，掌握 A 轴联动加工工艺方法。

图 7-50 所示为生产线上某产品的贴标送料机构，其中移动平台部分为贴标产品的工作平台，贴标过程是产品随工作平台从右向左运动并停顿一个固定时间长度，贴标完成后再随工作平台自左向右运动，由取料装置将产品取走，采用圆柱凸轮机构完成这样一个工作

过程，按照该工艺要求，设计的圆柱凸轮如图 7-49 所示。

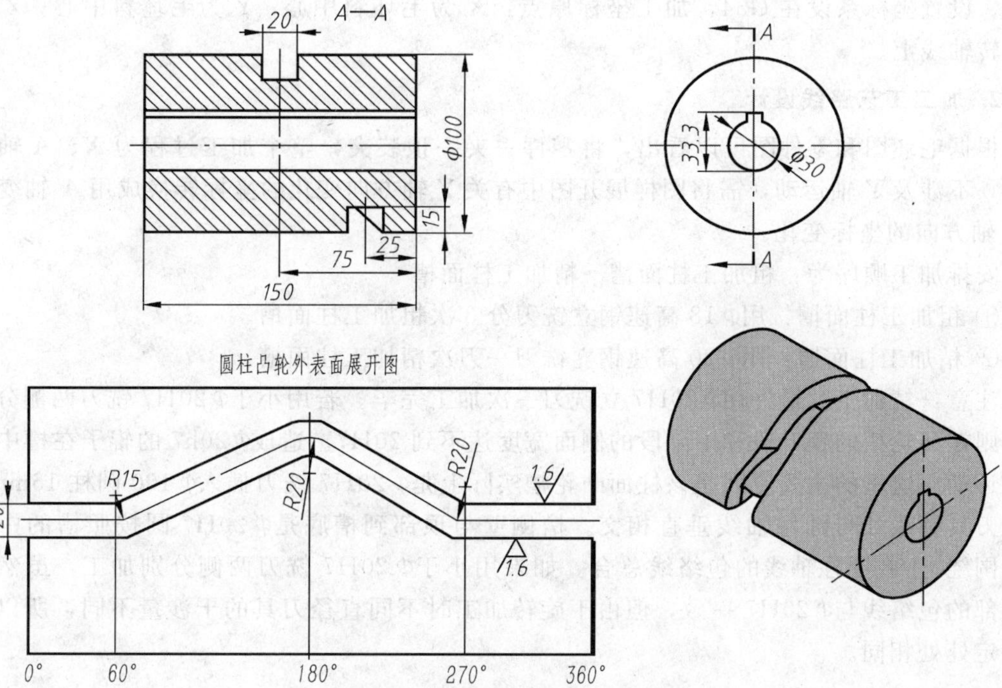

图 7-49　圆柱凸轮零件示意图

图 7-50　贴标送料机构

【任务分析】

根据圆柱凸轮的零件图样（图 7-49）的要求，运用带 A 轴的数控立式铣床，制定合理的加工工艺实施加工。

【任务实施】

1. 零件图样的工艺分析

该零件材料为 45 号钢，加工柱面槽的槽宽为 20 mm，槽深为 15 mm。具体分析如下：

① 零件毛坯选用一根 100 × 150 的棒料，中间ϕ 30 并带有键槽的通孔已经加工完成，此零件只需考虑加工螺旋槽的加工。对于螺旋槽展开图上，有几个节点需要计算（计算过程略），并要列出刀具轨迹公式。

② 根据图 7-49 分析，该螺旋槽零件属四轴加工范围，只需一次装夹，装卡方式为一夹一顶。设置坐标系设在 G54，加工坐标原点：X 为毛坯料中心；Y 为毛坯料中心；Z 为 A 轴旋转轴线上。

2. 加工工艺路线设计

根据毛坯图和零件图可以看出，将零件一夹一顶装夹，整个加工过程为 X、A 轴联动加工，不涉及 Y 轴运动，需将图样展开图中有关 Y 轴方向变化的坐标转换成用 A 轴变化替代 Y 轴方向的坐标变化。

安排加工顺序为：粗加工柱面槽→精加工柱面槽

① 粗加工柱面槽：用ϕ 18 高速钢立铣刀分 3 次粗加工柱面槽。

② 精加工柱面槽：用ϕ 20 高速钢立铣刀一刀次精加工柱面槽。

注意：精加工时最好用ϕ 20H7 立铣刀一次加工完毕。若用小于ϕ 20H7 铣刀两侧分别加工，则在凸轮槽的爬升段和下降段的侧面宽度达不到 20H7。造成ϕ 20h7 的辊子在槽中不能灵活运动。这里的主要原因是该柱面凸轮槽实际上是ϕ 20H7 铣刀插入ϕ 100 圆柱 15mm 深，并且刀具轴线处与圆柱轴线垂直相交。槽侧壁与顶部到槽底是ϕ 20H7 圆按照槽的中心轨迹，围绕ϕ 100 圆柱轴线的包络线总合。如果用小于ϕ 20H7 铣刀两侧分别加工，虽然槽的最顶部的包络线与ϕ 20H7 一致，但由于旋转加工时不同直径刀具的干涉量不同，所以槽宽不一定处处相同。

3. 机床选择

该案例零件采用四轴加工。故选用国产 VMC750 型立式加工中心配数控回转工作台四轴联动加工即可满足上述要求。

4. 装夹方案及夹具选择

在带有 A 轴的立式铣床上，工装夹具的示意图可以如图 7-51 所示。

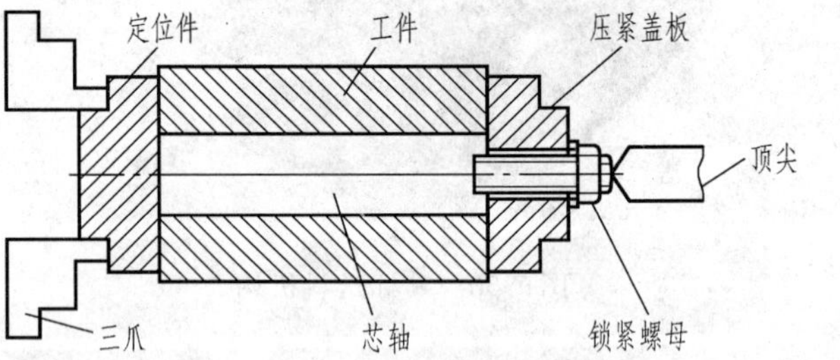

图 7-51　工装夹具的示意图

5. 找正并建立工件坐标系

① 用百分表分别压在圆柱零件的两端，旋转零件并调整圆柱零件的中心轴线，直至两端圆周跳动为零，如图 7-52 所示。

② X 向往复拉动百分表，调整圆柱零件轴线的平行度，直至表针不再移动，如图 7-52所示。

③ 打表并旋转工作台，使得工件回转中心与工作台的旋转中心轴相重合。

④ 使用杠杆表或寻边器确定机床回转中心即主轴中心与转台回转中心相重合。设此位置为 Y 轴坐标零点。

此时设工件回转轴线为 Z 向零点。设圆周上任意一点为 A 轴零点。设圆柱中心轴位置为 Y 轴零点。设零件长度中心位置为 X 轴零点。

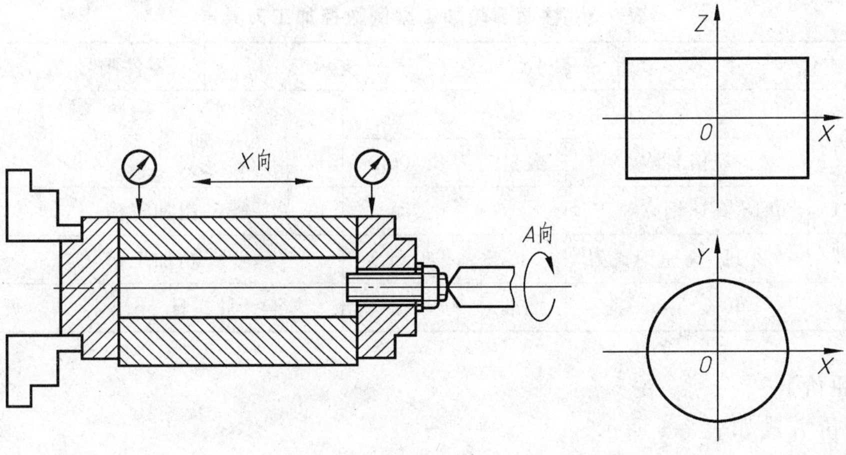

图 7-52　零件找正示意图

6. 刀具选择

粗加工采用ϕ 18 高速钢立铣刀，精加工采用ϕ 20H7 高速钢立铣刀。

7. 切削用量选择

根据被加工表面质量要求、刀具材料和工件材料，参考切削用量手册或刀具生产厂家推荐的切削用量，选取切削速度与每转进给量，然后根据有关公式计算出主轴转速与进给速度，将计算结果填入数控加工工序卡中。具体切削用量详见数控加工工序卡。

8. 填写数控加工工序卡和刀具卡

(1) 柱面凸轮加工案例数控加工工序卡

柱面凸轮加工案例数控加工工序卡如表 7-2 所示。

表 7-2　柱面凸轮加工案例数控加工工序卡

单位名称	×××	产品名称或代号	零件名称	零件图号
		×××	支承套	×××
工序号	程序编号	夹具名称	加工设备	车间
×××	×××	专用夹具	XH754（卧式加工中心）	数控中心

工步号	工步内容	刀具号	刀具规格 (mm)	主轴转速 (r/min)	进给速度 (mm/min)	检测工具	备注
1	粗加工柱面槽（a_p＝5 mm）	T01	ϕ18	300	100	游标卡尺	自动换刀
2	精加工柱面槽（a_p＝15 mm）	T02	ϕ20	400	100	游标卡尺	自动换刀
编制 ×××	审核 ×××	批准	×××	年　月　日		共　页	第　页

（2）柱面凸轮加工案例数控加工刀具卡

柱面凸轮加工案例数控加工刀具卡如表 7-3 所示。

表 7-3　柱面凸轮加工案例数控加工刀具卡

<table>
<tr><td colspan="2">产品名称或代号</td><td colspan="2">×××</td><td>零件名称</td><td>支承套</td><td>零件图号</td><td>×××</td></tr>
<tr><td rowspan="2">序号</td><td rowspan="2">刀具号</td><td colspan="3">刀　　具</td><td colspan="2" rowspan="2">加 工 表 面</td><td rowspan="2">备注</td></tr>
<tr><td>规格名称</td><td>数量</td><td>刀长（mm）</td></tr>
<tr><td>1</td><td>T01</td><td>ϕ18 高速钢立铣刀</td><td>1</td><td>实测</td><td colspan="2">粗加工槽</td><td></td></tr>
<tr><td>2</td><td>T02</td><td>ϕ20H7 高速钢铣刀</td><td>1</td><td>实测</td><td colspan="2">精加工槽</td><td></td></tr>
<tr><td>编制</td><td>×××</td><td>审核 ×××</td><td>批准</td><td>×××</td><td>年　月　日</td><td>共　页</td><td>第　页</td></tr>
</table>

【任务评价】

能力评价方式如表 7-4 所示。

表 7-4　能力评价表

评价等级	等　级　要　求
优秀	能高质量、高效率完成图 7-49 所示柱面凸轮加工案例零件数控加工工艺设计，并正确确定装夹方案
良好	能在无教师的指导下完成图 7-49 所示柱面凸轮加工案例零件数控加工工艺设计
中等	能在教师的偶尔指导下完成图 7-49 所示柱面凸轮加工案例零件数控加工工艺设计
合格	能在教师的指导下完成图 7-49 所示柱面凸轮加工案例零件数控加工工艺设计

任务二　编制叶片零件加工工艺

【任务描述】

现要完成如图 7-53 所示叶片零件的数控加工，具体设计该零件的数控加工工艺。

① 查阅数控加工工艺书和工艺手册，获取设计图 7-55 所示叶片零件的数控加工工艺知识及数据。

② 分析图 7-53 所示叶片零件图样，进行相应的工艺处理。

③ 制订图 7-53 所示叶片零件的数控加工工艺。

④ 编制图 7-53 所示叶片零件的数控加工工序卡、刀具卡等工艺文件。

⑤ 通过学习叶片零件的加工，掌握 A、C 轴五轴联动加工工艺方法。

图 7-54 所示为叶片截面作图数表。

【任务分析】

根据叶片的零件图样（图 7-53）的要求，运用带 A、C 轴的数控立式铣床进行五轴联动加工，制订合理的加工工艺实施加工。

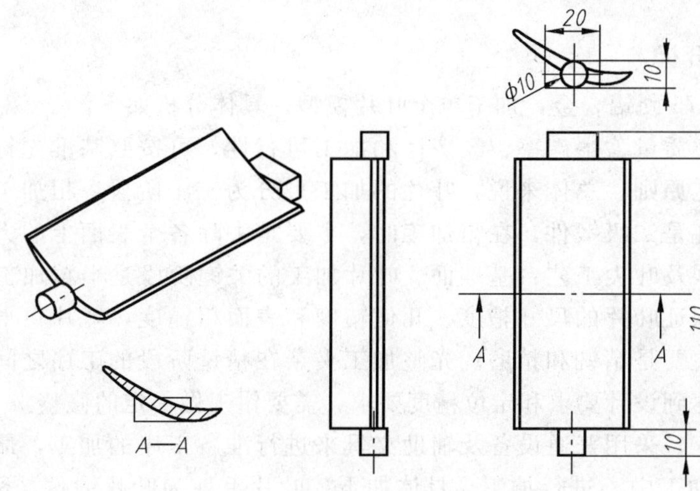

(a) 叶片图样

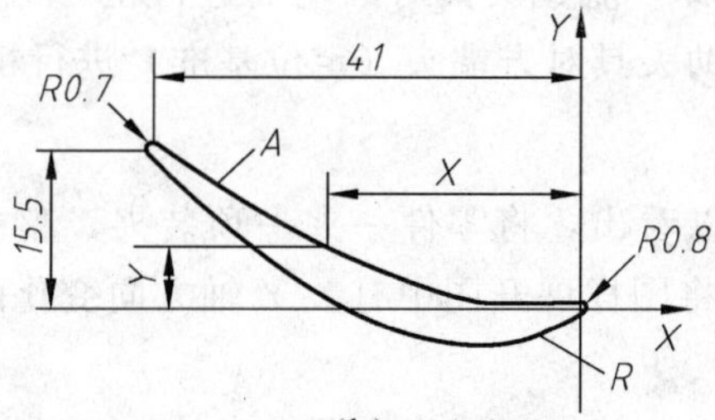

(b) 叶片截面

图 7-53　叶片简图

A	X	Y	A	X	Y
1	−40.6	16	28	−20.3	4.1
2	−40.3	15.8	29	−19.5	3.8
3	−40.1	15.7	30	−18.7	3.4
4	−39.3	15.1	31	−17.8	3.1
5	−38.5	14.6	32	−17	2.8
6	−37.7	14.1	33	−16.2	2.5
7	−37	13.6	34	−15.4	2.2
8	−36.2	13.1	35	−14.5	2
9	−35.4	12.6	36	−13.7	1.7
10	−34.6	12.1	37	−12.9	1.5
11	−33.8	11.6	38	−12	1.3
12	−33.1	11.1	39	−11.2	1.1
13	−32.3	10.6	40	−10.5	1
14	−31.5	10.1	41	−9.5	0.8
15	−30.7	9.6	42	−8.6	0.7
16	−29.9	9.2	43	−7.8	0.6
17	−29.1	8.7	44	−6.9	0.6
18	−28.3	8.2	45	−6.1	0.5
19	−27.5	7.8	46	−5.2	0.5
20	−26.7	7.3	47	−4.4	0.5
21	−25.9	6.9	48	−3.6	0.5
22	−25.1	6.5	49	−2.7	0.6
23	−24.3	6.1	50	−1.9	0.6
24	−23.5	5.6	51	−1	0.7
25	−22.7	5.2	52	−1.5	0.8
26	−21.9	4.9	53	−0.1	0.8
27	−21.1	4.5			

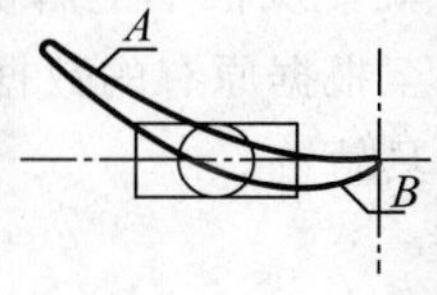

A	X	Y	A	X	Y
1	−41.5	15	28	−21.7	−0.4
2	−41.3	14.8	29	−20.8	−0.8
3	−41	14.5	30	−20	−1.2
4	−40.6	14.1	31	−19.1	−1.6
5	−39.8	13.4	32	−18.3	−1.9
6	−39.1	12.7	33	−17.4	−2.2
7	−38.3	12	34	−16.6	−2.5
8	−37.5	11.3	35	−15.7	−2.8
9	−36.8	10.6	36	−14.8	−3
10	−36	10	37	−13.9	−3.2
11	−35.3	9.3	38	−13.1	−3.4
12	−34.5	8.6	39	−12.2	−3.5
13	−33.7	8	40	−11.3	−3.6
14	−32.9	7.3	41	−10.4	−3.6
15	−32.2	6.7	42	−9.5	−3.6
16	−31.4	6.1	43	−8.6	−3.6
17	−30.6	5.4	44	−7.8	−3.5
18	−29.8	4.5	45	−6.9	−3.4
19	−29	4.2	46	−6	−3.2
20	−28.2	3.7	47	−5.1	−3
21	−27.4	3.1	48	−4.3	−2.7
22	−26.6	2.5	49	−3.4	−2.4
23	−25.8	2	50	−2.6	−2.1
24	−25	1.5	51	−1.7	−1.7
25	−24.2	1	52	−0.9	−1.3
26	−23.3	0.5	53	−0.3	−1
27	−22.5	0.1	54	0.3	−0.7

图 7-54　叶片截面作图数表

【任务实施】

1. 零件图样的工艺分析

该零件材料为 YL7075 硬铝合金，加工单个叶片模型。具体分析如下：

为了保证叶片的加工质量、生产率、经济性和加工可行性，可按照基准先行、先粗后精、先主后次工序的工艺原则。总体来说，叶片的加工可分为三个阶段：粗加工、半精加工和精加工。叶片的毛坯是二级锻件，在粗加工时，主要是去除各个表面上的大余量，去除锻造淤块，加工出榫根及叶尖工艺台基准面。叶片加工的关键阶段是半精加工和精加工阶段。这两个阶段主要保证叶片的尺寸精度、几何精度和表面粗糙度，叶片在半精加工后基本成形。精加工阶段主要是精铣和精磨。光整加工夹杂在精铣阶段的工序之间完成。因为加工技术受限，不能达到设计要求和定位精度要求，需要钳工做一定的修整。

对于本例的叶片加工，采用普通设备及辅助夹具来进行准备工序的加工，最终型面的粗、精加工采用四坐标加工中心进行加工。具体如下：叶片毛坯为叶片锻件，留量为 2～3mm 单边。首先使用普通车床＋辅助夹具对圆端头进行粗、精加工，并在此端头加工顶尖孔；使用普通立铣机床＋辅助夹具对方端头（定位基准）进行粗、精加工。

2. 加工工艺路线设计

根据毛坯图和零件图可以看出，将零件一夹一顶装夹，整个加工过程为 X、A 轴联动加工，不涉及 Y 轴运动，需将图样展开图中有关 Y 轴方向变化的坐标转换成用 A 轴变化替代 Y 轴方向的坐标变化。

安排加工顺序为：粗加工→精加工叶片顶面→半精加工叶片面→精加工叶片面 →精加工榫头面→叶根圆角精加工

注意：清根是叶片、叶轮加工难点之一，经常出现的问题是过切、振动和扎刀，其解决方案如下所述：

（1）光顺根部曲面

叶根和轮毂相交的部分通常是几张曲面在此相交，所以刀具轨迹很容易凌乱，抬刀、下刀都会增多。要想解决类似问题，就要从根本上解决叶根部分曲面光顺的问题。可以采用曲面缝合、拼接、光顺等方法，甚至根据原有的数据重新生成整个叶根部分圆弧过渡面。目的就是要减少曲面的数量，规整刀具轨迹。

（2）优化程序

有时刀具沿某一方向切削就会有许多抬刀和下刀，而沿另一垂直方向就会少的多。另外连续环绕加工就比单向或往复加工的质量好，因为后者总会留下接刀痕。加工时的切削用量，即主轴转速、进给量和切削深度也会影响加工质量。如果选择不好，有可能刀具在叶根部分产生颤振，当刀具长径比较大时，这种颤振会引起过切。因此合理的走刀路线、合理的切削用量对叶根部分的加工是非常重要的。

（3）合理安排粗精加工工序

叶根部分与轮毂部分紧密相连，但又不是一张面，不能一刀加工出来。所以合理安排加工顺序十分重要。叶根和轮毂的加工余量要均衡。不要造成一面余量很小，而另一面余量很大，这样就会造成在切削余量大的一面时，由于反作用力的原因使刀具偏向余量小的一面，从而在余量小的一面产生过切现象。

(4) 合理选择切削刀具

叶根部分的圆角过渡一般都不会很大。有时球头铣刀半径稍微偏大，就会使抬刀、下刀的现象增多。如果在不影响刀具刚性的情况下，适当更换稍小直径的球头铣刀，这种现象就会大大减少。有时为了加工叶根部分，还可以采用锥形的球头铣刀，目的就是既要减小前面的球头半径，而又要使刀具后面的部分粗一些，保证刀具有足够的刚性。

3. 机床选择

该案例零件采用五轴联动加工。故选用国产 VMC750 型立式加工中心配数控五轴工作台联动加工即可满足上述要求。

4. 装夹方案及夹具选择

由于叶片通常比较薄，刚性差，易发生加工变形，采用通用夹具时，生产质量和效率较低，故采用数控转台附带专用夹具。对于单个叶片型面，可以采用以上方法，在带有数控五轴转台的立式铣床上进行加工。考虑到叶片在数控铣床的装夹，在工艺安排时，需要设计装夹的辅助夹具。在带有转盘的立式铣床上加工叶片时，采用圆盘夹紧、尾座顶住的方式装夹。粗加工时，刀具切深相对较大。使用这种过定位的夹具，其优点是支撑面积大，刚性好，能减少叶片受力变形；缺点是增加了叶片的夹紧变形，对定位面和基准面的精度要求高，往往需要预先进行磨加工。同时需要注意在设计夹具时考虑定位基准，防止角向位置产生窜动。

5. 刀具选择

叶片加工中的刀具选择比较严格。选择刀具时应考虑毛坯材料、机床、允许的切削用量、刚性和耐用度、精度要求、加工阶段。叶片数控铣削过程中常用的刀具有球头刀和端铣刀。表 7-5 所示这两种刀具的比较结果。

表 7-5 叶片加工中所用刀具比较

	球头刀	端铣刀
优点	① 加工表面粗糙度小 ② 刀位点计算简单 ③ 刀具成本低，装夹方便	① 切削速度稳定，切削效率高 ② 刀具磨损小 ③ 便于计算 ④ 包络的曲率分布可大幅度变化
缺点	① 切削速度差别过大 ② 在回转轴线处，切削线速度为零、空屑空间小、切削角度差	① 刀身结构比较复杂，它由三部分组成，即圆柱面、四分之一外圆环和底圆平面 ② 活动范围小
使用范围	主要用于成形加工	主要用于切除余量

6. 切削用量选择

根据被加工表面质量要求、刀具材料和工件材料，参考切削用量手册或刀具生产厂家推荐的切削用量，选取切削速度与每转进给量，然后根据有关公式计算出主轴转速与进给速度，将计算结果填入数控加工工序卡中。具体切削用量详见数控加工工序卡。以下是叶片零件应注意的事项：

① 叶片在加工时比较薄弱，所以在选择切削用量时要注意考虑零件的变形。如果被加工的叶片比较长，可以考虑小切深大进给的切削方法，减小切削力。

② 叶片加工时最好采用连续的环绕加工。这种方法相对往复的环绕加工要好一些。

7. 填写数控加工工序卡和刀具卡

（1）柱面凸轮加工案例数控加工工序卡

柱面凸轮加工案例数控加工工序卡如表 7-6 所示。

表 7-6 柱面凸轮加工案例数控加工工序卡

单位名称		×××		产品名称或代号		零件名称		零件图号	
				×××		支承套		×××	
工序号		程序编号		夹具名称		加工设备		车间	
×××		×××		专用夹具		XH754（卧式加工中心）		数控中心	
工步号	工步内容			刀具号	刀具规格（mm）	主轴转速（r/min）	进给速度（mm/min）	检测工具	备注
1	粗加工（a_p=5 mm、a_e=2 mm）			T01	ϕ16	2 000	500	游标卡尺	余量 4 mm
2	精加工叶片顶面（a_p=0.5 mm）			T02	ϕ16	3 000	1 000	游标卡尺	余量 0
3	半精加工叶片面（a_p=0.5 mm）			T03	ϕ6	4 000	1 000	专用工具	余量 0.5
4	精加工叶片面（a_p=0.5 mm）			T03	ϕ6	4 000	1 000	专用工具	余量 0
5	精加工榫头面（a_p=0.15 mm）			T03	ϕ6	4 000	1 000	专用工具	余量 0
6	精加工叶根圆角（a_p=0.15 mm）			T03	ϕ6	4 000	1 000	专用工具	余量 0
编制	×××	审核	×××	批准	×××	年 月 日		共 页	第 页

（2）叶片加工案例数控加工刀具卡

叶片加工案例数控加工刀具卡如表 7-7 所示。

表 7-7 叶片加工案例数控加工刀具卡

产品名称或代号		×××		零件名称		支承套		零件图号	×××
序号	刀具号	刀具				加工表面			备注
		规格名称		数量	刀长（mm）				
1	T01	ϕ16 硬质合金立铣刀		1	40	粗加工			
2	T02	ϕ16 球头铣刀		1	40	精加工叶片顶面			合金
3	T03	ϕ6 球头铣刀		1	40	精加工叶片面、榫头面、叶根			合金
编制	×××	审核	×××	批准	×××	年 月 日		共 页	第 页

8. 叶片的检验

对于叶片型面的检测，传统的工艺方案采用专门设计的叶片检具来进行检测。在检具上，根据叶片图样的要求，设计多个截面检测定位销孔及销柱。通过确定的不同检测截面，根据叶片截面数据表设计相应的盆、背模截面样板，使用叶片型面样板对叶片形状进行对比检测。在实际检测过程中，根据透光法结合塞尺对型面进行检测。叶片测具如图 7-55 所示。

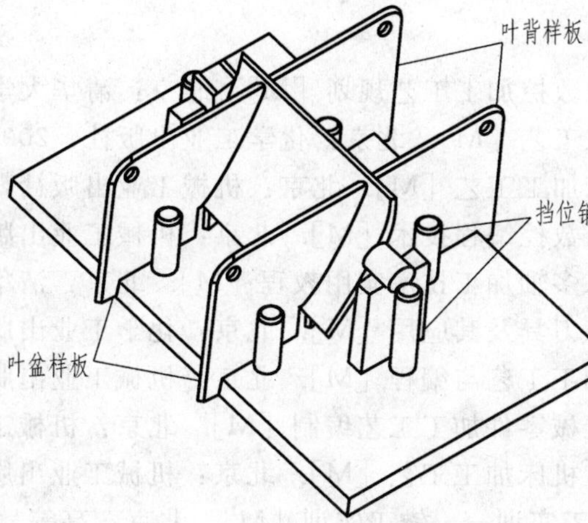

图 7-55　叶片检测具示意图

【任务评价】

能力评价方式如表 7-8 所示。

表 7-8　能力评价表

评价等级	等 级 要 求
优秀	能高质量、高效率完成图 7-53 所示叶片加工案例零件数控加工工艺设计，并正确确定装夹方案
良好	能在无教师的指导下完成图 7-53 所示叶片加工案例零件数控加工工艺设计
中等	能在教师的偶尔指导下完成图 7-53 所示叶片加工案例零件数控加工工艺设计
合格	能在教师的指导下完成图 7-53 所示叶片加工案例零件数控加工工艺设计

参 考 文 献

[1] 张明建，杨世成．数控加工工艺规划［M］．北京：清华大学出版社，2009.
[2] 徐宏海．数控加工工艺［M］．北京：化学工业出版社，2008.
[3] 华茂发．数控机床加工工艺［M］．北京：机械工业出版社，2010.
[4] 王卫兵．高速加工数控编程技术［M］．北京：机械工业出版社，2009.
[5] 宋放之．数控机床多轴加工技术实用教程［M］．北京：清华大学出版社，2010.
[6] 徐宏海．数控机床刀具及其应用［M］．北京：化学工业出版社，2006.
[7] 付晋．数控铣床加工工艺与编程［M］．北京：机械工业出版社，2009.
[8] 武友德，吴伟．机械零件加工工艺编制［M］．北京：机械工业出版社，2009.
[9] 魏静姿，杨桂娟．机床加工工艺［M］．北京：机械工业出版社，2009.
[10] 冯国强．金属加工实训——铣工实训［M］．北京：高等教育出版社，2010.
[11] 刘秀艳．数控铣削技能训练［M］．北京：机械工业出版社，2010.
[12] 韩鸿鸾．数控铣削工艺与编程一体化教程［M］．北京：高等教育出版社，2009.
[13] 田春霞．数控加工工艺［M］．北京：机械工业出版社，2006.

Learn more about it!

笔记栏

Learn more about it!

笔记栏